T0281271

BestMasters

Mit „BestMasters" zeichnet Springer die besten Masterarbeiten aus, die an renommierten Hochschulen in Deutschland, Österreich und der Schweiz entstanden sind. Die mit Höchstnote ausgezeichneten Arbeiten wurden durch Gutachter zur Veröffentlichung empfohlen und behandeln aktuelle Themen aus unterschiedlichen Fachgebieten der Naturwissenschaften, Psychologie, Technik und Wirtschaftswissenschaften.

Die Reihe wendet sich an Praktiker und Wissenschaftler gleichermaßen und soll insbesondere auch Nachwuchswissenschaftlern Orientierung geben.

Michael Hoffmann

Stochastische Integration

Eine Einführung in die Finanzmathematik

Mit einem Geleitwort von Prof. Dr. Helmut Rieder

 Springer Spektrum

Michael Hoffmann
Bochum, Deutschland

BestMasters
ISBN 978-3-658-14131-8   ISBN 978-3-658-14132-5 (eBook)
DOI 10.1007/978-3-658-14132-5

Die Deutsche Nationalbibliothek verzeichnet diese Publikation in der Deutschen National-
bibliografie; detaillierte bibliografische Daten sind im Internet über http://dnb.d-nb.de abrufbar.

Springer Spektrum

Gedruckt auf säurefreiem und chlorfrei gebleichtem Papier

Springer Spektrum ist Teil von Springer Nature
Die eingetragene Gesellschaft ist Springer Fachmedien Wiesbaden GmbH

Geleitwort

Diese Diplomarbeit ist im Zusammenhang mit einer 2-semestrigen Vorlesung "Finanzmathematik I und II" entstanden.

Auf der Grundlage der Monographie "Stochastische Analysis" von Hackenbroch und Thalmaier ([9]) und anderer Literatur sollte das der Vorlesung zugrunde gelegte Lehrbuch "Finanzmathematik" von Irle ([10]) hinsichtlich stochastischer Integration vertieft werden.

Im Vergleich zu beiden Quellen hat Michael Hoffmann eine Reihe von Vereinfachungen, Vervollständigungen, Verbesserungen und Verallgemeinerungen erzielt.

Herausgekommen ist ein mit durchgehender Konsequenz und Genauigkeit geschriebenes Standardwerk zur stochastischen Integration.

Bayreuth   Prof. Dr. Helmut Rieder

Vorwort

Das stochastische Integral ist der zentrale Begriff der stochastischen Analysis und daher sehr wichtig für Anwendungen in der Physik, der Biologie und nicht zuletzt der Finanzmathematik. Es geht zurück auf den japanischen Mathematiker Itô Kiyoshi (1915-2008), der in seinen 1944 und 1946 erschienenen Arbeiten den Grundstein für die Theorie der stochastischen Integration und der stochastischen Differentialgleichungen legte. Er gilt damit als der Begründer der stochastischen Analysis.

Die vorliegende Arbeit ist eine Literaturarbeit, die als Ziel hat, den stochastischen Integralbegriff auf elementarem und leicht nachvollziehbarem Weg einzuführen und, als finanzmathematische Anwendung der gewonnenen Theorie, Finanzmarktmodelle zu diskutieren.

Stochastische Integration bedeutet, subtil gesprochen, gegebenen stochastischen Prozessen F und X einen Integralprozess $\int F dX$ zuzuordnen. Dabei etablieren wir in den Kapiteln 2 bis 11 eine stochastische Integrationstheorie für Prozesse mit Zeitbereich $\mathbb{R}_+$. Die wohl intuitivste Herangehensweise ist es, bei festem ω aus dem zugrunde liegenden Wahrscheinlichkeitsraum, den ω-Pfad $F_\bullet(\omega)$ des Integranden mittels Stieltjes-Integration nach dem ω-Pfad $X_\bullet(\omega)$ des Integrators zu integrieren. Dies ist das Anliegen der Kapitel 2 und 3, nachdem in Kapitel 1 auf die nötigen Grundlagen für diese Arbeit eingegangen wurde. Allerdings werden wir sogar schon im dritten Abschnitt sehen, dass dieser stochastische Integrationsbegriff noch nicht ausreicht. Denn mit ihm können im Allgemeinen nicht einmal pfadweise stetige Integranden nach Martingalen integriert werden, was durchaus wünschenswert ist, besonders in Anbetracht der Brownschen Bewegung.

Um auch dies zu ermöglichen, werden wir in Kapitel 4 zu den sogenannten Semimartingalen einen Begleitprozess, den Klammerprozess, einführen. Dieser beschreibt wesentlich das Fluktuationsverhalten eines Semimartingals. Zu einem lokalen Martingal X gewinnen wir damit zunächst einen Übergangskern $K(\omega, \cdot)$ von dem zugrunde liegenden Messraum $(\Omega, \mathcal{F}_\infty)$ nach $(\mathbb{R}_+, \mathbb{B}(\mathbb{R}_+))$ als das pfadweise Maß mit der Verteilungsfunktion $[X]_\bullet(\omega)$, dem ω-Pfad der quadratischen Variation von X. Der ausintegrierte Kern führt dann auf ein, dem lokalen Martingal X zugeordnetes, Maß μ_X auf $(\mathbb{R}_+ \times \Omega, \mathbb{B}(\mathbb{R}_+) \otimes \mathcal{F}_\infty)$. Dieses Maß wird auch Doléansmaß genannt. Mit einem Erweiterungsschluss für dicht definierte stetige lineare Operatoren ergibt sich dann ein stochastischer Integralbegriff für lokale Martingale. All das findet in Kapitel 5 statt.

Der sechste Abschnitt gibt Eigenschaften und Rechenregeln dieses Begriffs und zeigt, dass der Name "Integral" gerechtfertigt ist. Denn einerseits entspricht das so gegebene Integral von Prozessen, die pfadweise die Form einer Treppenfunktion besitzen, dem pfadweisen Stieltjes-Integral. Andererseits lässt sich für eine sehr weite Klasse von Integranden F der Ausdruck $\int F dX$ durch pfadweise Stieltjes-Integrale geeignet approximieren.

Kapitel 7 führt beide Integrationsbegriffe zu einem stochastischen Integral nach Semimartingalen zusammen. Außerdem werden dort die Itô-Differentiale festgelegt und wir werden einen Beweis für die wichtigste Formel der stochastischen Analysis, dem sogenannten Itô-Kalkül, bereitstellen. Im achten Teil dieser Arbeit verwenden wir die Itô-Formel beispielhaft dazu, die Brownsche Bewegung durch ihren Klammerprozess zu charakterisieren. Dies trägt den Namen Lévy-Charakterisierung. Abschnitt 9 beantwortet die Frage, unter welchen Voraussetzungen sich ein lokales Martingal M durch

$$M - M_0 = \int F \, dB$$

als stochastisches Integral nach einer Brownschen Bewegung B darstellen lässt. Gleichzeitig ist dieses Resultat wichtig für die Arbitragetheorie in den später definierten Finanzmarktmodellen. Weiterhin benötigt der Finanzmathematikteil die sogenannte Girsanov-Transformation. Diese ist Inhalt von Kapitel 10 und gibt eine Lösung auf die Frage, wie man ein lokales Martingal beim Übergang $P \to Q$ zu einem äquivalenten Wahrscheinlichkeitsmaß verändern muss, damit es ein lokales Martingal bleibt. Besondere Aufmerksamkeit gilt dabei dem Transformationsverhalten Brownscher Bewegungen.

Preisprozesse in Finanzmarktmodellen werden über stochastische Differentialgleichungen definiert. Daher werden wir in Abschnitt 11 die sogenannten Itôschen stochastischen Differentialgleichungen auf Existenz und Eindeutigkeit untersuchen. Dies sind stochastische Differentialgleichungen der Form

$$dX_t = b(X_t, t)dt + \sigma(X_t, t)dB_t,$$

d.h. der gesuchte Prozess X ist ein pfadweises stochastisches Integral nach dem Lebesguemaß plus einem stochastischen Integral nach einer treibenden Brownschen Bewegung. Die Integranden beider Integralprozesse sollen dabei funktional von X abhängen.

In Kapitel 12 erweitern wir den stochastischen Integrationsbegriff zu einem Integral für Prozesse mit Zeitbereich $\mathbb{N}_0$ und $[0, T]$. Darüber hinaus wird ein Einblick in alternative Konstruktionsmöglichkeiten des stochastischen Integrals nach lokalen Martingalen gegeben. Wir werden dort auch das Wiener-Integral einführen und seine wichtigste Anwendung, die Spektraldarstellung schwach stationärer Prozesse, skizzieren.

Die letzten beiden Teile dieser Arbeit sind einer finanzmathematischen Anwendung des stochastischen Integrals gewidmet. Dabei werden zuerst die sogenannten allgemeinen Finanzmarktmodelle vom Black-Scholes-Typ definiert. Diese sind Verallgemeinerungen des Black-Scholes-Modells, bei denen man mehr Güter und auch eine größere Zufallsabhängigkeit zulässt. Es wird eine hinreichende Bedingung für die Arbitragefreiheit des Modells auf die sogenannten Marktpreis-des-Risikos-Gleichungen zurückgeführt. Schließlich wird die Claim-Bewertung und das Black-Scholes-Modell als ein beispielhafter Spezialfall diskutiert.

Ein Ziel war es, möglichst alle angegebenen Resultate mit einem ausführlichen und leicht verständlichen Beweis auszustatten. Aus diesem Grund wird die dargestellte Theorie zunächst für pfadweise stetige Integratoren hergeleitet. Wir werden auch sehen, wie man mit den selben Methoden eine stochastische Integrationstheorie für càdlàg Prozesse gewinnt.

Bochum   Michael Hoffmann

Inhaltsverzeichnis

1 Grundlagen aus der Wahrscheinlichkeitstheorie

Bevor wir mit der Theorie der stochastischen Integration beginnen können, sollen in diesem Kapitel die nötigen Grundlagen aus der Maßtheorie, der Wahrscheinlichkeitstheorie und der Funktionalanalysis bereitgestellt werden.

Den stochastischen Prozessen in diesem Kapitel ist eine Zeitmenge $\mathcal{T}$ zugrunde gelegt. Sie sei stets gleich $\mathbb{R}_+ = [0, \infty)$ oder gleich $\mathbb{N}_0$ oder gleich einem kompakten Intervall der Form $[0, T]$ mit einem $T \geq 0$.

1.1 Filtrierungen und Adaptiertheit

Filtrierungen sind nützliche Hilfsmittel um den Informationsverlauf in einem Modell zu beschreiben. Sie werden wie folgt definiert.

Definition 1.1. *Sei $(\Omega, \mathcal{F})$ ein Messraum. $\mathcal{T} = \mathbb{R}_+$ oder $= \mathbb{N}_0$ oder $= [0, T]$. Dann heißt eine aufsteigende Familie von σ-Algebren $(\mathcal{F}_t)_{t \in \mathcal{T}}$, mit $\mathcal{F}_s \subset \mathcal{F}_t \subset \mathcal{F}$ für $s \leq t$, eine Filtrierung. $(\Omega, \mathcal{F}, (\mathcal{F}_t)_{t \in \mathcal{T}})$ heißt ein filtrierter Messraum, bzw. man nennt $(\Omega, \mathcal{F}, P, (\mathcal{F}_t)_{t \in \mathcal{T}})$ einen filtrierten Wahrscheinlichkeitsraum, wenn darüber hinaus ein Wahrscheinlichkeitsmaß P auf $\mathcal{F}$ gegeben ist.*

Beispiel 1.2. *Sei $(\Omega, \mathcal{F}, P)$ ein Wahrscheinlichkeitsraum.*

- *Sei $(X_t)_{t \in \mathcal{T}}$ ein stochastischer Prozess auf diesem Wahrscheinlichkeitsraum. Dann ist $(\mathcal{F}_t^X)_{t \in \mathcal{T}}$ mit $\mathcal{F}_t^X := \sigma(X_s : s \leq t)$ eine Filtrierung. Sie wird oft auch die kanonische Filtrierung zum Prozess X genannt.*

- *Sei $(\mathcal{F}_t)_{t\in\mathcal{T}}$ eine Filtrierung auf dem Wahrscheinlichkeitsraum. Dann ist $(\mathcal{F}_{t+})_{t\in\mathcal{T}}$ mit $\mathcal{F}_{t+} := \bigcap_{s>t}\mathcal{F}_s$ eine Filtrierung. Dabei soll die σ-Algebra gleich $\mathcal{F}$ sein, falls der Schnitt über die leere Menge erfolgt.*

Für das Weitere benötigen wir den Begriff eines vollständigen Maß-raums, bzw. der Vervollständigung. Daher sei an dieser Stelle ohne Beweis daran erinnert.

Definition 1.3. *Ein Maßraum $(\Omega, \mathcal{F}, \mu)$ heißt vollständig, wenn jede Teilmenge einer μ-Nullmenge zu $\mathcal{F}$ gehört. Ist $(\Omega, \mathcal{F}, \mu)$ vollständig, so nennt man auch μ vollständig.*

Satz 1.4. *Es seien $(\Omega, \mathcal{F}, \mu)$ ein Maßraum, $\mathfrak{N}$ das System aller Teilmengen von μ-Nullmengen und*

$$\tilde{\mathcal{F}} := \{A \cup N : A \in \mathcal{F}, N \in \mathfrak{N}\},$$

$$\tilde{\mu}\colon \tilde{\mathcal{F}} \to [0,\infty], \quad \tilde{\mu}(A \cup N) := \mu(A) \quad \text{für } A \in \mathcal{F}, N \in \mathfrak{N}.$$

Dann gilt:

1. *$\tilde{\mathcal{F}}$ ist eine σ-Algebra, $\tilde{\mu}$ ist wohldefiniert und $(\Omega, \tilde{\mathcal{F}}, \tilde{\mu})$ ist ein vollständiger Maßraum. Weiterhin ist $\tilde{\mu}$ die einzige Fortsetzung von μ zu einem Inhalt auf $\tilde{\mathcal{F}}$.*

2. *Jede vollständige Fortsetzung ρ von μ setzt auch $\tilde{\mu}$ fort.*

Das Maß $\tilde{\mu}$ ist nach 2. die vollständige Fortsetzung von μ mit minimalem Definitionsbereich. Daher nennt man $\tilde{\mu}$ die Vervollständigung von μ, bzw. $(\Omega, \tilde{\mathcal{F}}, \tilde{\mu})$ die Vervollständigung von $(\Omega, \mathcal{F}, \mu)$. Sehr schnell sieht man dann folgendes Lemma.

Lemma 1.5. *Seien $(\Omega, \mathcal{F}, \mu)$ ein Maßraum und $(\Omega, \tilde{\mathcal{F}}, \tilde{\mu})$ dessen Vervollständigung. Weiterhin sei $f\colon \Omega \to \mathbb{C}$ eine $\mathcal{F}$-messbare komplexwertige μ-integrierbare Funktion. Dann gilt:*

$$\int f d\mu = \int f d\tilde{\mu}. \tag{1.1}$$

Beweis. Da die Maße reellwertig sind, genügt es nach Zerlegung in Real- und Imaginärteil die Aussage für reellwertige f zu zeigen. Ist $f = 1_A$ gleich einer Indikatorvariable mit $A \in \mathcal{F}$, so folgt (1.1) direkt aus dem Punkt 1. in Satz 1.4. Weil beide Seiten von (1.1) linear in f sind, gilt die Aussage also auch für jede $\mathcal{F}$-messbare μ-integrierbare Treppenfunktion. Ist $f \geq 0$ nun eine reellwertige μ-integrierbare Funktion, dann ist aus der Maßtheorie bekannt, dass es eine monoton steigende Folge $0 \leq f_n \leq f$ von $\mathcal{F}$-messbaren Treppenfunktionen gibt, für die gilt

$$f = \sup_{n \in \mathbb{N}} f_n.$$

Aus dem, was bisher gezeigt wurde, folgt mit dem Satz von der monotonen Konvergenz:

$$\int f d\mu = \sup_{n \in \mathbb{N}} \int f_n d\mu = \sup_{n \in \mathbb{N}} \int f_n d\tilde{\mu} = \int f d\tilde{\mu}.$$

Die Aussage für allgemeines μ-integrierbares f ergibt sich damit wieder wegen der Linearität beider Seiten und der Zerlegung $f = f_+ - f_-$ in Positiv- und Negativteil. $\qquad\Box$

Folgende Eigenschaften von Filtrierungen spielen eine entscheidende Rolle in der Theorie der stochastischen Integration und ihrer Konsequenzen.

Definition 1.6. *Sei $(\Omega, \mathcal{F}, P, (\mathcal{F}_t)_{t \in \mathcal{T}})$ ein filtrierter Wahrscheinlichkeitsraum. Dann heißt die Filtrierung rechtsstetig, falls $\mathcal{F}_t = \mathcal{F}_{t+}$ für alle $t \in \mathcal{T}$ gilt. Die Filtrierung heißt vollständig, wenn jede Teilmenge einer P-Nullmenge (von $\mathcal{F}$) zu $\mathcal{F}_0$ (und damit zu jedem $\mathcal{F}_t$) gehört. Ist die Filtrierung rechtsstetig und vollständig, dann heißt $(\Omega, \mathcal{F}, P, (\mathcal{F}_t)_{t \in \mathcal{T}})$ ein standard-filtrierter Wahrscheinlichkeitsraum und $(\mathcal{F}_t)_{t \in \mathcal{T}}$ heißt eine Standard-Filtrierung. Man sagt auch sie erfüllt die üblichen Bedingungen.*

Beispiel 1.7. *Seien* $(\Omega, \mathcal{F}, P)$ *ein Wahrscheinlichkeitsraum und* $(\mathcal{F}_t)$ *eine Filtrierung darauf.*

- *Ist* $\tilde{\mathcal{F}}_t$ *für jedes* $t \in \mathcal{T}$ *die durch die Teilmengen von P-Nullmengen von* $\mathcal{F}$ *vervollständigte* σ-*Algebra, so ist* $(\tilde{\mathcal{F}}_t)_{t \in \mathcal{T}}$ *eine vollständige Filtrierung. Sie heißt auch die vervollständigte Filtrierung zu* $(\mathcal{F}_t)$.

- *Man kann sehr schnell nachprüfen, dass* $\mathcal{F}_{(t+)+} = \mathcal{F}_{t+}$ *gilt und außerdem* $\tilde{\mathcal{F}}_{t+}$ *unabhängig ist von der Reihenfolge der Vervollständigung und der Bildung des "rechtsseitigen Grenzwerts".* $(\tilde{\mathcal{F}}_{t+})_{t \in \mathcal{T}}$ *ist daher eine rechtsstetige Filtrierung.* $(\tilde{\mathcal{F}}_{t+})_{t \in \mathcal{T}}$ *ist eine Standard-Filtrierung. Man nennt sie auch die zu* $(\mathcal{F}_t)_{t \in \mathcal{T}}$ *gehörige Standard-Erweiterung.*

Definition 1.8. *Ein Prozess* $(X_t)_{t \in \mathcal{T}}$ *heiße rechtsstetig, linksstetig oder stetig, wenn jeder seiner Pfade* $t \mapsto X_t(\omega)$ *diese Eigenschaft besitzt.*

Für einen rechtsstetigen Prozess $(X_t)_{t \in \mathcal{T}}$, wobei $\mathcal{T} = \mathbb{R}_+$, mit stationären und unabhängigen Zuwächsen und Werten in einem lokalkompakten Raum ist die vervollständigte Filtrierung der kanonischen Filtrierung bereits rechtsstetig. D.h. für die Standard-Erweiterung gilt

$$\tilde{\mathcal{F}}_{t+}^X = \tilde{\mathcal{F}}_t^X$$

für jedes $t \in \mathcal{T}$. Die nächste Definition drückt anschaulich gesprochen aus, dass ein Prozess an den Informationsverlauf in einem Modell angepasst ist.

Definition 1.9. *Sei* $X_t \colon (\Omega, \mathcal{F}, P) \to (S, \mathcal{S})$ *für* $t \in \mathcal{T}$ *ein stochastischer Prozess und* $(\mathcal{F}_t)_{t \in \mathcal{T}}$ *eine Filtrierung des Wahrscheinlichkeitsraums. Dann heißt der Prozess an* $(\mathcal{F}_t)_{t \in \mathcal{T}}$ *adaptiert, falls* X_t $\mathcal{F}_t$-*messbar ist für jedes* $t \in \mathcal{T}$.

Ein stochastischer Prozess der die Eigenschaft der progressiven Messbarkeit besitzt, ermöglicht stärkere Aussagen besonders hinsichtlich der später diskutierten Stoppzeiten.

Definition 1.10. *Sei* $X_t \colon (\Omega, \mathcal{F}, P, (\mathcal{F}_t)_{t \in \mathcal{T}}) \to (S, \mathcal{S})$ *für* $t \in \mathcal{T}$ *ein stochastischer Prozess auf einem filtrierten Wahrscheinlichkeitsraum. Solch ein Prozess heißt progressiv messbar, falls für jedes* $t \in \mathcal{T}$ *die Einschränkung* $X \mid_{([0,t] \cap \mathcal{T}) \times \Omega}$ *jeweils* $\mathbb{B}([0,t] \cap \mathcal{T}) \otimes \mathcal{F}_t$*-messbar ist. Dabei bezeichne* $\mathbb{B}(M)$ *hier und im Folgenden für eine Teilmenge* $M \subset \mathbb{R}$ *die Spur-σ-Algebra der Borel-σ-Algebra* $\mathbb{B}$ *von* $\mathbb{R}$ *auf* M.

Im Fall $\mathcal{T} = \mathbb{N}_0$ folgt die progressive Messbarkeit sofort aus der Adaptiertheit eines Prozesses. Für den Fall $\mathcal{T} = \mathbb{R}_+$ oder $= [0, T]$ gibt folgender Satz ein nützliches Hilfsmittel.

Satz 1.11. *Seien* $\mathcal{T} = \mathbb{R}_+$ *oder* $\mathcal{T} = [0, T]$ *mit* $T \geq 0$ *und*

$$X_t \colon (\Omega, \mathcal{F}, P, (\mathcal{F}_t)_{t \in \mathcal{T}}) \to (S, \mathfrak{B}(S))$$

ein stochastischer Prozess auf Ω *in einen topologischen Raum* S *versehen mit der Borel-σ-Algebra* $\mathfrak{B}(S)$. *Ist* X *dann adaptiert und rechtsstetig oder linksstetig, so ist* X *progressiv messbar.*

Beweis. Der Beweis läuft über Diskretisierung des Prozesses X. Im Folgenden wird nur der rechtsstetige Fall mit $\mathcal{T} = \mathbb{R}_+$ behandelt. Alle anderen Fälle gehen analog. Man betrachte dazu für $n \in \mathbb{N}$ und $(t, \omega) \in \mathbb{R}_+ \times \Omega$:

$$X_t^{(n)}(\omega) := X_{\frac{k+1}{n}}(\omega)$$

für $\frac{k}{n} \leq t < \frac{k+1}{n}$ und $k \in \mathbb{N}_0$. Der dadurch definierte Prozess $X^{(n)}$ ist progressiv messbar bezüglich der Filtrierung $(\mathcal{F}_{t+\frac{1}{n}})_{t \in \mathbb{R}_+}$. Denn sei $B \in \mathfrak{B}(S)$, dann gilt

$$\{(s, \omega) \in [0, t] \times \Omega \colon X_s^{(n)}(\omega) \in B\} =$$
$$= \bigcup_{k \in \mathbb{N}_0} ([\tfrac{k}{n}, \tfrac{k+1}{n}[\cap [0, t]) \times \{X_{\frac{k+1}{n}} \in B\}.$$

Nun sind die Mengen in der rechten Vereinigung nur dann nicht leer, wenn

$$\frac{k}{n} \leq t \Leftrightarrow \frac{k+1}{n} \leq t + \frac{1}{n}$$

gilt. Daher und wegen der Adaptiertheit von X sind alle Mengen dieser Vereinigung Element der σ-Algebra $\mathbb{B}[0,t] \otimes \mathcal{F}_{t+\frac{1}{n}}$. Aufgrund der Rechtsstetigkeit von X konvergiert $X^{(n)}$ punktweise gegen X. Folglich ist X progressiv messbar bezüglich jeder Filtrierung $(\mathcal{F}_{t+\epsilon})_{t \in \mathbb{R}_+}$ mit $\epsilon > 0$. Damit gilt für jedes $n \in \mathbb{N}$ und $B \in \mathfrak{B}(S)$:

$$\{(s,\omega) \in [0, t - \tfrac{1}{n}] \times \Omega \colon X_s(\omega) \in B\} \in \mathbb{B}[0,t] \otimes \mathcal{F}_t.$$

Wegen der Adaptiertheit von X folgt, dass auch $\{t\} \times \{X_t \in B\} \in \mathbb{B}[0,t] \otimes \mathcal{F}_t$. Somit ist gemäß

$$\{(s,\omega) \in [0,t] \times \Omega \colon X_s(\omega) \in B\} =$$
$$= \bigcup_{n \in \mathbb{N}} \{(s,\omega) \in [0, t - \tfrac{1}{n}] \times \Omega \colon X_s(\omega) \in B\} \cup (\{t\} \times \{X_t \in B\})$$

die progressive Messbarkeit von X bezüglich der Filtrierung $(\mathcal{F}_t)_{t \in \mathbb{R}_+}$ nachgewiesen. $\qquad\Box$

1.2 Stoppzeiten und Eintrittszeiten

Ein sehr wichtiges Hilfsmittel in der Handhabung stochastischer Prozesse sind Stoppzeiten.

Definition 1.12. *Eine Stoppzeit auf dem filtrierten Messraum $(\Omega, \mathcal{F}, (\mathcal{F}_t)_{t \in \mathcal{T}})$ ist eine Abbildung $\tau \colon \Omega \to \overline{\mathcal{T}}$, für die gilt:*

$$\{\tau \leq t\} \in \mathcal{F}_t \quad \text{für jedes } t \in \mathcal{T}.$$

Dabei ist

$$\overline{\mathcal{T}} := \begin{cases} \mathcal{T} \cup \{\infty\}, & \text{falls } \mathcal{T} = \mathbb{R}_+ \text{ oder } = \mathbb{N}_0 \\ \mathcal{T}, & \text{falls } \mathcal{T} = [0,T] \text{ mit } T \geq 0. \end{cases}$$

Erfüllt τ nur $\{\tau \leq t\} \in \mathcal{F}_{t+}$ für jedes $t \in \mathcal{T}$, so heißt τ Stoppzeit im weiteren Sinne.

Bemerkung 1.13.

1. *Für eine beliebige Filtrierung $(\mathcal{F}_t)_{t\in\mathcal{T}}$ ist $\tau\colon \Omega \to \overline{\mathcal{T}}$ genau dann Stoppzeit im weiteren Sinne, wenn*

$$\{\tau < t\} \in \mathcal{F}_t$$

für $t \in \mathcal{T}$ gilt. Denn im Fall $\mathcal{T} = \mathbb{N}_0$ ist das klar, weil $\mathcal{F}_{t+} = \mathcal{F}_{t+1}$ und $\{\tau \le t\} = \{\tau < t+1\}$ jeweils für jedes $t \in \mathbb{N}_0$ richtig ist. Also:

$$\{\tau \le t\} \in \mathcal{F}_{t+} \quad \forall t \in \mathbb{N}_0 \iff \{\tau < t+1\} \in \mathcal{F}_{t+1} \quad \forall t \in \mathbb{N}_0$$
$$\iff \{\tau < t\} \in \mathcal{F}_t \quad \forall t \in \mathbb{N}_0.$$

Wobei die letzte Äquivalenz gilt, weil $\{\tau < 0\} = \emptyset$. Sei nun $\mathcal{T} = \mathbb{R}_+$ oder $= [0, T]$ mit $T \ge 0$. Falls $\{\tau < t\} \in \mathcal{F}_t$ für jedes $t \in \mathcal{T}$, dann gilt:

$$\{\tau \le t\} = \bigcap_{n\in\mathbb{N}} \left\{\tau < t + \frac{1}{n}\right\} \in \mathcal{F}_{t+}$$

für $t \in \mathcal{T}$. Ist andererseits τ Stoppzeit im weiteren Sinne, so folgt:

$$\{\tau < t\} = \bigcup_{n\in\mathbb{N}} \left\{\tau \le t - \frac{1}{n}\right\} \in \mathcal{F}_t$$

für $t \in \mathcal{T}$.

2. *Erfüllt ein filtrierter Wahrscheinlichkeitsraum die üblichen Bedingungen, so ist eine Abbildung $\tau\colon \Omega \to \overline{\mathcal{T}}$ genau dann eine Stoppzeit, wenn*

$$\{\tau < t\} \in \mathcal{F}_t$$

für alle $t \in \mathcal{T}$ gilt, also genau dann, wenn sie eine Stoppzeit im weiteren Sinne ist (vgl. 1.).

3. *Für $\mathcal{T} = \mathbb{N}_0$ ist τ genau dann Stoppzeit, wenn $\{\tau = t\} \in \mathcal{F}_t$ für jedes $t \in \mathbb{N}_0$.*

4. τ ist genau dann Stoppzeit auf dem filtrierten Raum $(\Omega, \mathcal{F}, (\mathcal{F}_t)_{t \in \mathcal{T}})$, wenn $\tau^{-1}(\mathbb{B}([0, t])) \subset \mathcal{F}_t$ für jedes $t \in \mathcal{T}$ gilt.

Stoppzeiten treten häufig in der Form von Eintrittszeiten auf.

Definition 1.14. *Sei* $X_t \colon (\Omega, \mathcal{F}, P, (\mathcal{F}_t)_{t \in \mathcal{T}}) \to (S, \mathcal{S})$ *für* $t \in \mathcal{T}$ *ein adaptierter stochastischer Prozess auf einem filtrierten Wahrscheinlichkeitsraum und* $A \in \mathcal{S}$. *Dann heißt*

$$\tau_A(\omega) := \inf\{t \in \mathcal{T} \colon X_t(\omega) \in A\}$$

die Eintrittszeit von X *in* A. *Es gilt natürlich die Konvention* $\inf \emptyset = \infty$ *bzw.* $= T$.

Bemerkung 1.15.

1. *Jede Stoppzeit* τ *ist auch eine Eintrittszeit. Man definiere für* $t \in \mathcal{T}$:

$$X_t(\omega) := \begin{cases} 1, & \text{für } t < \tau(\omega) \\ 0, & \text{sonst.} \end{cases}$$

   Dann ist τ *die Eintrittszeit von* X *in* $\{0\}$.

2. *Allerdings ist nicht jede Eintrittszeit auch eine Stoppzeit. Ein sehr befriedigendes Resultat hierzu liefert das Début-Theorem. Dieses besagt, dass wenn* $X_t \colon (\Omega, \mathcal{F}, P, (\mathcal{F}_t)_{t \in \mathcal{T}}) \to (S, \mathcal{S})$ *ein progressiv messbarer Prozess auf einem standard-filtrierten Wahrscheinlichkeitsraum ist, so ist für jedes* $A \in \mathcal{S}$ *die zugehörige Eintrittszeit* τ_A *von* X *in* A *eine Stoppzeit. Für die Fragestellung, wann eine Eintrittszeit eine Stoppzeit ist, genügt in dieser Arbeit meistens der nächste Satz. Ein Beweis des Début-Theorems findet sich beispielsweise in [5] Kapitel IV, Theorem 50.*

Satz 1.16. *Sei* $X_t \colon (\Omega, \mathcal{F}, P, (\mathcal{F}_t)_{t \in \mathcal{T}}) \to (S, \mathcal{S})$ *für* $t \in \mathcal{T}$ *ein adaptierter Prozess auf einem filtrierten Wahrscheinlichkeitsraum. Für* $A \in \mathcal{S}$ *bezeichne* $\tau_A := \inf\{t \in \mathcal{T} \colon X_t \in A\}$ *die Eintrittszeit von* X *in* A. *Dann gilt:*

1. *Ist $\mathcal{T} = \mathbb{N}_0$, so ist τ_A eine Stoppzeit für jedes $A \in \mathcal{S}$.*

2. *Ist $\mathcal{T} = \mathbb{R}_+$ oder $= [0, T]$ mit einem $T \geq 0$, S ein metrischer Raum mit zugehöriger Borel-σ-Algebra und X stetig, so ist jede Eintrittszeit in eine abgeschlossene Menge eine Stoppzeit.*
   Jede Eintrittszeit in eine F_σ-Menge (d.h. $A = \bigcup_{n \in \mathbb{N}} A_n$ mit A_n abgeschlossen) ist eine Stoppzeit im weiteren Sinne.

3. *Ist $\mathcal{T} = \mathbb{R}_+$ oder $= [0, T]$, S ein topologischer Raum mit zugehöriger Borel-σ-Algebra und X rechtsstetig oder linksstetig, so sind alle Eintrittszeiten in offene Mengen von S, Stoppzeiten im weiteren Sinne.*

4. *Ist $\mathcal{T} = \mathbb{R}_+$ oder $= [0, T]$, $S = \mathbb{R}$ und X rechtsstetig und wachsend (d.h. für $s \leq t$ und $\omega \in \Omega$ gilt $X_s(\omega) \leq X_t(\omega)$), so ist $\tau_{[\alpha, \infty[}$ eine Stoppzeit für beliebiges $\alpha \in \mathbb{R}$.*

Beweis.
1. Sei $\mathcal{T} = \mathbb{N}_0$, $A \in \mathcal{S}$ und $t \in \mathbb{N}_0$. Falls $t = 0$, so ist $\{\tau_A = 0\} = \{X_0 \in A\} \in \mathcal{F}_0$ aufgrund der Adaptiertheit von X. Im Fall $t > 0$ gilt

$$\{\tau_A = t\} = \bigcap_{l=0}^{t-1} \{X_l \notin A\} \cap \{X_t \in A\} \in \mathcal{F}_t$$

wiederum wegen der Adaptiertheit von X. Mit Bemerkung 1.13/3. folgt, dass τ_A eine Stoppzeit ist.

2. Sei jetzt $\mathcal{T} = \mathbb{R}_+$ oder $= [0, T]$, S ein metrischer Raum und X stetig. Für abgeschlossenes A ist die Funktion $x \mapsto \text{dist}(x, A) = \inf_{a \in A} d(x, a)$ von S nach $\mathbb{R}$ stetig. Also haben wir auch die Stetigkeit von $s \mapsto \text{dist}(X_s(\omega), A)$ von $\mathcal{T}$ nach $\mathbb{R}$ für jedes $\omega \in \Omega$. Außerdem ist für $A \subset S$ abgeschlossen $x \in A \Leftrightarrow \text{dist}(x, A) = 0$. Somit gilt für $t \in \mathcal{T}$ und $\mathcal{T} = \mathbb{R}_+$ oder $t \in \mathcal{T}$, $\mathcal{T} = [0, T]$ und $t \neq T$:

$$\{\tau_A > t\} = \{\omega\colon X_s(\omega) \notin A \text{ für } 0 \leq s \leq t\}$$
$$= \{\omega\colon \text{dist}(X_s(\omega), A) > 0 \text{ für } 0 \leq s \leq t\}$$
$$= \{\omega\colon \exists \delta > 0, \text{ so dass } \text{dist}(X_s(\omega), A) \geq \delta \text{ für } 0 \leq s \leq t\}$$

Letzte Gleichung ist richtig, da eine stetige Funktion auf einer kompakten Menge ihr Minimum annimmt. Weiterhin gilt wegen Stetigkeit:

$$\{\tau_A > t\} = \{\omega: \exists \delta > 0, \text{ so dass } \text{dist}(X_s(\omega), A) \geq \delta$$
$$\text{für } 0 \leq s \leq t \text{ mit } s \text{ rational}\}$$
$$= \bigcup_{n \in \mathbb{N}} \bigcap_{s \in \mathbb{Q} \cap [0,t]} \{\omega: \text{dist}(X_s(\omega), A) \geq 1/n\} \in \mathcal{F}_t$$

Letztes aufgrund der Adaptiertheit von X. Im Randfall $\mathcal{T} = [0, T]$ und $t = T$ ist die Aussage natürlich auch richtig. Folglich ist τ_A eine Stoppzeit für abgeschlossenes A.

Sei nun $A = \bigcup_{n \in \mathbb{N}} A_n$, mit A_n abgeschlossen, eine F_σ-Menge. Weil τ_{A_n} für jedes $n \in \mathbb{N}$ Stoppzeit, also insbesondere Stoppzeit im weiteren Sinne, ist, gilt $\{\tau_{A_n} \geq t\} \in \mathcal{F}_t$ für beliebiges $t \in \mathcal{T}$. Dies folgt mit Bemerkung 1.13/1. Nun gilt:

$$\{\tau_A \geq t\} = \{\omega: X_s(\omega) \notin A \text{ für } 0 \leq s < t\}$$
$$= \bigcap_{n \in \mathbb{N}} \{\omega: X_s(\omega) \notin A_n \text{ für } 0 \leq s < t\}$$
$$= \bigcap_{n \in \mathbb{N}} \{\tau_{A_n} \geq t\} \in \mathcal{F}_t$$

für jedes $t \in \mathcal{T}$. Somit gilt $\{\tau_A < t\} \in \mathcal{F}_t$ für alle t. Also ist τ_A Stoppzeit im weiteren Sinne nach Bemerkung 1.13/1.

3. Für X rechtsstetig oder linksstetig und A offen folgt

$$\{\tau_A \geq t\} = \{\omega: X_s(\omega) \notin A \text{ für } 0 \leq s < t\}$$
$$= \bigcap_{s \in \mathbb{Q} \cap [0,t[} \{X_s \notin A\} \in \mathcal{F}_t$$

für jedes $t \in \mathcal{T}$, wegen der Adaptiertheit von X. Wieder sieht man mit Bemerkung 1.13/1., dass τ_A Stoppzeit im weiteren Sinne ist.

4. Im letzten Fall gilt

$$\{\tau_{[\alpha,\infty[} \le t\} = \{X_t \ge \alpha\} \in \mathcal{F}_t,$$

außer wir sind im Randfall $\mathcal{T} = [0,T]$ und $t = T$. Aber dort ist die Aussage offensichtlich.

$\square$

Der nächste Satz gibt einige Rechenregeln im Umgang mit Stoppzeiten.

Satz 1.17. *Sei* $(\Omega, \mathcal{F}, (\mathcal{F}_t)_{t \in \mathcal{T}})$ *ein filtrierter Messraum. Dann gilt:*

1. *Für Stoppzeiten* σ *und* τ *sind auch die punktweise gebildeten Funktionen*

$$\sigma + \tau, \quad \sigma \vee \tau, \quad \sigma \wedge \tau \quad und \quad \alpha \circ \tau,$$

für jede Borel-messbare Funktion $\alpha \colon \overline{\mathcal{T}} \to \overline{\mathcal{T}}$ *mit* $\alpha(t) \ge t, \forall t \in \mathcal{T}$, *Stoppzeiten.*

2. *Ist* $(\tau_n)_{n \in \mathbb{N}}$ *eine Folge von Stoppzeiten, so ist* $\sup_{n \in \mathbb{N}} \tau_n$ *eine Stoppzeit und* $\inf_{n \in \mathbb{N}} \tau_n$ *eine Stoppzeit im weiteren Sinne.*

Beweis.

1. Wir betrachten zunächst die Summe $\sigma + \tau$. Sei $t \in \mathcal{T}$, dann gilt

$$\{\sigma + \tau > t\} = \{\tau > t\} \cup \{\tau \le t, \sigma + \tau > t\}$$
$$= \{\tau > t\} \cup \bigcup_{q \in [0,t] \cap \mathbb{Q}} \{q \le \tau \le t, \sigma + q > t\}.$$

Nun sind für $0 \le q \le t$ die Mengen $\{\tau > t\}, \{\tau \ge q\}, \{\tau \le t\}$ und $\{\sigma > t - q\}$ in $\mathcal{F}_t$ enthalten. Daher ist $\{\sigma + \tau > t\} \in \mathcal{F}_t$ und $\sigma + \tau$ eine Stoppzeit. Weiterhin gilt

$$\{\sigma \vee \tau \le t\} = \{\sigma \le t\} \cap \{\tau \le t\} \in \mathcal{F}_t,$$

$$\{\sigma \wedge \tau \leq t\} = \{\sigma \leq t\} \cup \{\tau \leq t\} \in \mathcal{F}_t.$$

Somit ist das Maximum und das Minimum zweier Stoppzeiten wieder eine Stoppzeit.

Des Weiteren gilt $\{\alpha \circ \tau \leq t\} = \tau^{-1}(\alpha^{-1}([0,t]))$ und auch $\alpha^{-1}([0,t]) \in \mathbb{B}([0,t])$ aufgrund der Voraussetzung an α. Also ist $\alpha \circ \tau$ eine Stoppzeit nach Bemerkung 1.13/4.

2. Sei $t \in \mathcal{T}$ beliebig. Dann gilt auch die zweite Aussage wegen

$$\left\{\sup_{n \in \mathbb{N}} \tau_n \leq t\right\} = \bigcap_{n \in \mathbb{N}} \{\tau_n \leq t\} \in \mathcal{F}_t \quad \text{und}$$

$$\left\{\inf_{n \in \mathbb{N}} \tau_n < t\right\} = \bigcup_{n \in \mathbb{N}} \{\tau_n < t\} \in \mathcal{F}_t.$$

Letzteres wieder wegen Bemerkung 1.13/1.

$\square$

Nun definieren wir, was es bedeutet, dass ein Ereignis vor einer Stoppzeit τ stattfindet.

Definition 1.18. *Sei* $(\Omega, \mathcal{F}, (\mathcal{F}_t)_{t \in \mathcal{T}})$ *ein filtrierter Messraum und sei* $\mathcal{F}_\infty := \sigma(\bigcup_{t \in \mathcal{T}} \mathcal{F}_t)$. *Für eine Stoppzeit* τ *bezüglich der gegebenen Filtrierung bezeichnen wir dann*

$$\mathcal{F}_\tau := \{A \in \mathcal{F}_\infty \colon A \cap \{\tau \leq t\} \in \mathcal{F}_t \text{ für alle } t \in \mathcal{T}\}$$

als die σ*-Algebra der* τ*-Vergangenheit.*

Bemerkung 1.19. *Für die konstante Stoppzeit* $\tau \equiv t$ *gewinnt man aus dieser Definition die* σ*-Algebra* $\mathcal{F}_t$ *zurück. Dies unterstreicht die Wahl der Bezeichnung "*σ*-Algebra der* τ*-Vergangenheit".*

Der nun folgende Satz behandelt einige Rechenregeln zur σ-Algebra der τ-Vergangenheit.

Satz 1.20. *Seien $(\Omega, \mathcal{F}, P, (\mathcal{F}_t)_{t \in \mathcal{T}})$ ein filtrierter Wahrscheinlichkeitsraum und σ, τ Stoppzeiten. $\mathbb{E}^{\mathfrak{D}}$ bezeichne hier und im Folgenden den bedingten Erwartungswert einer Funktion nach der σ-Algebra $\mathfrak{D}$. Dann gilt:*

1. $\mathcal{F}_{\sigma \wedge \tau} = \mathcal{F}_\sigma \cap \mathcal{F}_\tau$

2. *Ist $A \in \mathcal{F}_\sigma$, so gilt*

$$A \cap \{\sigma \leq \tau\} \in \mathcal{F}_{\sigma \wedge \tau} \quad und \quad A \cap \{\sigma < \tau\} \in \mathcal{F}_{\sigma \wedge \tau}.$$

3. $\mathbb{E}^{\mathcal{F}_{\sigma \wedge \tau}} = \mathbb{E}^{\mathcal{F}_\tau} \circ \mathbb{E}^{\mathcal{F}_\sigma} = \mathbb{E}^{\mathcal{F}_\sigma} \circ \mathbb{E}^{\mathcal{F}_\tau}$

Beweis.

1. Sei zunächst $A \in \mathcal{F}_\sigma \cap \mathcal{F}_\tau$. Dann folgt für $t \in \mathcal{T}$

$$A \cap \{\sigma \wedge \tau \leq t\} = (A \cap \{\sigma \leq t\}) \cup (A \cap \{\tau \leq t\}) \in \mathcal{F}_t.$$

Also $A \in \mathcal{F}_{\sigma \wedge \tau}$. Ist umgekehrt $A \in \mathcal{F}_{\sigma \wedge \tau}$, so ergibt sich für $t \in \mathcal{T}$

$$A \cap \{\sigma \leq t\} = (A \cap \{\sigma \wedge \tau \leq t\}) \cap \{\sigma \leq t\} \in \mathcal{F}_t.$$

Damit gilt auch $A \in \mathcal{F}_\sigma$. Analog folgt $A \in \mathcal{F}_\tau$.

2. Offensichtlich ist jede Stoppzeit ρ bezüglich ihrer σ-Algebra $\mathcal{F}_\rho$ messbar. Mit der $\mathcal{F}_{\sigma \wedge \tau}$-Messbarkeit von $\sigma \wedge \tau$ zeigt der Punkt 1. die $\mathcal{F}_\sigma$-Messbarkeit dieser Stoppzeit. Somit hat man

$$\{\sigma \leq \tau\} = \{\sigma = \sigma \wedge \tau\} \in \mathcal{F}_\sigma.$$

Sei jetzt $A \in \mathcal{F}_\sigma$. Dann gilt natürlich $A \cap \{\sigma \leq \tau\} \in \mathcal{F}_\sigma$. Weiterhin haben wir für $t \in \mathcal{T}$

$$A \cap \{\sigma \leq \tau\} \cap \{\tau \leq t\} = (A \cap \{\sigma \leq t\}) \cap \{\tau \leq t\} \cap$$
$$\cap \{\sigma \wedge t \leq \tau \wedge t\} \in \mathcal{F}_t. \quad (1.2)$$

Folglich ist $A \cap \{\sigma \leq \tau\}$ auch in $\mathcal{F}_\tau$ und daher nach 1. in $\mathcal{F}_{\sigma \wedge \tau}$. Wählt man $A = \Omega$ in (1.2) und vertauscht die Rollen von σ und τ, so folgt

$$\{\tau \leq \sigma\} \in \mathcal{F}_{\sigma \wedge \tau}.$$

Also gilt auch

$$\{\sigma < \tau\} = \Omega \setminus \{\tau \leq \sigma\} \in \mathcal{F}_{\sigma \wedge \tau}.$$

Daraus folgt insgesamt für $A \in \mathcal{F}_\sigma$

$$A \cap \{\sigma < \tau\} = (A \cap \{\sigma \leq \tau\}) \cap \{\sigma < \tau\} \in \mathcal{F}_{\sigma \wedge \tau}.$$

3. Nach 1. wissen wir bereits, dass $\mathbb{E}^{\mathcal{F}_{\sigma \wedge \tau}} = \mathbb{E}^{\mathcal{F}_{\sigma \wedge \tau}} \circ \mathbb{E}^{\mathcal{F}_\sigma}$. Daher ist die erste Gleichung gezeigt, wenn wir nachweisen, dass

$$\mathbb{E}^{\mathcal{F}_{\sigma \wedge \tau}} f = \mathbb{E}^{\mathcal{F}_\tau} f$$

gilt für jede $\mathcal{F}_\sigma$-messbare Funktion f, die entweder ≥ 0 oder integrierbar ist. Sei also f solch eine Funktion. Nach 2. sind dann $f \mathbf{1}_{\{\sigma \leq \tau\}}$ und $(\mathbb{E}^{\mathcal{F}_\tau} f) \mathbf{1}_{\{\tau < \sigma\}}$ bereits $\mathcal{F}_{\sigma \wedge \tau}$-messbar. Folglich ist wegen

$$\mathbb{E}^{\mathcal{F}_\tau} f = \mathbb{E}^{\mathcal{F}_\tau} (f \mathbf{1}_{\{\sigma \leq \tau\}} + f \mathbf{1}_{\{\sigma > \tau\}}) = f \mathbf{1}_{\{\sigma \leq \tau\}} + \mathbb{E}^{\mathcal{F}_\tau} (f \mathbf{1}_{\{\sigma > \tau\}})$$
$$= f \mathbf{1}_{\{\sigma \leq \tau\}} + (\mathbb{E}^{\mathcal{F}_\tau} f) \mathbf{1}_{\{\sigma > \tau\}}$$

$\mathbb{E}^{\mathcal{F}_\tau} f$ bereits $\mathcal{F}_{\sigma \wedge \tau}$-messbar. Damit gilt

$$\mathbb{E}^{\mathcal{F}_\tau} f = \mathbb{E}^{\mathcal{F}_{\sigma \wedge \tau}} (\mathbb{E}^{\mathcal{F}_\tau} f) = \mathbb{E}^{\mathcal{F}_{\sigma \wedge \tau}} f$$

und die erste Gleichung ist gezeigt. Die Zweite folgt unmittelbar, da die Rollen von σ und τ einfach vertauscht werden können.

$\square$

1.3 Gestoppte Prozesse

Jetzt definieren wir was es bedeutet einen Prozess zu einer Stoppzeit zu stoppen.

Definition 1.21. *Sei* $X_t \colon (\Omega, \mathcal{F}, P, (\mathcal{F}_t)_{t \in \mathcal{T}}) \to (S, \mathcal{S})$ *für* $t \in \mathcal{T}$ *ein stochastischer Prozess auf einem filtrierten Wahrscheinlichkeitsraum und* $\tau \colon \Omega \to \overline{\mathcal{T}}$ *eine Stoppzeit bezüglich der gegebenen Filtrierung. Dann heißt der Prozess* X^τ, *der gegeben ist durch*

$$X_t^\tau(\omega) = X_{\tau(\omega) \wedge t}(\omega),$$

der durch τ *gestoppte Prozess von* X.

Bemerkung 1.22. *Anschaulich bedeutet Stoppung, dass der Pfad* $t \mapsto X_t(\omega)$ *zum Zeitpunkt* $\tau(\omega)$ *abgebrochen wird, d.h. ab diesem Zeitpunkt konstant mit dem Wert* $X_{\tau(\omega)}(\omega)$ *weiterläuft.*

Den nächsten Satz sollte man sich bei der Lektüre der weiteren Kapitel präsent halten. Er sichert unter anderem die Adaptiertheit gestoppter, progressiv messbarer Prozesse.

Satz 1.23. *Sei* $X_t \colon (\Omega, \mathcal{F}, P, (\mathcal{F}_t)_{t \in \mathcal{T}}) \to (S, \mathcal{S})$ *für* $t \in \mathcal{T}$ *ein progressiv messbarer stochastischer Prozess auf einem filtrierten Wahrscheinlichkeitsraum und* $\tau \colon \Omega \to \overline{\mathcal{T}}$ *eine Stoppzeit bezüglich der gegebenen Filtrierung. Dann gilt:*

1. Die Funktion $X_\tau \colon \{\tau < \infty\} \to S$ *mit*

$$X_\tau(\omega) = X_{\tau(\omega)}(\omega)$$

ist $\{\tau < \infty\} \cap \mathcal{F}_\tau$-*messbar.*

2. Der bei τ *gestoppte Prozess* X^τ *ist wieder progressiv messbar.*

Beweis.

1. Man betrachte die Abbildung $\tilde{\tau} \colon \{\tau < \infty\} \to \overline{\mathcal{T}} \times \Omega$, die gegeben ist durch

$$\tilde{\tau}(\omega) = (\tau(\omega), \omega).$$

Für $t \in \mathcal{T}$ sei $\mathbb{B}(t) := \mathbb{B}(\mathcal{T} \cap [0,t])$ die Borelsche σ-Algebra auf $\mathcal{T} \cap [0,t]$. Nun sei $t \in \mathcal{T}$ fest und wir betrachten die Einschränkung von $\tilde{\tau}$

$$\tilde{\tau}\,|_{\{\tau \leq t\}} \colon \{\tau \leq t\} \to ([0,t] \cap \overline{\mathcal{T}}) \times \Omega.$$

Für $B \in \mathbb{B}(t)$ und $A \in \mathcal{F}_t$ gilt dann

$$\{\tau \leq t\} \cap \tilde{\tau}^{-1}(B \times A) = \{\tau \leq t\} \cap \tau^{-1}(B) \cap A \in \mathcal{F}_t.$$

Man beachte hierbei, dass aufgrund der $\mathcal{F}_\tau$-Messbarkeit von τ

$$\{\tau \leq t\} \cap \tau^{-1}(B) \in \mathcal{F}_t$$

gilt. Dies ergibt die $\{\tau \leq t\} \cap \mathcal{F}_t / \mathbb{B}(t) \otimes \mathcal{F}_t$-Messbarkeit von $\tilde{\tau}\,|_{\{\tau \leq t\}}$. Wenn wir X als Abbildung von $\mathcal{T} \times \Omega \to S$ auffassen, so können wir vereinfacht $X_\tau = X \circ \tilde{\tau}$ schreiben. Seien $C \in \mathcal{S}$ und $t \in \mathcal{T}$. Zu zeigen ist nun $X_\tau^{-1}(C) \cap \{\tau \leq t\} \in \mathcal{F}_t$. Denn dann liegt per Definition $X_\tau^{-1}(C) \in \mathcal{F}_\tau$, also auch

$$X_\tau^{-1}(C) \in \{\tau < \infty\} \cap \mathcal{F}_\tau$$

vor. Aber es gilt

$$X_\tau^{-1}(C) \cap \{\tau \leq t\} = \left(X\,|_{([0,t] \cap \mathcal{T}) \times \Omega} \circ \tilde{\tau}\,|_{\{\tau \leq t\}} \right)^{-1}(C)$$

$$= \tilde{\tau}\,|_{\{\tau \leq t\}}^{-1} \left(X\,|_{([0,t] \cap \mathcal{T}) \times \Omega}^{-1}(C) \right).$$

Wegen der progressiven Messbarkeit von X ist

$$X\,|_{([0,t] \cap \mathcal{T}) \times \Omega}^{-1}(C) \in \mathbb{B}(t) \otimes \mathcal{F}_t$$

und daher, nach dem ersten Beweisteil

$$X_\tau^{-1}(C) \cap \{\tau \leq t\} \in \mathcal{F}_t.$$

2. Sei $t \in \mathcal{T}$ im Folgenden fixiert. Dann bleibt die $\mathbb{B}(t) \otimes \mathcal{F}_t$-Messbarkeit von $X^\tau \,|_{([0,t] \cap \mathcal{T}) \times \Omega}$ zu zeigen. Nach Satz 1.20/1. und Bemerkung 1.19 wissen wir, dass die Abbildung

$$\omega \mapsto \tau(\omega) \wedge t$$

$\mathcal{F}_t/\mathbb{B}(t)$-messbar ist. Daher ist

$$\alpha \colon ([0,t] \cap \mathcal{T}) \times \Omega \to ([0,t] \cap \mathcal{T}) \times ([0,t] \cap \mathcal{T})$$
$$\alpha(s,\omega) := (\tau(\omega) \wedge t, s)$$

$\mathbb{B}(t) \otimes \mathcal{F}_t/\mathbb{B}(t) \otimes \mathbb{B}(t)$-messbar. Bekanntlich gilt die $\mathbb{B}(t) \otimes \mathbb{B}(t)/\mathbb{B}(t)$-Messbarkeit der Abbildung

$$\beta \colon ([0,t] \cap \mathcal{T}) \times ([0,t] \cap \mathcal{T}) \to ([0,t] \cap \mathcal{T})$$
$$\beta(x,y) := x \wedge y.$$

Somit ist die Abbildung

$$\tau_t := (\beta \circ \alpha, \mathrm{pr}_2) \colon ([0,t] \cap \mathcal{T}) \times \Omega \to ([0,t] \cap \mathcal{T}) \times \Omega$$
$$\tau_t(s,\omega) = (\tau(\omega) \wedge t \wedge s, \omega)$$

insgesamt $\mathbb{B}(t) \otimes \mathcal{F}_t/\mathbb{B}(t) \otimes \mathcal{F}_t$-messbar. Da progressive Messbarkeit von X vorliegt, liefert dies die $\mathbb{B}(t) \otimes \mathcal{F}_t/\mathcal{S}$-Messbarkeit von $X \circ \tau_t$. Aber für $(s,\omega) \in ([0,t] \cap \mathcal{T}) \times \Omega$ gilt

$$(X \circ \tau_t)(s,\omega) = X_{\tau(\omega) \wedge t \wedge s}(\omega) = X_{\tau(\omega) \wedge s}(\omega) = X_s^\tau(\omega).$$

Also ist X^τ progressiv messbar.

$\square$

Einige Eigenschaften stochastischer Prozesse sind stopp-invariant, wie zum Beispiel die Eigenschaften rechtsstetig, linksstetig oder ein rechtsstetiges Martingal zu sein, wie wir später sehen werden. Wir können auch eine Eigenschaft erweitern auf Prozesse, die diese Eigenschaft nur lokal besitzen.

Definition 1.24.

- *Sei* $X_t\colon (\Omega, \mathcal{F}, P, (\mathcal{F}_t)_{t\in\mathcal{T}}) \to (S, \mathcal{S})$ *für* $t \in \mathcal{T}$ *und* $\mathcal{T} = \mathbb{R}_+$ *ein progressiv messbarer Prozess auf einem filtrierten Wahrscheinlichkeitsraum und E eine Eigenschaft stochastischer Prozesse. Dann sagen wir, X hat die Eigenschaft E lokal, wenn eine (E lokalisierende) Folge von Stoppzeiten $\tau_n \uparrow \infty$ existiert, so dass jeder der gestoppten Prozesse X^{τ_n} die Eigenschaft E besitzt. Dabei schreiben wir $\tau_n \uparrow \infty$, wenn die Folge τ_n punktweise monoton steigend gegen ∞ konvergiert.*

- *Hingegen sagen wir der Prozess X hat eine bestimmte Eigenschaft pfadweise lokal, wenn jeder Pfad diese Eigenschaft für jedes $t \geq 0$ auf $[0, t]$ hat.*

Bemerkung 1.25.

- *Hat ein Prozess eine Eigenschaft stochastischer Prozesse, so hat er diese auch lokal. Man wähle als lokalisierende Folge $\tau_n \equiv \infty$ für alle $n \in \mathbb{N}$.*

- *Sind E und F zwei stopp-invariante Eigenschaften stochastischer Prozesse und besitzt der Prozess X beide Eigenschaften lokal, so besitzt er auch die Eigenschaft (E und F) lokal. Denn sei σ_n eine E lokalisierende Folge von Stoppzeiten und τ_n eine F lokalisierende Folge von Stoppzeiten. Dann gilt*

$$\sigma_n \wedge \tau_n \uparrow \infty \quad \text{und} \quad X^{\sigma_n \wedge \tau_n} = (X^{\sigma_n})^{\tau_n} = (X^{\tau_n})^{\sigma_n},$$

woraus die Behauptung aufgrund der Stopp-Invarianz der Eigenschaften folgt.

Wir werden nun sehen wie man stochastische Prozesse miteinander identifizieren kann.

Definition 1.26. *Seien* $X_t, Y_t \colon (\Omega, \mathcal{F}, P) \to (S, \mathcal{S})$ *für* $t \in \mathcal{T}$ *zwei stochastische Prozesse.*

1. *X und Y heißen Modifikationen voneinander, wenn:*

$$P(\{X_t \neq Y_t\}) = 0 \quad \text{für alle } t \in \mathcal{T}.$$

2. *X und Y heißen nicht-unterscheidbar, wenn:*

$$P^*\Big(\bigcup_{t \in T} \{X_t \neq Y_t\}\Big) = 0$$

   gilt für das äußere Maß P^* von P.

Bemerkung 1.27.

- *Natürlich sind zwei nicht-unterscheidbare Prozesse auch Modifikationen voneinander.*

- *Nehmen X und Y Werte in einem topologischen Hausdorff-Raum mit zugehöriger Borel-σ-Algebra an und sind beide Modifikationen voneinander, sowie beide rechtsstetig oder beide linksstetig, dann sind beide bereits nicht-unterscheidbar. Denn die Aussage ist für $\mathcal{T} = \mathbb{N}_0$ klar und in den anderen beiden Fällen betrachte man die Nullmenge*

$$N := \bigcup_{t \in \mathbb{Q}_+} \{X_t \neq Y_t\} \ \text{bzw.} \ N := \bigcup_{t \in \mathbb{Q}_+ \cap [0,T]} \{X_t \neq Y_t\} \cup \{X_T \neq Y_T\}.$$

Für $\omega \notin N$ sind die Pfade $t \mapsto X_t(\omega)$ von X und $t \mapsto Y_t(\omega)$ von Y auf ganz $\mathbb{Q}_+ \cap \mathcal{T}$ gleich. Weil aber konvergente Folgen im Zustandsraum genau einen Grenzpunkt haben, stimmen die Pfade aufgrund der Stetigkeitseigenschaft auf ganz $\mathcal{T}$ überein.

Später in der stochastischen Integration nach lokalen Martingalen werden die konstruierten Prozesse nur bis auf Nicht-Unterscheidbarkeit eindeutig festgelegt sein. Wenn wir den konstruierten Integralbegriff dann noch erweitern wollen müssen wir Familien von Prozessen, die lokal konsistent sind zu einem globalen Prozess fortsetzen. Dies ermöglicht folgender Satz.

Satz 1.28. *Sei $X_t^{(n)} : (\Omega, \mathcal{F}, P, (\mathcal{F}_t)_{t \in \mathbb{R}_+}) \to (S, \mathcal{S})$ für $t \in \mathbb{R}_+$ und $n \in \mathbb{N}$ eine Familie von progressiv messbaren Prozessen auf einem vollständig filtrierten Wahrscheinlichkeitsraum. Sei weiterhin $\tau_n \uparrow \infty$ eine Folge von Stoppzeiten, so dass für jedes $n \in \mathbb{N}$ die Prozesse $(X^{(n)})^{\tau_n}$ und $(X^{(n+1)})^{\tau_n}$ nicht unterscheidbar sind. Dann gibt es einen bis auf Nicht-Unterscheidbarkeit eindeutig bestimmten progressiv messbaren Prozess X, so dass X^{τ_n} und $(X^{(n)})^{\tau_n}$ für alle $n \in \mathbb{N}$ nicht-unterscheidbar sind.*

Beweis. Für jedes $n \in \mathbb{N}$ sind die Mengen $N_n := \bigcup_{t \in \mathbb{R}_+} \{ X_{\tau_n \wedge t}^{(n)} \neq X_{\tau_n \wedge t}^{(n+1)} \}$ nach Voraussetzung Nullmengen und so auch $N := \bigcup_{n \in \mathbb{N}} N_n$. Man beachte hierbei, dass der zugrunde liegende Wahrscheinlichkeitsraum als vollständig filtriert vorausgesetzt war. Für $\omega \notin N$ gilt $X_{\tau_n \wedge t}^{(n)}(\omega) = X_{\tau_n \wedge t}^{(n+1)}(\omega)$ für jedes $t \in \mathbb{R}_+$ und jedes $n \in \mathbb{N}$. Sei $a \in S$ beliebig, dann ist wegen $\tau_n \uparrow \infty$ der Prozess X mit

$$X_t(\omega) := \begin{cases} \lim_{n \to \infty} X_{\tau_n \wedge t}^{(n)}(\omega), & \text{für } \omega \notin N \\ a, & \text{für } \omega \in N \end{cases}$$

wohldefiniert. Als punktweiser Limes progressiv messbarer Prozesse ist dieser auch progressiv messbar. Per Definition gilt $X_t(\omega) = X_t^{(n)}(\omega)$ für alle n mit $\tau_n(\omega) \geq t$ und $\omega \notin N$. Daher hat der Prozess X auch die geforderte Eigenschaft unter Stoppung. Sei Y ein weiterer progressiv messbarer Prozess, für den Y^{τ_n} und $(X^{(n)})^{\tau_n}$ für jedes n nicht-unterscheidbar sind. Dann definiere man die Nullmengen

$$M_n := \bigcup_{t \in \mathbb{R}_+} \left(\left\{ Y_{\tau_n \wedge t} \neq X_{\tau_n \wedge t}^{(n)} \right\} \cup \left\{ X_{\tau_n \wedge t} \neq X_{\tau_n \wedge t}^{(n)} \right\} \right),$$

sowie

$$M := \bigcup_{n \in \mathbb{N}} M_n.$$

Offensichtlich folgt dann für jedes $\omega \notin M$ und alle $n \in \mathbb{N}$, sowie alle $t \in \mathbb{R}_+$:

$$X_{\tau_n \wedge t}(\omega) = Y_{\tau_n \wedge t}(\omega).$$

Wegen $\tau_n \uparrow \infty$ stimmen also X und Y außerhalb von M überein und sind damit nicht-unterscheidbar. $\qquad\square$

1.4 Zentrale Resultate der Martingaltheorie

In diesem Abschnitt behandeln wir die wichtigsten Aussagen der Martingaltheorie weitgehend ohne Beweis. Dazu definieren wir zunächst den Begriff eines Martingals.

Definition 1.29. *Sei $X = (X_t)_{t \in \mathcal{T}}$ ein stochastischer Prozess auf dem filtrierten Wahrscheinlichkeitsraum $(\Omega, \mathcal{F}, P, (\mathcal{F}_t)_{t \in \mathcal{T}})$ mit Zeitbereich $\mathcal{T} = \mathbb{N}_0$, oder $\mathcal{T} = [0, T]$ mit einem $T \geq 0$, oder $\mathcal{T} = \mathbb{R}_+$. Dann heißt X integrierbar, falls X_t für jedes $t \in \mathcal{T}$ bezüglich P integrierbar ist.*

Ist X adaptiert und integrierbar, so heißt X ein Submartingal (bezüglich der Filtrierung $(\mathcal{F}_t)_{t \in \mathcal{T}}$), falls für alle $s, t \in \mathcal{T}$ mit $s \leq t$

$$X_s \leq \mathbb{E}^{\mathcal{F}_s}(X_t) \tag{1.3}$$

gilt.

Ein adaptiertes und integrierbares X heißt ein Supermartingal (bezüglich der Filtrierung $(\mathcal{F}_t)_{t \in \mathcal{T}}$), falls in (1.3) für alle $s, t \in \mathcal{T}$ mit $s \leq t$ die umgekehrte Ungleichung " $\geq$ " gilt.

X heißt ein Martingal (bezüglich der Filtrierung $(\mathcal{F}_t)_{t\in T}$), falls X sowohl ein Sub- als auch ein Supermartingal ist. Ein Martingal X heißt L^2-Martingal, falls X_t für jedes $t \in T$ quadratisch integrierbar ist.

Satz 1.30. *Sei $X^{(n)}$ eine Folge von (Sub-)Martingalen auf einem standard-filtrierten Wahrscheinlichkeitsraum mit Indexmenge T. Weiterhin konvergieren für jedes $t \in T$ die Zufallsvariablen $X_t^{(n)}$ gegen X_t im L^1. Dann ist auch $(X_t)_{t\in T}$ ein (Sub-)Martingal.*

Beweis. Da X_t der L^1 Grenzwert der $X_t^{(n)}$ ist, konvergiert eine Teilfolge fast sicher, wodurch auch $(X_t)_{t\in T}$ adaptiert ist, denn der zugrunde liegende Wahrscheinlichkeitsraum ist standard-filtriert. Wegen der Jensenschen Ungleichung für bedingte Erwartungswerte haben wir

$$\mathbb{E}|\mathbb{E}^{\mathcal{F}_s}X_t^{(n)} - \mathbb{E}^{\mathcal{F}_s}X_t| \leq \mathbb{E}|X_t^{(n)} - X_t|$$

für $s \leq t$. Daher konvergiert $\mathbb{E}^{\mathcal{F}_s}X_t^{(n)} \to \mathbb{E}^{\mathcal{F}_s}X_t$ im L^1 und damit auf einer Teilfolge fast sicher. Wählt man nun für $s \leq t$ eine gemeinsame Teilfolge $(n_k)_{k\in\mathbb{N}}$ auf der sowohl $X_s^{(n_k)} \to X_s$ als auch $\mathbb{E}^{\mathcal{F}_s}X_t^{(n_k)} \to \mathbb{E}^{\mathcal{F}_s}X_t$ fast sicher konvergiert, so ergibt sich die (Sub-)Martingaleigenschaft für X aus der der $X^{(n)}$. □

Das nächste Theorem ist auch bekannt unter dem Namen "Optional Sampling Theorem".

Theorem 1.31. *Sei $(\Omega, \mathcal{F}, P, (\mathcal{F}_t)_{t\in T})$ ein filtrierter Wahrscheinlichkeitsraum und darauf $(X_t)_{t\in T}$ ein rechtsstetiges Submartingal. Seien weiterhin σ und τ mit $\sigma \leq \tau$ (P-f.s.) beschränkte Stoppzeiten. Dann gilt*

$$X_\sigma \leq \mathbb{E}^{\mathcal{F}_\sigma}X_\tau,$$

wobei der bedingte Erwartungswert auf der rechten Seite der vorangegangenen Ungleichung existiert. Weiterhin gilt in dieser Ungleichung

Gleichheit, wenn X sogar ein Martingal ist. Für das Submartingal $X_+ := X \vee 0$ ist die Menge

$$\{(X_+)_\tau : \tau \text{ Stoppzeit mit } \tau \leq c\}$$

für jedes $c > 0$ gleichgradig integrierbar. Falls X ein Martingal ist, gilt dies auch für die Mengen

$$\{X_\tau : \tau \text{ Stoppzeit}, \tau \leq c\}$$

mit $c > 0$.

Korollar 1.32. *Die Eigenschaft für einen Prozess ein rechtsstetiges (Sub-)Martingal zu sein, ist stopp-invariant.*

Beweis. Sei X ein rechtsstetiges Submartingal, τ eine Stoppzeit und $s, t \in \mathcal{T}$ mit $s \leq t$. Dann folgt

$$(X^\tau)_s = X_{s \wedge \tau} \leq \mathbb{E}^{\mathcal{F}_{s \wedge \tau}} X_{t \wedge \tau} = \mathbb{E}^{\mathcal{F}_s} (\mathbb{E}^{\mathcal{F}_\tau} X_{t \wedge \tau})$$
$$= \mathbb{E}^{\mathcal{F}_s} X_{t \wedge \tau} = \mathbb{E}^{\mathcal{F}_s} (X^\tau)_t.$$

Dabei gilt die Ungleichung aufgrund des Optional Sampling Theorems. Sie wird in dem Falle, dass X ein Martingal ist, zu einer Gleichung. Das zweite Gleichheitszeichen gilt wegen Satz 1.20/3. und das Dritte folgt wegen Satz 1.23/1. mit Satz 1.20/1. $\qquad\square$

Die Ungleichungen des nächsten Satzes werden auch "Doobsche Maximal-Ungleichungen" genannt.

Satz 1.33. *Sei $(X_t)_{t \in \mathcal{T}}$ ein Submartingal auf $(\Omega, \mathcal{F}, P, (\mathcal{F}_t)_{t \in \mathcal{T}})$. Sei weiterhin $\mathcal{T}_0 \subset \mathcal{T}$ abzählbar und dafür $X^* = \sup_{t \in \mathcal{T}_0} X_t$. Dann gelten die folgenden Abschätzungen:*

1. $c \cdot P(\{X^* \geq c\}) \leq \sup\limits_{t \in \mathcal{T}_0} \mathbb{E}(X_+)_t, \quad$ für jedes $c > 0$.

2. Ist $X \geq 0$ oder X ein Martingal, so gilt für alle $p > 1$:

$$\|X^*\|_p \leq \frac{p}{p-1} \sup_{t \in \mathcal{T}_0} \|X_t\|_p.$$

Der nächste Satz besagt im Wesentlichen, dass ein rechtsstetiges Submartingal auch Limiten von links besitzt und umgekehrt.

Satz 1.34. *Sei $(X_t)_{t \in \mathcal{T}}$ ein Submartingal auf $(\Omega, \mathcal{F}, P, (\mathcal{F}_t)_{t \in \mathcal{T}})$. Wobei hier $\mathcal{T} = \mathbb{R}_+$ oder $= [0, T]$ mit $T \geq 0$ gilt. Dann gibt es eine P-Nullmenge N, so dass für jedes $\omega \notin N$ die einseitigen Grenzwerte:*

$$X_{t_0+}(\omega) = \lim_{\substack{t \downarrow t_0 \\ t \in \mathcal{T} \cap \mathbb{Q}_+}} X_t(\omega) \quad \text{für } \sup \mathcal{T} > t_0 \geq 0 \quad \text{und}$$

$$X_{t_0-}(\omega) = \lim_{\substack{t \uparrow t_0 \\ t \in \mathcal{T} \cap \mathbb{Q}_+}} X_t(\omega) \quad \text{für } t_0 > 0$$

in $\mathbb{R}$ existieren. Setzt man diese Funktionen durch 0 auf N fort, so sind die entstehenden Funktionen integrierbar. Ist X nach unten beschränkt oder ein Martingal, so findet obige Konvergenz sogar im L^1 statt. Falls X rechtsstetig oder linksstetig ist, so kann auf die Einschränkung rationaler t in der Konvergenz verzichtet werden.

Korollar 1.35. *Sei $\mathcal{T} = \mathbb{R}_+$ oder $= [0, T]$ mit $T \geq 0$ und sei $(\Omega, \mathcal{F}, P, (\mathcal{F}_t)_{t \in \mathcal{T}})$ ein standard-filtrierter Wahrscheinlichkeitsraum, sowie $(X_t)_{t \in \mathcal{T}}$ darauf ein Martingal. Dann besitzt X eine Modifikation zu einem rechtsstetigen Martingal mit linken Limiten. D.h. jeder Pfad des erhaltenen Martingals ist rechtsstetig und besitzt an jeder Stelle $t > 0$ einen Limes von links.*

Beweis. Man wähle zu X im Fall $\mathcal{T} = \mathbb{R}_+$ die Nullmenge N aus Satz 1.34 und definiere

$$X'_t(\omega) = \begin{cases} X_{t+}(\omega) & \text{für } \omega \notin N \\ 0 & \text{sonst.} \end{cases}$$

Dann gilt $X_t = X'_t$ fast überall für jedes $t \geq 0$. Denn sei $t \geq 0$ beliebig und $t_n > t$ eine Folge in $\mathbb{Q}_+$ welche gegen t konvergiert. X'_t ist per Definition $(\mathcal{F}_{t+})$-messbar und da der Wahrscheinlichkeitsraum als standard-filtriert angenommen war auch $\mathcal{F}_t$-messbar. Aus diesem

Grund haben wir $\mathbb{E}^{\mathcal{F}_t} X_t' = X_t'$. Weiterhin gilt mit der Martinga-leigenschaft von X und der Jensenschen Ungleichung für bedingte Erwartungswerte:

$$\mathbb{E}\left|X_t - X_t'\right| = \mathbb{E}\left|\mathbb{E}^{\mathcal{F}_t} X_{t_n} - \mathbb{E}^{\mathcal{F}_t} X_t'\right| \leq \mathbb{E}(\mathbb{E}^{\mathcal{F}_t}\left|X_{t_n} - X_t'\right|)$$
$$= \mathbb{E}\left|X_{t_n} - X_t'\right| \to 0.$$

Denn nach dem Zusatz zu Satz 1.34 konvergiert $X_{t_n} \to X_t'$ sogar im L^1. Damit ist X' eine Modifikation von X. Da sich aber die fast sichere Gleichheit auf die bedingten Erwartungen überträgt, ist X' auch ein Martingal. Sei nun $s_n > t \geq 0$ eine beliebige Folge, die gegen t konvergiert und $\omega \in N^C$, sowie $\epsilon > 0$ beliebig. Dann gibt es nach der Definition von X' für jedes $n \in \mathbb{N}$ ein $q_n \in \mathbb{Q}_+$ mit

$$s_n < q_n < s_n + \frac{1}{n} \quad \text{und} \quad \left|X_{s_n}'(\omega) - X_{q_n}(\omega)\right| < \epsilon.$$

Weil auch q_n von rechts gegen t konvergiert, gilt $X_{q_n}(\omega) \to X_t'(\omega)$. Also folgt:

$$X_t'(\omega) - \epsilon \leq \liminf_{n \to \infty} X_{s_n}'(\omega) \leq \limsup_{n \to \infty} X_{s_n}'(\omega) \leq X_t'(\omega) + \epsilon$$

und daraus $\lim_{n \to \infty} X_{s_n}'(\omega) = X_t'(\omega)$, denn $\epsilon > 0$ wurde beliebig gewählt. Damit ist nachgewiesen, dass X' ein rechtsstetiges Martingal ist. Wendet man nun auf X' Satz 1.34 unter Beachtung der Rechtsstetigkeit an, so folgt, dass X' nach eventueller Abänderung auf einer Nullmenge auch Limiten von links besitzt. Im Fall $\mathcal{T} = [0, T]$ mit einem $T \geq 0$ kann man den Prozess und die Filtrierung durch $X_t := X_T$ und $\mathcal{F}_t := \mathcal{F}_T$ für $t > T$ fortsetzen um die gleiche Situation wie im Fall $\mathcal{T} = \mathbb{R}_+$ zu erhalten. Den resultierenden Prozess X' schränkt man dann einfach wieder auf $[0, T]$ ein. $\square$

Der folgende Satz 1.36 zeigt, dass ein L^1-beschränktes Submartin-gal fast sicher auch einen Grenzwert für $t \to \infty$ besitzt. Hingegen belegt Satz 1.37 die bekannte Tatsache, dass sich ein gleichgradig integrierbares Martingal "gegen ∞ abschließen lässt".

Satz 1.36. *Sei $\mathcal{T} = \mathbb{R}_+$ oder $= \mathbb{N}_0$. Weiterhin sei $(X_t)_{t \in \mathcal{T}}$ ein Submartingal auf $(\Omega, \mathcal{F}, P, (\mathcal{F}_t)_{t \in \mathcal{T}})$ mit $\sup_{t \in \mathcal{T}} \mathbb{E}(X_+)_t < \infty$. Dann existiert $\lim_{\mathcal{T} \cap \mathbb{Q} \ni t \to \infty} X_t := X_\infty$ fast sicher und es gilt $X_\infty \in L^1(P)$. Wenn X rechtsstetig ist, kann auf die Einschränkung auf rationale t verzichtet werden. Ist X gleichgradig integrierbar, so findet die Konvergenz im L^1 statt.*

Satz 1.37. *Sei $\mathcal{T} = \mathbb{R}_+$ oder $= \mathbb{N}_0$. Außerdem sei $(X_t)_{t \in \mathcal{T}}$ ein rechtsstetiges und L^1-beschränktes Submartingal auf $(\Omega, \mathcal{F}, P, (\mathcal{F}_t)_{t \in \mathcal{T}})$ und $X_\infty := \lim_{t \to \infty} X_t$. Man betrachte dann folgende Aussagen:*

1. *X ist gleichgradig integrierbar.*

2. *$X_t \to X_\infty$ in L^1 für $t \to \infty$.*

3. *Für jede Stoppzeit τ gilt $X_\tau \leq \mathbb{E}^{\mathcal{F}_\tau} X_\infty$ P-f.ü. mit Gleichheit, falls X ein Martingal ist.*

Dann gelten die Implikationen 1. $\Rightarrow$ 2. $\Rightarrow$ 3. Falls X nach unten beschränkt oder ein Martingal ist, so gilt auch 3. $\Rightarrow$ 1.

1.5 Ein Integral- und ein Messbarkeitsargument

Ein sehr wichtiges Resultat der stochastischen Integrationstheorie, besonders hinsichtlich der Finanzmathematik, ist der stochastische Integraldarstellungssatz, welcher in Kapitel 9 behandelt wird. Für dessen Herleitung benötigen wir einige Resultate über Gaußprozesse. Die zwei Lemmata dieses Abschnitts helfen diese zu beweisen.

Lemma 1.38. *Sei $(\Omega, \mathcal{F}, \mu)$ ein Maßraum und $\mathcal{E}$ ein durchschnittsstabiler Erzeuger der σ-Algebra $\mathcal{F}$. Weiterhin sei $f \in L^1(\mu)$ mit*

$$\int_B f d\mu = 0, \quad \forall B \in \mathcal{E}.$$

Dann gilt bereits $f \equiv 0$ (μ-fast überall).

Beweis. Die endlichen Maße ν^+ und ν^-, die gegeben sind durch

$$d\nu^+ = f^+ d\mu \quad \text{und} \quad d\nu^- = f^- d\mu,$$

mit f^+ bzw. f^- dem Positiv- bzw. Negativteil von f, stimmen auf dem durchschnittsstabilen Erzeuger $\mathcal{E}$ überein. Nach dem Eindeutigkeitssatz für Maße sind sie also gleich. Nun sieht man mit

$$\int f^+ d\mu = \int \mathbb{1}_{\{f>0\}} f d\mu = \int \mathbb{1}_{\{f>0\}} f^+ d\mu$$
$$= \nu^+(\{f>0\}) = \nu^-(\{f>0\}) = 0,$$

dass μ-fast überall $f \leq 0$ gilt. Analog folgt $f \geq 0$ μ-f.ü., also $f \equiv 0$. $\square$

Lemma 1.39. *Sei $\Omega \neq \emptyset$ eine Menge. Weiterhin seien $\mathcal{H} \subset \mathcal{G}$ Vektorräume reellwertiger Funktionen auf Ω, welche die konstanten Funktionen enthalten und die folgenden Voraussetzungen erfüllen:*

1. $h \in \mathcal{H} \Rightarrow |h| \in \mathcal{H}$

2. $0 \leq g_n \uparrow g$ punktweise mit $g_n \in \mathcal{G}$ und g beschränkt $\Rightarrow g \in \mathcal{G}$.

Dann enthält $\mathcal{G}$ bereits alle beschränkten $\sigma(\mathcal{H})$-messbaren Funktionen.

Beweis. Aufgrund der Voraussetzung 1. enthält $\mathcal{H}$ mit g und h auch die Funktionen:

$$g \vee h = \frac{1}{2}(g + h + |g - h|) \quad \text{und} \quad g \wedge h = \frac{1}{2}(g + h - |g - h|).$$

Sei $\mathcal{M} := \{\{h \geq 1\} \colon h \in \mathcal{H}\}$. Dann ist $\mathcal{M}$ $\cap$-stabil, denn

$$\{g \geq 1\} \cap \{h \geq 1\} = \{g \wedge h \geq 1\}.$$

Wegen $\{h \geq \alpha\} = \{h + 1 - \alpha \geq 1\}$ für jedes $\alpha \in \mathbb{R}$ und $h \in \mathcal{H}$ gilt auch $\sigma(\mathcal{M}) = \sigma(\mathcal{H})$. Darüber hinaus ist aufgrund der Voraussetzungen an $\mathcal{G}$ die Menge

$$\mathcal{D} := \{A \colon \mathbb{1}_A \in \mathcal{G}\}$$

ein Dynkin-System. Als Nächstes zeigen wir $\mathcal{M} \subset \mathcal{D}$. Dazu sei $\{h \geq 1\} \in \mathcal{M}$ mit einem $h \in \mathcal{H}$. Weiterhin sei $g := (h \wedge 1) \vee 0 \in \mathcal{H}$. Offensichtlich gilt dann $0 \leq g \leq 1$ und $\{h \geq 1\} = \{g = 1\}$. Also konvergiert die Folge $(g^n)_{n \in \mathbb{N}}$ punktweise und monoton fallend gegen $1_{\{g=1\}}$. Nun betrachten wir die Funktion $\varphi \colon \mathbb{R}_+ \to \mathbb{R}_+$ mit $\varphi(t) := t^n$ für ein $n \in \mathbb{N}$. Dafür sei $\{q_m \colon m \in \mathbb{N}\} = \mathbb{Q}_+$ eine Abzählung von $\mathbb{Q}_+$ mit $q_1 = 0$. Weiter seien $\varphi_m \colon \mathbb{R}_+ \to \mathbb{R}$ für $m \in \mathbb{N}$ gegeben durch

$$\varphi_m(t) := n q_m^{n-1}(t - q_m) + q_m^n,$$

die Tangenten an φ im Punkt $(q_m, \varphi(q_m))$ und

$$\psi_m(t) := \bigvee_{l=1}^{m} \varphi_l(t)$$

für $t \in \mathbb{R}_+$. Dann gilt $0 \leq \psi_m \leq \psi_{m+1}$ für alle $m \in \mathbb{N}$ und für jedes $t \in \mathbb{R}_+$ haben wir

$$\sup_{m \in \mathbb{N}} \psi_m(t) = \varphi(t).$$

Um dies einzusehen seien $t \in \mathbb{R}_+$ und $\epsilon > 0$. Da φ konvex ist, verlaufen alle Tangenten unterhalb des Graphen von φ und so auch die ψ_m. Daher genügt es zu zeigen, dass ein $k \in \mathbb{N}$ existiert mit:

$$\begin{aligned}
|\varphi(t) - \psi_k(t)| &= \varphi(t) - \psi_k(t) \leq \varphi(t) - \varphi_k(t) \\
&= t^n - q_k^n - n q_k^{n-1}(t - q_k) \leq |t^n - q_k^n| + n q_k^{n-1} |t - q_k| < \epsilon.
\end{aligned} \tag{1.4}$$

Aus Stetigkeitsgründen kann man ein $\delta > 0$ so wählen, dass einerseits

$$n(t + \delta)^{n-1} \cdot \delta < \frac{\epsilon}{2}$$

und andererseits

$$|x^n - t^n| < \frac{\epsilon}{2}$$

für alle $x \in \mathbb{R}_+$ mit $|x - t| < \delta$. Wählt man dann zu diesem δ ein k mit $|t - q_k| < \delta$, so erfüllt dieses k die Bedingung in (1.4) und die Konvergenz ist gezeigt.

Nun sind die φ_m als Tangenten affine Funktionen von der Form $t \mapsto at + b$. Aus dem Grund gilt $\varphi_m \circ g \in \mathcal{H}$ und damit erst recht $\psi_m \circ g \in \mathcal{H}$. Nach den bisherigen Betrachtungen ist g^n beschränkt und es gilt $0 \le \psi_m \circ g \uparrow \varphi \circ g = g^n$ punktweise. Voraussetzung 2. liefert somit $g^n \in \mathcal{G}$ für jedes $n \in \mathbb{N}$. Nach der oben erkannten Konvergenz der g^n gilt also

$$0 \le 1 - g^n \uparrow 1 - 1_{\{g=1\}}.$$

D.h. mit der Voraussetzung 2. ist $1 - 1_{\{g=1\}} \in \mathcal{G}$ und auch $1_{\{g=1\}} \in \mathcal{G}$. Folglich haben wir $\{g = 1\} = \{h \ge 1\} \in \mathcal{D}$ und es gilt für das von $\mathcal{M}$ erzeugte Dynkin-System:

$$\delta(\mathcal{M}) = \sigma(\mathcal{M}) = \sigma(\mathcal{H}) \subset \mathcal{D}.$$

Also enthält $\mathcal{G}$ alle $\sigma(\mathcal{H})$-messbaren Indikatorfunktionen und damit auch alle $\sigma(\mathcal{H})$-messbaren Treppenfunktionen. Aus Voraussetzung 2. folgt dann, dass $\mathcal{G}$ alle positiven und beschränkten $\sigma(\mathcal{H})$-messbaren Funktionen und daher wegen der Vektorraumeigenschaft alle beschränkten $\sigma(\mathcal{H})$-messbaren Funktionen enthält. $\qquad\square$

1.6 Fortsetzung dicht definierter linearer Operatoren

Bei der Herleitung stochastischer Integration, kommt man stets zu einem Punkt, an dem man einen dicht definierten stetigen linearen Operator fortsetzen muss. Daher beweisen wir der Vollständigkeit halber das folgende Lemma.

Lemma 1.40. *Sei X ein normierter Vektorraum und Y ein Banachraum, weiterhin sei $D \subset X$ ein dichter Untervektorraum. Dann lässt sich jeder stetige lineare Operator $J\colon D \to Y$ eindeutig zu einem stetigen linearen Operator $\overline{J}\colon X \to Y$ normgleich fortsetzen. Wird darüber hinaus auf X und auf Y die Norm durch ein Skalarprodukt induziert und erhält J das Skalarprodukt auf D, so gilt dies auch für die Fortsetzung $\overline{J}$ auf ganz X.*

Beweis. Zunächst zeigen wir die Existenz. Sei dazu $x \in X$ beliebig und $(x_n)_{n\in\mathbb{N}} \subset D$ eine Folge in D mit $\lim_{n\to\infty} x_n = x$. Dann ist $(x_n)_{n\in\mathbb{N}}$ eine Cauchy-Folge und es gilt

$$\|J(x_n) - J(x_m)\| = \|J(x_n - x_m)\| \leq M\|x_n - x_m\|, \quad \forall n, m \in \mathbb{N}$$

mit einer geeigneten Konstanten $M > 0$. Daher ist auch $(J(x_n))_{n\in\mathbb{N}}$ eine Cauchy-Folge in Y und nach Voraussetzung konvergent. Damit sei

$$\overline{J}(x) := \lim_{n\to\infty} J(x_n). \tag{1.5}$$

Sei $(x'_n)_{n\in\mathbb{N}} \subset D$ eine weitere Folge in D mit $\lim_{n\to\infty} x'_n = x$. So setzt man für $n \in \mathbb{N}$

$$\tilde{x}_n := \begin{cases} x_k, & \text{falls } n = 2k \text{ mit } k \in \mathbb{N} \\ x'_k, & \text{falls } n = 2k - 1 \text{ mit } k \in \mathbb{N}, \end{cases}$$

und diese neue Folge $\tilde{x}_n$ ist ebenso konvergent, also eine Cauchy-Folge. Wie oben erkennt man auch $(J(\tilde{x}_n))_{n\in\mathbb{N}}$ als eine Cauchy-Folge und folglich haben $(J(x_n))_{n\in\mathbb{N}}$ und $(J(x'_n))_{n\in\mathbb{N}}$ den selben Grenzwert $\overline{J}(x)$, d.h. $\overline{J}$ ist durch (1.5) wohldefiniert. Da man Linearkombinationen durch Linearkombinationen ihrer approximierenden Folgen approximieren kann, sieht man sehr schnell, dass die Linearität von $\overline{J}$ aus der von J folgt. Offensichtlich ist $\overline{J}$ eine Fortsetzung von J. Sei $x \in X$ und wieder $(x_n)_{n\in\mathbb{N}} \subset D$ eine Folge in D mit $\lim_{n\to\infty} x_n = x$, dann gilt wegen der Stetigkeit von J und der Stetigkeit der Normabbildungen für ein geeignetes $M > 0$

$$\|\overline{J}(x)\| = \lim_{n \to \infty} \|J(x_n)\| \le M \limsup_{n \to \infty} \|x_n\| = M\|x\|.$$

Also ist $\overline{J}$ auch stetig. Die Erhaltung der Operatornorm folgt unmittelbar aus der Definition von $\overline{J}$.

Nun zeigen wir die Eindeutigkeit. Sei J' eine weitere stetige Fortsetzung von J. Außerdem sei wieder $x \in X$ beliebig und $(x_n)_{n \in \mathbb{N}} \subset D$ eine Folge in D mit $\lim_{n \to \infty} x_n = x$. Da $\overline{J}$ und J' beide Fortsetzungen sind, stimmen beide auf D überein und es gilt

$$\overline{J}(x) = \lim_{n \to \infty} \overline{J}(x_n) = \lim_{n \to \infty} J'(x_n) = J'(x).$$

Um die Erhaltung des Skalarprodukts zu zeigen seien $x, y \in X$ und $(x_n)_{n \in \mathbb{N}}, (y_m)_{m \in \mathbb{N}}$ approximierende Folgen aus D. Dann ergibt sich aus der Stetigkeit von $\overline{J}$ und der des Skalarprodukts:

$$\langle \overline{J}(x), \overline{J}(y) \rangle = \lim_{n \to \infty} \lim_{m \to \infty} \langle J(x_n), J(y_m) \rangle$$
$$= \lim_{n \to \infty} \lim_{m \to \infty} \langle x_n, y_m \rangle = \langle x, y \rangle.$$

$\square$

1.7 Signierte Maße

Signierte Maße sind Abbildungen, die die Eigenschaften eines Maßes aufweisen und auch negative Werte annehmen können. Im Folgenden bezeichnet $\overline{\mathbb{R}} = [-\infty, +\infty] = \mathbb{R} \cup \{-\infty\} \cup \{+\infty\}$ die abgeschlossene Zahlengerade.

Definition 1.41. *Sei $(\Omega, \mathcal{F})$ ein Messraum. Eine Abbildung $\nu \colon \mathcal{F} \to \overline{\mathbb{R}}$ heißt signiertes Maß, wenn gilt:*

1. $\nu(\emptyset) = 0$.

2. $\nu(\mathcal{F}) \subset \,]-\infty, +\infty]$ *oder* $\nu(\mathcal{F}) \subset [-\infty, +\infty[$.

3. Ist $A = \bigcup\limits_{n=1}^{\infty} A_n$ *mit paarweise disjunkten* $A_n \in \mathcal{F}$, *so gilt:*

$$\nu(A) = \sum_{n=1}^{\infty} \nu(A_n) \quad (\sigma\text{-}Additivit\ddot{a}t) \ .$$

Man sieht sehr schnell, dass die Differenz zweier Maße, von denen mindestens eines endlich ist, ein signiertes Maß ergibt. Die Hahn-Jordan-Zerlegung (Theorem 1.43) zeigt, dass sich jedes signierte Maß derart darstellen lässt.

Definition 1.42. *Ist* $\nu \colon \mathcal{F} \to \overline{\mathbb{R}}$ *ein signiertes Maß, so heißt eine Menge* $P \in \mathcal{F}$ *(ν-)positiv, falls* $\nu(A) \geq 0$ *für alle* $A \in \mathcal{F}$ *mit* $A \subset P$. *Entsprechend heißt eine Menge* $N \in \mathcal{F}$ *(ν-)negativ, falls* $\nu(A) \leq 0$ *für alle* $A \in \mathcal{F}$ *mit* $A \subset N$. *Weiter heißt* $Q \in \mathcal{F}$ *eine (ν-)Nullmenge, falls* $\nu(A) = 0$ *für alle* $A \in \mathcal{F}$ *mit* $A \subset Q$.

Theorem 1.43. *Zu jedem signierten Maß* $\nu \colon \mathcal{F} \to \overline{\mathbb{R}}$ *existiert eine disjunkte Zerlegung, die sogenannte Hahn-Zerlegung,* $\Omega = P \uplus N$ *($P, N \in \mathcal{F}$) von* Ω *in eine positive Menge* P *und eine negative Menge* N. *Darüber hinaus sind* P *und* N *bis auf eine* ν-Nullmenge *eindeutig bestimmt, d.h. ist* $\Omega = P' \uplus N'$ *eine weitere Hahn-Zerlegung von* Ω *in eine positive Menge* P' *und eine negative Menge* N', *so ist* $P \triangle P' = N \triangle N'$ *eine* ν-Nullmenge.

Damit können wir die Variation eines signierten Maßes einführen.

Definition 1.44. *Es sei* $\nu \colon \mathcal{F} \to \overline{\mathbb{R}}$ *ein signiertes Maß mit der Hahn-Zerlegung* $\Omega = P \uplus N$. *Dann heißen die Maße* $\nu^+ \colon \mathcal{F} \to \overline{\mathbb{R}}$ *mit,*

$$\nu^+(A) := \nu(A \cap P), \quad (A \in \mathcal{F})$$

die positive Variation, $\nu^- \colon \mathcal{F} \to \overline{\mathbb{R}}$ *mit,*

$$\nu^-(A) := -\nu(A \cap N), \quad (A \in \mathcal{F})$$

die negative Variation und $\|\nu\| \colon \mathcal{F} \to \overline{\mathbb{R}}$ *mit,*

$$\|\nu\|(A) := \nu^+(A) + \nu^-(A), \quad (A \in \mathcal{F})$$

die Variation oder Totalvariation von ν.

Die Zerlegung $\nu = \nu^+ - \nu^-$ heißt die Hahn-Jordan-Zerlegung des signierten Maßes. Einige Resultate für Maße übertragen sich direkt auf signierte Maße.

Satz 1.45. *Sei $(\Omega, \mathcal{F})$ ein Messraum. Darin sei $\mathcal{E} \subset \mathcal{F}$ ein durch-schnittsstabiler Erzeuger der σ-Algebra $\mathcal{F}$ und es existiere eine Folge $(E_n)_{n \in \mathbb{N}} \subset \mathcal{E}$ mit $\bigcup_{n \in \mathbb{N}} E_n = \Omega$. Sind dann μ und ν endliche signierte Maße auf $\mathcal{F}$, welche auf $\mathcal{E}$ übereinstimmen, so sind μ und ν bereits auf ganz $\mathcal{F}$ gleich.*

Beweis. Seien $\mu = \mu^+ - \mu^-$ und $\nu = \nu^+ - \nu^-$ die Hahn-Jordan-Zerlegungen der beteiligten signierten Maße. Dann gilt

$$\mu^+ - \mu^- = \nu^+ - \nu^-$$

auf $\mathcal{E}$. Damit sind aber die endlichen Maße $\nu^+ + \mu^-$ und $\nu^- + \mu^+$ auf $\mathcal{E}$ gleich. Nach dem Eindeutigkeitssatz für Maße ([1] Satz 5.4) stimmen daher $\nu^+ + \mu^-$ und $\nu^- + \mu^+$ auf $\mathcal{F}$ überein. Wegen der Endlichkeit der beteiligten Maße gilt demnach $\mu = \nu$ auf der ganzen σ-Algebra $\mathcal{F}$. $\qquad\qquad\qquad\qquad\qquad\qquad\qquad\qquad\qquad\qquad\square$

Definition 1.46. *Sei $n \in \mathbb{N}$ und μ ein endliches signiertes Maß auf $(\mathbb{R}^n, \mathbb{B}^n)$, dann heißt die Funktion*

$$\hat{\mu} \colon \mathbb{R}^n \to \mathbb{C} \quad mit \quad \hat{\mu}(t_1, \ldots, t_n) := \int_{\mathbb{R}^n} exp(i \sum_{j=1}^{n} t_j x_j) \mu(d(x_1, \ldots, x_n))$$

die Fouriertransformierte von μ.

Lemma 1.47. *Seien μ und ν endliche signierte Maße auf $\mathbb{B}^n$, dann gilt:*

$$\hat{\mu} = \hat{\nu} \Longrightarrow \mu = \nu.$$

Beweis. $\mu = \mu^+ - \mu^-$ und $\nu = \nu^+ - \nu^-$ seien die Hahn-Jordan-Zerlegungen in endliche Maße. Aus $\hat{\mu} = \hat{\nu}$ folgt dann sofort $\widehat{\mu^+ + \nu^-} = \widehat{\nu^+ + \mu^-}$ mit der Linearität des Integrals im Maß. Mit dem bekannten Eindeutigkeitssatz für Fouriertransformierte endlicher Maße folgt dann

$$\mu^+ + \nu^- = \nu^+ + \mu^-$$

und daraus $\mu = \mu^+ - \mu^- = \nu^+ - \nu^- = \nu$. $\qquad\square$

1.8 Differentiations-Lemmata

Für den Abschnitt über Gaußprozesse wird auch eine Verallgemeinerung des Differentiations-Lemmas der Integrationstheorie benötigt. Das Lemma wird im Folgenden angegeben. Der Beweis ergibt sich aus einer Anwendung des Satzes von der dominierten Konvergenz und kann beispielsweise in [1] nachgelesen werden.

Lemma 1.48. *Sei* $\emptyset \neq I \subset \mathbb{R}$ *ein offenes Intervall und* $(\Omega, \mathcal{F}, \mu)$ *ein Maßraum. Dazu sei* $f \colon I \times \Omega \to \mathbb{R}$ *eine Funktion mit folgenden Eigenschaften:*

1. $\omega \mapsto f(x, \omega)$ ist μ-integrierbar für alle $x \in I$.

2. $x \mapsto f(x, \omega)$ ist auf I differenzierbar für jedes $\omega \in \Omega$. Dazu sei die Ableitungsfunktion $f'(x, \omega)$ für $x \in I$ bei festem $\omega \in \Omega$.

3. Es gibt eine μ-integrierbare Funktion $h \geq 0$ auf Ω mit

$$\left| f'(x, \omega) \right| \leq h(\omega)$$

für alle $\omega \in \Omega$ und $x \in I$.

Dann ist die auf I definierte Funktion $\varphi(x) := \int f(x, \omega)\mu(d\omega)$ differenzierbar für jedes $x \in I$. Weiterhin ist $\omega \mapsto f'(x, \omega)$ μ-integrierbar und es gilt:

$$\varphi'(x) = \int f'(x, \omega)\mu(d\omega).$$

Daraus folgt sofort die mehrdimensionale Erweiterung.

Korollar 1.49. *Sei $\emptyset \neq U \subset \mathbb{R}^d$ eine offene Teilmenge und $(\Omega, \mathcal{F}, \mu)$ ein Maßraum. $f: U \times \Omega \to \mathbb{R}$ sei eine Funktion mit folgenden Eigenschaften:*

1. $\omega \mapsto f(x, \omega)$ ist μ-integrierbar für alle $x \in U$.

2. $x \mapsto f(x, \omega)$ ist in jedem Punkt von U partiell nach der i-ten Koordinate x_i differenzierbar.

3. Es gibt eine reellwertige μ-integrierbare Funktion $h \geq 0$ auf Ω mit

$$\left| \frac{\partial f}{\partial x_i}(x, \omega) \right| \leq h(\omega)$$

für alle $(x, \omega) \in U \times \Omega$.

Dann ist die auf U definierte Funktion $\varphi(x) := \int f(x, \omega) \mu(d\omega)$ auf U partiell nach x_i differenzierbar. Außerdem ist $\omega \mapsto \frac{\partial f}{\partial x_i}(x, \omega)$ μ-integrierbar und es gilt:

$$\frac{\partial \varphi}{\partial x_i}(x) = \int \frac{\partial f}{\partial x_i}(x, \omega) \mu(d\omega)$$

für jedes $x \in U$.

In dieser Arbeit brauchen wir die nächste Folgerung, welche das Resultat auf holomorphe Funktionen erweitert. Dabei ist natürlich das Integral über eine komplexwertige Funktion wie üblich zu verstehen als die separate Integration von Real- und Imaginärteil.

Korollar 1.50. *Sei $\emptyset \neq U \subset \mathbb{C}$ eine offene Menge, sowie $(\Omega, \mathcal{F}, \mu)$ ein Maßraum und dazu $f: U \times \Omega \to \mathbb{C}$ eine Funktion mit den Eigenschaften:*

1. $\omega \mapsto f(z, \omega)$ ist μ-integrierbar für alle $z \in U$.

2. $z \mapsto f(z, \omega)$ ist für jedes feste $\omega \in \Omega$ holomorph auf U mit der Ableitung $f'(z, \omega)$.

3. Es existiert eine reellwertige μ-integrierbare Funktion h auf Ω mit:

$$\left| f'(z,\omega) \right| \leq h(\omega)$$

für alle $(z,\omega) \in U \times \Omega$.

Dann ist die Funktion $\varphi\colon U \to \mathbb{C}$, welche gegeben ist durch:

$$\varphi(z) := \int f(z,\omega)\mu(d\omega)$$

holomorph auf U. Des Weiteren ist für $z \in U$ die Funktion $\omega \mapsto f'(z,\omega)$ μ-integrierbar und es gilt:

$$\varphi'(z) = \int f'(z,\omega)\mu(d\omega).$$

Beweis. Wir identifizieren $\mathbb{C}$ mit dem $\mathbb{R}^2$ durch $x + iy \leftrightarrow (x,y)$ und es sei $u\colon U \times \Omega \to \mathbb{R}$ der Realteil von f und $v\colon U \times \Omega \to \mathbb{R}$ dessen Imaginärteil. Aus der Funktionentheorie ist bekannt, dass für festes $\omega \in \Omega$ die Funktionen $(x,y) = z = x + iy \mapsto u(z,\omega)$ und $(x,y) = z = x + iy \mapsto v(z,\omega)$ reell stetig partiell differenzierbar sind und die Cauchy-Riemann Differentialgleichungen:

$$\frac{\partial u}{\partial x}(z,\omega) = \frac{\partial v}{\partial y}(z,\omega) \quad \text{und} \quad \frac{\partial u}{\partial y}(z,\omega) = -\frac{\partial v}{\partial x}(z,\omega)$$

erfüllen. Wegen $f'(z,\omega) = \frac{\partial u}{\partial x}(z,\omega) + i\frac{\partial v}{\partial x}(z,\omega)$ und der Abschätzung $\max\{|\mathrm{Re}(w)|, |\mathrm{Im}(w)|\} \leq |w|$ für komplexe Zahlen w ist nach der Voraussetzung 3. das Korollar 1.49 auf u und v für beide Koordinaten x und y anwendbar. Daher sind $\tilde{u}(z) = \int u(z,\omega)\mu(d\omega)$ und $\tilde{v}(z) = \int v(z,\omega)\mu(d\omega)$ der Real- bzw. der Imaginärteil von φ und beide sind reell partiell differenzierbar. Eine weitere Anwendung von Voraussetzung 3. ergibt mit dem Satz von der dominierten Konvergenz, dass die partiellen Ableitungen stetig sind. Außerdem gilt für $z \in U$:

$$\frac{\partial \tilde{u}}{\partial x}(z) = \int \frac{\partial u}{\partial x}(z,\omega)\mu(d\omega) = \int \frac{\partial v}{\partial y}(z,\omega)\mu(d\omega) = \frac{\partial \tilde{v}}{\partial y}(z)$$

$$\frac{\partial \tilde{u}}{\partial y}(z) = \int \frac{\partial u}{\partial y}(z,\omega)\mu(d\omega) = -\int \frac{\partial v}{\partial x}(z,\omega)\mu(d\omega) = -\frac{\partial \tilde{v}}{\partial x}(z).$$

Also erfüllen $\tilde{u}$ und $\tilde{v}$ die Cauchy-Riemann Differentialgleichungen und damit ist φ holomorph auf U. Weiterhin folgt:

$$\varphi'(z) = \frac{\partial \tilde{u}}{\partial x}(z) + i\frac{\partial \tilde{v}}{\partial x}(z) = \int \frac{\partial u}{\partial x}(z,\omega) + i\frac{\partial v}{\partial x}(z,\omega)\mu(d\omega)$$
$$= \int f'(z,\omega)\mu(d\omega),$$

was den Beweis abschließt. $\qquad\square$

1.9 Gaußprozesse

Nach den nun getroffenen Vorbereitungen können wir die nötigen Resultate über Gaußprozesse beweisen. Zunächst sei aber an die grundlegende Definition erinnert.

Definition 1.51. *Ein stochastischer Prozess $X_t\colon (\Omega,\mathcal{F},P) \to \mathbb{R}^d$, $t \in I$ mit einer beliebigen Indexmenge I heißt ein Gaußprozess, wenn jede Zufallsvariable aus der linearen Hülle $\lin\{X_t^k\colon t \in I, 1 \le k \le d\}$ zentriert normalverteilt ist. Ist $Y_t\colon (\Omega,\mathcal{F},P) \to \mathbb{R}$, $t \in I$ ein eindimensionaler Gaußprozess, so heißt der in $L^2(P)$ gebildete Abschluß der linearen Hülle $\mathfrak{L}(Y) := \overline{\lin}\{Y_t\colon t \in I\}$ der Gaußraum von Y.*

Das nächste Lemma zeigt, dass auch jedes Element eines Gaußraums zentriert normalverteilt ist.

Lemma 1.52. *Sei $(Y_n)_{n\in\mathbb{N}}$ eine Folge zentriert normalverteilter Zufallsvariablen auf einem Wahrscheinlichkeitsraum $(\Omega,\mathcal{F},P)$, welche in Wahrscheinlichkeit gegen eine Zufallsvariable Y konvergiert. Dann ist auch Y zentriert normalverteilt mit $\mathrm{Var}(Y) = \lim_{n\to\infty} \mathrm{Var}(Y_n)$. Insbesondere ist für einen reellen Gaußprozess X jede Zufallsvariable des Gaußraums $\mathfrak{L}(X)$ zentriert normalverteilt.*

Beweis. Die Folge von Zufallsvariablen e^{isY_n} für ein $s \in \mathbb{R}$ ist beschränkt durch die Konstante 1. Damit erweist sich die Folge als L^2-beschränkt also insbesondere gleichgradig integrierbar. Außerdem konvergiert sie in Wahrscheinlichkeit gegen e^{isY}. Somit liefert der Satz von Vitali für die charakteristischen Funktionen:

$$\varphi_{Y_n}(s) = e^{-\frac{s^2}{2}\mathrm{Var}(Y_n)} = \mathbb{E}e^{isY_n} \to \mathbb{E}e^{isY}$$

für jedes $s \in \mathbb{R}$ und $n \to \infty$. Wendet man auf beiden Seiten der Gleichung den Logarithmus an, so sieht man, dass der Grenzwert von $\mathrm{Var}(Y_n)$ existiert. Man beachte dabei, dass aufgrund der Konvergenz die rechte Seite reell ≥ 0 ist. Wäre sie an einer Stelle $s \in \mathbb{R} \setminus \{0\}$ gleich 0, so gelte $\lim_{n\to\infty}\mathrm{Var}(Y_n) = \infty$. Dann wäre die rechte Seite aber für alle $s \neq 0$ gleich 0 und an der Stelle $s = 0$ gleich 1, was der Stetigkeit der Fouriertransformierten endlicher Maße widerspricht.

Der Eindeutigkeitssatz für Fouriertransformierte zeigt dann, dass Y zentriert normalverteilt ist mit Varianz $\mathrm{Var}(Y) = \lim_{n\to\infty}\mathrm{Var}(Y_n)$. Bekanntlich impliziert L^2-Konvergenz Konvergenz in Wahrscheinlichkeit. Daher folgt die Zusatzaussage für den Gaußraum $\mathfrak{L}(X)$ eines reellen Gaußprozesses X. $\qquad\qquad\square$

Lemma 1.53. *Sei $X_t\colon (\Omega, \mathcal{F}, P) \to \mathbb{R}$ mit $t \in I$ ein reeller Gaußprozess mit beliebiger Indexmenge I und dazu $\mathfrak{L}(X)$ der zugehörige Gaußraum. Dann gilt:*

1. *Für $Y \in \mathfrak{L}(X)$ ist $e^{|Y|} \in L^p(P)$ für jedes $1 \leq p < \infty$ und daher gilt auch $|Y|^n \in L^p(P)$ für jedes $n \in \mathbb{N}$ und jedes derartige p.*

2. *Sei $I_0 \subset I$, so dass $\sigma(X_t\colon t \in I_0) = \sigma(X_t\colon t \in I) := \mathfrak{G}_\infty$. Dann gilt für den L^2-Abschluss:*

$$\overline{\mathrm{lin}}\{e^Y : Y \in \mathrm{lin}\{X_t\colon t \in I_0\}\} = L^2(P \mid \mathfrak{G}_\infty)$$

Beweis.

1. Sei $1 \le p < \infty$ beliebig. Nach Lemma 1.52 ist jedes $Y \in \mathfrak{L}(X)$ zentriert normalverteilt, also:

$$Y(P) = \mathcal{N}(0, \sigma^2) \quad \text{mit} \quad \sigma^2 = \mathbb{E}Y^2.$$

Ist $\sigma^2 = 0$, dann ist $Y(P) = \delta_0$ das Diracmaß im Punkt 0 und es gilt:

$$\int e^{p|Y|} dP = \int e^{p|t|} \delta_0(dt) = 1 < \infty$$

Im Fall $\sigma^2 > 0$ wähle man ein $0 < \eta < 1$ und eine kompakte Menge $K \subset \mathbb{R}$, so dass für jedes $t \notin K$

$$p|t| - \frac{t^2}{2\sigma^2} = \frac{t^2}{2\sigma^2}\left(\frac{2p\sigma^2 |t|}{t^2} - 1\right) < -\frac{t^2}{2\sigma^2} \cdot \eta^2$$

gilt. Dann gibt es eine Konstante $0 < C < \infty$, so dass:

$$\int e^{p|Y|} dP = \frac{1}{\sqrt{2\pi\sigma^2}} \int \exp\left\{p|t| - \frac{t^2}{2\sigma^2}\right\} dt$$

$$\le \frac{1}{\sqrt{2\pi\sigma^2}} \int_K \exp\left\{p|t| - \frac{t^2}{2\sigma^2}\right\} dt + \frac{1}{\eta}\sqrt{\frac{\eta^2}{2\pi\sigma^2}} \int \exp\left\{-\frac{\eta^2 t^2}{2\sigma^2}\right\} dt$$

$$\le C + \frac{1}{\eta} < \infty.$$

Damit gilt in beiden Fällen $e^{|Y|} \in L^p(P)$. Wegen $\lim_{x\to\infty} x^q/e^x = 0$ für $q \ge 1$ ist die Menge $L := \{x \in \mathbb{R}: |x|^{np} \ge e^{|x|}\} \subset \mathbb{R}$ kompakt. Folglich gilt:

$$\int |Y|^{np} dP \le \int_L |x|^{np} Y(P)(dx) + \int e^{|Y|} dP < \infty,$$

also $|Y|^n \in L^p(P)$.

2. Da $L^2(P \mid \mathfrak{G}_\infty)$ ein Hilbertraum ist, genügt es nach dem Satz über die Orthogonalprojektion (vgl. z.B. [19] Theorem V.3.4) zu zeigen, dass für ein $f \in L^2(P \mid \mathfrak{G}_\infty)$, welches zu allen e^Y mit $Y \in \text{lin}\{X_t : t \in I_0\}$ orthogonal ist, $f \equiv 0$ gilt. Sei daher $f \in L^2(P \mid \mathfrak{G}_\infty)$ mit dieser Eigenschaft gegeben. Dann zeigen wir zunächst, dass es eine abzählbare Menge $I(f) = \{t_k \mid k \in \mathbb{N}\} \subset I_0$ gibt, so dass f bereits $\sigma(X_{t_k} : k \in \mathbb{N})$-messbar ist.

Sei dazu $\mathcal{G}$ der Vektorraum aller beschränkten Funktionen $g \colon \Omega \to \mathbb{R}$, die bereits $\sigma(X_t : t \in I(g))$-messbar sind mit einer abzählbaren Menge $I(g) \subset I_0$. Offensichtlich enthält $\mathcal{G}$ mit einer beschränkten und punktweise konvergenten Folge $(g_n)_{n \in \mathbb{N}}$ auch ihren Grenzwert $\lim_{n \to \infty} g_n$. Trivialerweise gehören mit g auch $|g|$ und alle konstanten Funktionen zu $\mathcal{G}$. Eine Anwendung von Lemma 1.39 auf $\mathcal{G}$ mit $\mathcal{H} = \mathcal{G}$ zeigt, dass $\mathcal{G}$ alle beschränkten $\sigma(\mathcal{G}) = \mathfrak{G}_\infty$-messbaren Funktionen enthält. Aus der Maßtheorie ist bekannt, dass sich f als Element von $L^2(P \mid \mathfrak{G}_\infty)$ punktweise durch eine Folge $(g_n)_{n \in \mathbb{N}}$ beschränkter $\mathfrak{G}_\infty$-messbarer Funktionen in der L^2-Norm approximieren lässt. Eventueller Übergang zu einer Teilfolge liefert fast sichere Konvergenz einer solchen Folge und damit ist die Existenz der gesuchten abzählbaren Menge $I(f) \subset I_0$ bewiesen.

Sei also $I(f) = \{t_k \mid k \in \mathbb{N}\}$ solch eine Menge und dazu definieren wir für $n \in \mathbb{N}$ die σ-Algebren

$$\mathcal{B}_n := \sigma(X_{t_k} : k \leq n).$$

Dann genügt es zu zeigen, dass $\mathbb{E}^{\mathcal{B}_n} f = 0$ für jedes $n \in \mathbb{N}$ gilt. Denn die Bedingung impliziert $\int_B f \, dP = 0$ für jedes $B \in \bigcup_{n=1}^\infty \mathcal{B}_n$. Außerdem ist $\bigcup_{n=1}^\infty \mathcal{B}_n$ ein durchschnittsstabiler Erzeuger von $\sigma(\bigcup_{n=1}^\infty \mathcal{B}_n)$. Lemma 1.38 liefert daraus $f \equiv 0$ P-fast sicher.

Sei daher jetzt $n \in \mathbb{N}$ fixiert und dafür $\mu := (X_{t_1}, \ldots, X_{t_n})(P)$ das Bildmaß von $(X_{t_1}, \ldots, X_{t_n})$. Nach dem Faktorisierungslemma für messbare Abbildungen wählen wir ein $g \in L^2(\mu)$ mit $\mathbb{E}^{\mathcal{B}_n} f = g \circ$

$(X_{t_1}, \ldots, X_{t_n})$. Weiterhin definieren wir eine Funktion $h\colon \mathbb{C}^n \to \mathbb{C}$ durch:

$$h(z_1, \ldots, z_n) := \mathbb{E}\Big[\exp\Big(\sum_{k=1}^{n} z_k X_{t_k}\Big) f\Big] = \mathbb{E}\Big[\exp\Big(\sum_{k=1}^{n} z_k X_{t_k}\Big) \mathbb{E}^{\mathcal{B}_n} f\Big]$$

$$= \int_{\mathbb{R}^n} \exp\Big(\sum_{k=1}^{n} z_k x_k\Big) g(x_1, \ldots, x_n) \mu(dx_1, \ldots, dx_n).$$

Die Wohldefiniertheit folgt aus Teil 1. Wir zeigen jetzt, dass h bei festgehaltenen anderen Variablen in jeder Variable holomorph ist. Ohne Einschränkung betrachten wir dazu die erste Variable z_1. Alle anderen gehen analog. Seien daher $z_2, \ldots, z_n \in \mathbb{C}$ fest gewählt und dazu die Funktion $\varphi\colon \mathbb{C} \times \Omega \to \mathbb{C}$ durch

$$\varphi(z_1, \omega) := \exp\Big(\sum_{k=1}^{n} z_k X_{t_k}(\omega)\Big) f(\omega)$$

gegeben. Diese Funktion ist bei festem z_1 nach 1. und der Hölder-Ungleichung integrierbar in ω. Andererseits ist φ bei festem ω holomorph in z_1 und es gilt:

$$\varphi'(z_1, \omega) := \frac{\partial}{\partial z_1} \varphi(z_1, \omega) = X_{t_1}(\omega) \exp\Big(\sum_{k=1}^{n} z_k X_{t_k}(\omega)\Big) f(\omega).$$

Sei nun $U \subset \mathbb{C}$ ein beschränktes Gebiet mit $\sup_{z \in U} |z| \vee 1 := M$, so ist nach 1. und 3-maliger Anwendung der Hölder-Ungleichung

$$|X_{t_1}| \exp(M |X_{t_1}|) \exp\Big(\Big| \sum_{k=2}^{n} \mathrm{Re}(z_k) X_{t_k} \Big|\Big) |f|$$

eine L^1-Funktion, welche φ' für alle $z_1 \in U$ dominiert. Nun können wir das Differentiations-Lemma 1.50 für holomorphe Funktionen anwenden und

$$z_1 \mapsto \int \varphi(z_1, \omega) P(d\omega) = h(z_1, z_2, \ldots, z_n)$$

ist holomorph. Man beachte dabei, dass Holomorphie eine lokale Eigenschaft ist und daher war unsere Einschränkung auf
ein beschränktes Gebiet legitim. Für $(z_1, \ldots, z_n) \in \mathbb{R}^n$ gilt dann
$\sum_{k=1}^n z_k X_{t_k} \in \text{lin}\{X_t : t \in I_0\}$ und gemäß der Annahme über f ist
$h(z_1, \ldots, z_n) = 0$. Wendet man der Reihe nach auf jede Koordinate
den Identitätssatz der Funktionentheorie an, so folgt $h = 0$ auf
dem ganzen $\mathbb{C}^n$. Für $z = iy \in i \cdot \mathbb{R}^n$ ist aber $h(iy)$ die Fouriertransformierte des signierten Maßes $g \cdot \mu$. Nach dem Eindeutigkeitssatz
für Fouriertransformierte endlicher signierter Maße (Lemma 1.47)
ist $g \cdot \mu = 0$, also $g = 0$ μ-f.ü. Aus der Definition von g folgt dann
$\mathbb{E}^{\mathcal{B}_n} f = 0$, was zu zeigen war.

$\square$

1.10 Brownsche Bewegung

Ein Standard-Beispiel eines Gaußprozesses ist die Brownsche Bewegung. Dieser Prozess spielt eine zentrale Rolle in der stochastischen
Analysis, bzw. der Theorie der stochastischen Integration. Um ihn definieren zu können, sei kurz an die mehrdimensionale Normalverteilung
erinnert.

Definition 1.54. *Seien $\mu = (\mu_1, \ldots, \mu_d) \in \mathbb{R}^d$ und $\Sigma = (\sigma_{ij})_{1 \le i,j \le d}$,
$(d \in \mathbb{N})$ eine symmetrische, positiv semidefinite $d \times d$-Matrix. Dann
heiße eine $\mathbb{R}^d$-wertige Zufallsvariable d-dimensional normalverteilt
mit Mittelwertvektor μ und Kovarianzmatrix Σ (kurz: $X \sim \mathcal{N}(\mu, \Sigma)$),
wenn für die charakteristische Funktion*

$$\varphi_X(t) = \exp\left(i\langle t, \mu\rangle - \frac{1}{2}\langle t, \Sigma t\rangle\right) = \exp\left(i\sum_{k=1}^d \mu_k t_k - \frac{1}{2}\sum_{k,l=1}^d \sigma_{kl} t_k t_l\right),$$

für $t \in \mathbb{R}^d$ gilt.

Bemerkung 1.55. *Nach dem Eindeutigkeitssatz für Fouriertransfor-
mierte endlicher Maße ist es legitim die Verteilung einer $\mathbb{R}^d$-wertigen
Zufallsvariable durch ihre charakteristische Funktion zu definieren.
Man vergleiche hierzu auch [18] Satz 5.10.*

Nun können wir die Brownsche Bewegung definieren.

Definition 1.56. *Ein $\mathbb{R}^d$-wertiger stochastischer Prozess $(B_t)_{t \in \mathbb{R}_+}$ auf einem Wahrscheinlichkeitsraum $(\Omega, \mathcal{F}, P)$ heißt eine d-dimensionale Brownsche Bewegung, wenn gilt:*

1. *$(B_t)_{t \in \mathbb{R}_+}$ besitzt stationäre und unabhängige Zuwächse, wobei für $0 \leq s < t$*

$$\mathcal{L}(B_t - B_s) = \mathcal{N}(0, (t-s)I_d)$$

   gilt. Dabei bezeichnet I_d die $d \times d$-Einheitsmatrix.

2. *$(B_t)_{t \in \mathbb{R}_+}$ hat P-fast sicher stetige Pfade.*

3. *$B_0 = 0$ P−fast sicher.*

Die Existenz eines derart definierten Prozesses zu zeigen ist alles andere als trivial. Daher liegen auch zwischen der Entdeckung des physikalischen Phänomens der Brownschen Bewegung, als Wärmebewegung von Teilchen, durch den schottischen Botaniker Robert Brown 1828 und einem ersten Existenzbeweis des in Definition 1.56 festgelegten Prozesses durch Norbert Wiener 1923 fast 100 Jahre.

Es folgt eine Skizze eines Existenzbeweises, wie er in heutigen Lehrbüchern zu finden ist.

- Bezeichnet $\mathfrak{H}(\mathbb{R}_+)$ die Menge der endlichen Teilmengen von $\mathbb{R}_+$. Dann zeigt man zunächst folgende Aussage: Auf einem Messraum $(E, \mathfrak{B})$ sei μ ein Wahrscheinlichkeitsmaß und $(P_t)_{t \in \mathbb{R}_+}$ eine zeitlich homogene Markovsche Halbgruppe von Kernen von $(E, \mathfrak{B})$ nach $(E, \mathfrak{B})$. Für jedes $J = \{t_1, \dots, t_n\} \in \mathfrak{H}(\mathbb{R}_+)$ mit $t_1 < \dots < t_n$ definiere man das Wahrscheinlichkeitsmaß

$$P_J(B) := \int \int \dots \int 1_B(x_1, \dots, x_n) P_{t_n - t_{n-1}}(x_{n-1}, dx_n) \dots$$
$$\dots P_{t_1}(x_0, dx_1) \mu(dx_0),$$

  für $B \in \mathfrak{B}^J$. Dann ist $(P_J)_{J \in \mathfrak{H}(\mathbb{R}_+)}$ eine projektive Familie von Wahrscheinlichkeitsmaßen über $(E, \mathfrak{B})$ im Sinne des Kolmogorovschen Konsistenzsatzes.

- Als Nächstes wählt man speziell den polnischen Raum $(E, \mathfrak{B}) = (\mathbb{R}^d, \mathbb{B}^d)$. Dazu $\mu = \delta_0$, das Dirac-Maß im Punkt 0, und $(P_t)_{t \in \mathbb{R}_+}$ die Brownsche Faltungshalbgruppe auf dem $\mathbb{R}^d$, d.h. die gegeben ist durch

$$P_t(x, A) = \mathcal{N}(0, t I_d)(A - x)$$

für $t \in \mathbb{R}_+$, $A \in \mathbb{B}^d$, $x \in \mathbb{R}^d$ und $A - x := \{a - x \colon a \in A\}$.Dann gibt es nach dem Kolmogorovschen Konsistenzsatz genau ein Wahrscheinlichkeitsmaß P^μ auf $\mathbb{B}^{\mathbb{R}_+}$ mit den endlichdimensionalen Randverteilungen P_J für $J \in \mathfrak{H}(\mathbb{R}_+)$. Dazu bilde man den kanonischen Prozess $(X_t)_{t \in \mathbb{R}_+}$ auf $(\mathbb{R}^{\mathbb{R}_+}, \mathbb{B}^{\mathbb{R}_+}, P^\mu)$, für den $X_t = \pi_t$ die Projektion auf die t-te Koordinate $(t \in \mathbb{R}_+)$ ist.

- Daraufhin zeigt man, dass der somit definierte Prozess die Eigenschaften 1. und 3. einer Brownschen Bewegung aus Definition 1.56 erfüllt und darüber hinaus den Bedingungen des Satzes von Kolmogorov und Prohorov über stetige Modifikation von Prozessen genügt. Damit erhält man eine stetige Modifikation $(\tilde{X}_t)_{t \in \mathbb{R}_+}$ des kanonischen Prozesses $(X_t)_{t \in \mathbb{R}_+}$. Dieser Prozess $(\tilde{X}_t)_{t \in \mathbb{R}_+}$ ist eine Brownsche Bewegung.

Man kann eine Brownsche Bewegung auch an eine Filtrierung binden.

Definition 1.57. *Sei $(\Omega, \mathcal{F}, P, (\mathcal{F}_t)_{t \in \mathbb{R}_+})$ ein filtrierter Wahrscheinlichkeitsraum. Eine d-dimensionale Brownsche Bewegung mit Filtrierung $(\mathcal{F}_t)_{t \in \mathbb{R}_+}$ (kurz: $(\mathcal{F}_t)_{t \in \mathbb{R}_+}$-Brownsche Bewegung), ist eine auf diesem Wahrscheinlichkeitsraum definierte Brownsche Bewegung $(B_t)_{t \in \mathbb{R}_+}$, die an $(\mathcal{F}_t)_{t \in \mathbb{R}_+}$ adaptiert ist und $(\mathcal{F}_t)_{t \in \mathbb{R}_+}$-unabhängige Zuwächse besitzt, d.h. $X_t - X_s$ ist unabhängig von $\mathcal{F}_s$ für $0 \leq s < t$.*

Bemerkung 1.58. *Natürlich kann man jede Brownsche Bewegung mit ihrer kanonischen Filtrierung versehen und erhält die Eigenschaften von Definition 1.57.*

Proposition 1.59. *Jede reelle* $(\mathcal{F}_t)_{t\in\mathbb{R}_+}$*-Brownsche Bewegung B ist ein Martingal bezüglich der Filtrierung* $(\mathcal{F}_t)_{t\in\mathbb{R}_+}$.

Beweis. B_t ist für jedes $t \in \mathbb{R}_+$ als normalverteilte Zufallsgröße integrierbar. Es gilt für $0 \le s < t$

$$\mathbb{E}^{\mathcal{F}_s} B_t = \mathbb{E}^{\mathcal{F}_s}(B_t - B_s) + \mathbb{E}^{\mathcal{F}_s} B_s = \mathbb{E}(B_t - B_s) + B_s = B_s.$$

Die zweite Gleichung folgt dabei wegen Messbarkeit, bzw. Unabhängigkeit. Die letzte Gleichung ergibt sich, weil die Zufallsvariablen einer Brownschen Bewegung zentriert normalverteilt sind. $\qquad\Box$

Bemerkung 1.60. *Für einen rechtsstetigen Prozess* $X_t \colon (\Omega, \mathcal{F}, P) \to (S, \mathfrak{B}(S))$, $t \in \mathbb{R}_+$ *mit Werten in einem lokalkompakten Raum mit abzählbarer Basis der Topologie und der Borel-σ-Algebra* $\mathfrak{B}(S)$*, der stochastisch unabhängige und stationäre Zuwächse besitzt, gilt:*

$$\tilde{\mathcal{F}}^X_{t+} = \tilde{\mathcal{F}}^X_t \quad \text{für } t \in \mathbb{R}_+.$$

Insbesondere gilt dies also für eine Brownsche Bewegung.

Eine weitere interessante Eigenschaft einer Brownschen Bewegung, die das starke Fluktuationsverhalten unterstreicht, zeigt folgender Satz.

Satz 1.61. *Sei* $(B_t)_{t\in\mathbb{R}_+}$ *eine d-dimensionale Brownsche Bewegung. Dann ist fast sicher jeder Pfad* $t \mapsto B_t(\omega)$ *nirgends differenzierbar.*

Mit [16], Theorem 8.19 sieht man, dass eine Brownsche Bewegung auf fast sicher jedem Pfad für jedes $t > 0$ von unendlicher Variation auf $[0, t]$ ist. Dieses Resultat werden wir am Ende von Kapitel 4 noch auf anderem Weg erreichen.

2 Stieltjesintegral und Funktionen von beschränkter Variation

Dieses Kapitel behandelt das Stieltjesintegral reellwertiger Funktionen in einer reellen Variablen. Dieser Integralbegriff bildet die Basis für die pfadweise stochastische Integration. Dafür sei zunächst $t > 0$ und wir betrachten das Intervall $[0, t]$. Unter einer Zerlegung dieses Intervalls verstehen wir eine Menge von Zwischenpunkten

$$\mathfrak{Z} = \{t_0, \ldots, t_r \mid r \in \mathbb{N}, 0 = t_0 < \ldots < t_r = t\}.$$

Das Feinheitsmaß einer solchen Zerlegung sei mit $|\mathfrak{Z}| := \max_{1 \leq k \leq r}(t_k - t_{k-1})$ bezeichnet. Für Funktionen $f, g \colon [0, t] \to \mathbb{R}$ unterscheiden wir folgende Zerlegungssummen:

$$\sum_{\mathfrak{Z}} f dg := \sum_{k=1}^{r} f(t_{k-1})(g(t_k) - g(t_{k-1}))$$

$$\sum_{\mathfrak{Z}} df dg := \sum_{k=1}^{r} (f(t_k) - f(t_{k-1}))(g(t_k) - g(t_{k-1}))$$

$$\sum_{\mathfrak{Z}} |df| := \sum_{k=1}^{r} |f(t_k) - f(t_{k-1})|.$$

Die Funktion f heißt g(-Stieltjes)-integrierbar von 0 bis t, wenn der Grenzwert

$$\lim_{|\mathfrak{Z}| \to 0} \sum_{\mathfrak{Z}} f dg =: \int_0^t f dg$$

in $\mathbb{R}$ existiert. Es gelte noch folgende Konvention: $\int_0^0 f dg := 0$.

$$\mathrm{Var}_{[0,t]} f := \sup \left\{ \sum_{\mathfrak{Z}} |df| \mid \mathfrak{Z} \text{ Zerlegung von } [0,t] \right\}$$

heißt die Variation von f auf $[0,t]$. Ist die Variation endlich, so heißt f von beschränkter Variation auf $[0,t]$. In diesem Fall gilt der folgende Satz, der wichtig ist, um eine möglichst große Menge von Funktionen als Stieltjes-integrierbar zu erkennen.

Satz 2.1. *Sei f eine auf $[0,t]$ definierte reellwertige Funktion von beschränkter Variation auf $[0,t]$. Dann ist die Funktion*

$$V_f \colon [0,t] \to \mathbb{R} \quad \textit{mit} \quad V_f(s) := \mathrm{Var}_{[0,s]} f$$

wohldefiniert. Außerdem sind V_f und $V_f - f$ monoton wachsend. Die einseitigen Grenzwerte von V_f und f existieren und es gilt:

$$|V_f(s) - V_f(s\pm)| = |f(s) - f(s\pm)| \tag{2.1}$$

für jedes $s \in [0,t]$, für welches der jeweilige Grenzwert Sinn ergibt.

Beweis. Seien $u, v \in [0,t]$ mit $v \geq u$ und $\epsilon > 0$. Dann gibt es eine Zerlegung $\mathfrak{Z}$ von $[0,u]$, so dass

$$V_f(u) - \epsilon + |f(v) - f(u)| \leq |f(v) - f(u)| + \sum_{\mathfrak{Z}} |df|$$

$$\leq \sum_{\tilde{\mathfrak{Z}}} |df| \leq V_f(v) \tag{2.2}$$

gilt. Dabei ist $\tilde{\mathfrak{Z}} = \mathfrak{Z} \cup \{v\}$ eine Zerlegung von $[0,v]$. Da $\epsilon > 0$ beliebig war, zeigt dies

$$f(v) - f(u) \leq |f(v) - f(u)| \leq V_f(v) - V_f(u) \tag{2.3}$$

und damit die Tatsache, dass V_f wohldefiniert und monoton steigend ist. Außerdem entpuppt sich auch $V_f - f$ als monoton steigend. Weil V_f monoton ist, hat diese Funktion einseitige Grenzwerte. Sei nun

$s \in (0, t]$ und $(s_n)_{n \in \mathbb{N}}$ eine Folge mit $s_n < s$ und $\lim_{n \to \infty} s_n = s$. Da $V_f(s_n)$ konvergiert, ist diese Folge eine Cauchy-Folge. Darüber hinaus zeigt (2.3): $|f(s_n) - f(s_m)| \leq |V_f(s_n) - V_f(s_m)|$. Also ist auch $(f(s_n))_{n \in \mathbb{N}}$ als Cauchy-Folge konvergent und damit existiert $f(s-)$. Wieder mit (2.3) sieht man, dass $|f(s) - f(s_n)| \leq V_f(s) - V_f(s_n)$. Nach Grenzwertbildung ergibt sich daraus der erste Teil von (2.1):

$$|f(s) - f(s-)| \leq |V_f(s) - V_f(s-)|$$

Für die entgegengesetzte Ungleichung sei $\epsilon > 0$. Dann wähle man eine Zerlegung $\mathfrak{Z} = \{t_0, \ldots, t_r\}$, so dass

$$V_f(t) - \sum_{\mathfrak{Z}'} |df| < \epsilon,$$

für jede Verfeinerung $\mathfrak{Z}'$ von $\mathfrak{Z}$ richtig ist. Seien nun $N \in \mathbb{N}$ und $l \in \{0, \ldots, r-1\}$, so dass $t_l \leq s_n \leq s \leq t_{l+1}$ für jedes $n \geq N$. Man betrachte dann für $n \geq N$ die Verfeinerung $\mathfrak{Z}_n := \mathfrak{Z} \cup \{s_n, s\}$ von $\mathfrak{Z}$. Damit gilt:

$$
\begin{aligned}
\epsilon > {} & V_f(t) - \sum_{\mathfrak{Z}_n} |df| \\
= {} & [V_f(t) - V_f(s) - (|f(t_{l+1}) - f(s)| + |f(t_{l+2}) - f(t_{l+1})| + \ldots \\
& \qquad\qquad \ldots + |f(t_r) - f(t_{r-1})|)] \\
& + [V_f(s) - V_f(s_n) - |f(s) - f(s_n)|] \\
& + [V_f(s_n) - (|f(t_1) - f(t_0)| + \ldots + |f(s_n) - f(t_l)|)].
\end{aligned}
$$

Dabei ist jede der eckigen Klammern ≥ 0 aufgrund der Definition der Variation, bzw. wegen (2.2) und (2.3). Die zweite eckige Klammer zeigt

$$V_f(s) - V_f(s_n) < \epsilon + |f(s) - f(s_n)|$$

und damit die ausstehende Ungleichung nach Grenzwertbildung. Man beachte, dass $\epsilon > 0$ beliebig gewählt wurde. Analog zeigt man die Existenz des Grenzwerts und die zugehörige Gleichung für Folgen die von oben gegen ein $s \in [0, t)$ konvergieren. $\square$

Bemerkung 2.2. *Eine Funktion f ist somit genau dann von beschränkter Variation und stetig, wenn sie Differenz zweier stetiger monoton steigender Funktionen ist. Diese Aussage behält auch dann noch ihre Gültigkeit, wenn die Eigenschaft stetig durch rechtsstetig oder linksstetig ersetzt wird.*

Im nächsten Satz werden wir zeigen, dass Stieltjesintegrale unter gewissen Voraussetzungen Integrale nach geeigneten Borelmaßen sind. Ein Grund dafür ist, dass jede rechtsstetige wachsende Funktion $g\colon \mathbb{R}_+ \to \mathbb{R}$ durch

$$\mu_g(]s,t]) := g(t) - g(s) \text{ für } 0 \le s \le t \quad \text{und} \quad \mu_g(\{0\}) = 0$$

ein eindeutiges Maß μ_g auf der Borel-σ-Algebra $\mathbb{B}(\mathbb{R}_+)$ von $\mathbb{R}_+$ definiert. Ein Beweis für diese eindeutige Existenz eines solchen Maßes auf einem maximalen Definitionsbereich verläuft analog zum Beispiel II.4.7 in [7] über das Lebesgue-Stieltjessche Maß. Im Folgenden heißt eine Eigenschaft einer auf $\mathbb{R}_+$ definierten Funktion lokal, falls sie für jedes $t \ge 0$ auf $[0,t]$ besteht.

Satz 2.3. *Sei $g\colon \mathbb{R}_+ \to \mathbb{R}$ eine rechtsstetige Funktion, welche lokal von beschränkter Variation sei. Dann wird durch*

$$\mu_g(]s,t]) := g(t) - g(s) \text{ für } 0 \le s \le t \quad \text{und} \quad \mu_g(\{0\}) = 0 \quad (2.4)$$

eindeutig ein signiertes Maß auf $\mathbb{B}(\mathbb{R}_+)$ definiert. Weiterhin sei $f\colon \mathbb{R}_+ \to \mathbb{R}$ eine linksstetige lokal beschränkte Funktion. Dann ist f g-Stieltjes-integrierbar von 0 bis t für jedes $t \ge 0$ und es gilt:

$$\int\limits_0^t f\,dg = \int\limits_{[0,t]} f\,d\mu_g. \quad (2.5)$$

Beweis. Nach Satz 2.1 und Bemerkung 2.2 ist $g = g_1 - g_2$ die Differenz zweier rechtsstetiger monoton wachsender Funktionen. Diese definieren, wie vor diesem Satz erörtert, eindeutige Maße auf $\mathbb{B}(\mathbb{R}_+)$ durch $\mu_{g_i}(]s,t]) := g_i(t) - g_i(s)$, für $0 \le s \le t$ und $i = 1, 2$, sowie $\mu_{g_i}(\{0\}) = 0$

für $i = 1, 2$. Das signierte Maß, welches durch $\mu_g := \mu_{g_1} - \mu_{g_2}$ definiert ist, erfüllt dann die geforderten Bedingungen in (2.4).

Die Eindeutigkeit eines solchen signierten Maßes ergibt sich nun wie folgt. Sei dazu ν_g ein weiteres signiertes Maß, welches den Anforderungen von (2.4) genügt. Für $n \in \mathbb{N}$ betrachte man dann die Einschränkungen μ_g^n und ν_g^n der beteiligten signierten Maße auf den Messraum $([0, n], [0, n] \cap \mathbb{B}(\mathbb{R}_+))$ gegeben durch

$$\mu_g^n \colon [0, n] \cap \mathbb{B}(\mathbb{R}_+) \to \mathbb{R} \quad \text{mit} \quad \mu_g^n(A) := \mu_g(A)$$

und analog für ν_g^n. Damit sind μ_g^n und ν_g^n endliche signierte Maße (Man beachte die Hahn-Jordan-Zerlegung.), die auf dem schnittstabilen Erzeuger

$$\mathcal{E}_n := \{\{0\}\} \cup \{]s, t] \colon 0 \le s \le t \le n\}$$

übereinstimmen. Folglich sind nach Satz 1.45 diese signierten Maße auf der gesamten σ-Algebra $[0, n] \cap \mathbb{B}(\mathbb{R}_+)$ gleich. Sei nun $A \in \mathbb{B}(\mathbb{R}_+)$ beliebig. Dann setze man $A_1 := [0, 1] \cap A$ und $A_n :=]n - 1, n] \cap A$ für $n \in \mathbb{N}$ mit $n \ge 2$. Die σ-Additivität der signierten Maße zeigt:

$$\mu_g(A) = \sum_{j=1}^{\infty} \mu_g(A_j) = \sum_{j=1}^{\infty} \mu_g^j(A_j) = \sum_{j=1}^{\infty} \nu_g^j(A_j) = \sum_{j=1}^{\infty} \nu_g(A_j) = \nu_g(A)$$

und damit die Gleichheit beider signierter Maße.

Da μ_g keine Masse auf den Punkt 0 wirft ist (2.5) im Fall $t = 0$ trivial. Sei daher im Folgenden $t > 0$ fixiert. Für eine beliebige Zerlegung $\mathfrak{Z} = \{t_0, \ldots, t_r\}$ von $[0, t]$ sei

$$f_{\mathfrak{Z}} := \sum_{l=1}^{r} f(t_{l-1}) \mathbf{1}_{]t_{l-1}, t_l]}.$$

Sei außerdem $\mathfrak{Z}_n$ eine Folge von Zerlegungen von $[0, t]$ mit $|\mathfrak{Z}_n| \to 0$. Dann konvergiert $f_{\mathfrak{Z}_n}(s) \to f(s)$ für jedes $0 < s \le t$ wegen der

Linksstetigkeit von f. Aufgrund der lokalen Beschränktheit von f ist diese Konvergenz durch die Konstante $c := \sup_{s \leq t} |f(s)|$ dominiert. Weil aber das Maß μ_g nur endliche Masse auf das Intervall $[0, t]$ wirft, folgt (2.5) aus dem Satz von der dominierten Konvergenz übertragen auf die positive und die negative Variation von μ_g:

$$\sum_{3_n} f dg = \int_{[0,t]} f_{3_n} d\mu_g \to \int_{[0,t]} f d\mu_g.$$

$\square$

Ist g stetig differenzierbar, so hat μ_g eine Lebesgue-Dichte.

Proposition 2.4. *Ist $g \colon \mathbb{R}_+ \to \mathbb{R}$ stetig differenzierbar (d.h. im Punkt 0 existiert der Differentialquotient von rechts), dann ist g lokal von beschränkter Variation und es gilt für das nach Satz 2.3 eindeutig bestimmte signierte Maß*

$$\mu_g = g' \cdot \lambda \tag{2.6}$$

mit λ dem Lebesgue-Maß auf $\mathbb{B}(\mathbb{R}_+)$.

Beweis. Ist $t \geq 0$ und $3 = \{t_0, \ldots, t_r\}$ eine beliebige Zerlegung von $[0, t]$, so gilt wegen dem Mittelwertsatz der Differentialrechnung

$$\sum_3 |dg| = \sum_{k=1}^r |g(t_k) - g(t_{k-1})| \leq t \cdot \sup_{s \in [0,t]} |g'(s)| < \infty.$$

Also ist g lokal von beschränkter Variation. (2.6) folgt aus dem Hauptsatz der Differential- und Integralrechnung und der Tatsache, dass μ_g durch (2.4) eindeutig bestimmt ist. $\square$

In der folgenden Proposition bezeichnet $\mathfrak{b}$ die Menge der linksstetigen lokal beschränkten Funktionen von $\mathbb{R}_+$ nach $\mathbb{R}$ und $\mathfrak{a}$ die Menge der stetigen Funktionen von $\mathbb{R}_+$ nach $\mathbb{R}$, welche lokal von beschränkter Variation sind.

Proposition 2.5.

1. *Ist $f \in \mathfrak{b}$ und $g \in \mathfrak{a}$, so ist die Abbildung $\varphi\colon \mathbb{R}_+ \to \mathbb{R}$ mit $\varphi(t) := \int_0^t f dg$ auch ein Element von $\mathfrak{a}$.*

2. *Für fixiertes $t \geq 0$ ist der Ausdruck $\int_0^t f dg$ bilinear in $f \in \mathfrak{b}$ und $g \in \mathfrak{a}$.*

3. *Seien $0 \leq s \leq t$ reelle Zahlen und seien $f \in \mathfrak{b}$, $g \in \mathfrak{a}$ mit $f \equiv 0$ auf $[s,t]$ oder g konstant auf $[s,t]$, so gilt*

$$\int\limits_0^v f dg = \int\limits_0^s f dg$$

für alle $v \in [s,t]$.

Beweis.

1. Zunächst ist $g = g_1 - g_2$ Differenz zweier stetiger monoton wachsender Funktionen nach Satz 2.1. Außerdem ist μ_g gebildet durch $\mu_g = \mu_{g_1} - \mu_{g_2}$. Seien dann $u, v \in \mathbb{R}_+$ mit $u < v$, so gilt:

$$
\begin{aligned}
|\varphi(v) - \varphi(u)| &= \left| \int\limits_0^u f dg - \int\limits_0^v f dg \right| = \left| \int\limits_{]u,v]} f d\mu_g \right| \\
&\leq \int\limits_{]u,v]} |f| \, d\mu_{g_1} + \int\limits_{]u,v]} |f| \, d\mu_{g_2} \\
&\leq \sup_{x \leq v} |f(x)| \cdot (\mu_{g_1}(]u,v]) + \mu_{g_2}(]u,v])) \\
&= \sup_{x \leq v} |f(x)| \cdot [(g_1(v) - g_1(u)) + (g_2(v) - g_2(u))]
\end{aligned}
$$

Damit folgt die Stetigkeit von φ aus der von g_1 und g_2. Außerdem sieht man, dass φ lokal von beschränkter Variation ist, denn durch obige Ungleichung lässt sich $\mathrm{Var}_{[0,t]}\varphi$ durch

$$\sup_{x\in[0,t]} |f(x)| \cdot [(g_1(t) + g_2(t)) - (g_1(0) + g_2(0))]$$

nach oben abschätzen.

2. Diese Eigenschaft überträgt sich direkt von den Zerlegungssummen $\sum_{\mathfrak{Z}} f dg$.

3. Dies ergibt sich auch anhand der approximierenden Zerlegungssummen. Denn ist $\mathfrak{Z}_n$ eine Folge von Zerlegungen des Intervalls $[0, v]$ mit $|\mathfrak{Z}_n| \to 0$, so kann man stets ohne Einschränkung annehmen, dass der Punkt s zu jedem $\mathfrak{Z}_n$ gehört.

$\square$

Aufgrund der nächsten Bemerkung wird sich später zeigen, dass die pfadweise stochastische Integration nicht ausreicht.

Bemerkung 2.6. *Ist $t > 0$ und $g\colon [0,t] \to \mathbb{R}$ nicht von beschränkter Variation, so ist nicht jede stetige Funktion $f\colon [0,t] \to \mathbb{R}$ g-integrierbar.*

Beweis. Sei $\mathfrak{Z}_n = \{t_0^{(n)} = 0, \ldots, t_{r_n}^{(n)} = t\}$ eine Folge von Zerlegungen des Intervalls $[0,t]$ mit $|\mathfrak{Z}_n| \to 0$ und

$$\sum_{\mathfrak{Z}_n} |dg| \to V_g(t) = \infty.$$

Dann induziert diese eine Folge T_n von stetigen, linearen Funktionalen auf dem Banachraum $\mathcal{C}([0,t];\mathbb{R})$ durch:

$$T_n(f) := \sum_{\mathfrak{Z}_n} f dg.$$

Weiterhin können wir für $n \in \mathbb{N}$ zum Beispiel durch lineare Interpolation stetige Funktionen $f_n \in \mathcal{C}([0,t];\mathbb{R})$ finden, für die gilt:

$$f_n\left(t_{k-1}^{(n)}\right) = \begin{cases} \frac{\left|g(t_k^{(n)})-g(t_{k-1}^{(n)})\right|}{g(t_k^{(n)})-g(t_{k-1}^{(n)})}, & \text{falls } g\left(t_k^{(n)}\right) \neq g\left(t_{k-1}^{(n)}\right) \\ 0, & \text{sonst} \end{cases}$$

für jedes $k = 1, \ldots, r_n$ und $\|f_n\|_\infty = 1$. Wäre nun jede stetige Funktion g-integrierbar, so gelte für jedes $f \in \mathcal{C}([0,t]; \mathbb{R})$:

$$\sup_{n \in \mathbb{N}} |T_n(f)| < \infty,$$

denn $T_n(f) \to \int_0^t f\,dg \in \mathbb{R}$. Mit dem Satz von Banach-Steinhaus (Theorem IV.2.1 in [19]) folgte dann $\sup_{n \in \mathbb{N}} \|T_n\| < \infty$, was aber der Tatsache:

$$\|T_n\| \geq T_n(f_n) = \sum_{3n} f_n dg = \sum_{3n} |dg| \to V_g(t) = \infty.$$

widerspräche. $\qquad\qquad\qquad\qquad\qquad\qquad\qquad\qquad\qquad\qquad\quad \square$

Zum Schluss des vorliegenden Abschnitts beweisen wir noch die Formel der partiellen Integration für das Stieltjesintegral.

Satz 2.7. *Seien $f, g: [0,t] \to \mathbb{R}$ mit $t \geq 0$ und sei f stetig, sowie g rechtsstetig und von beschränkter Variation auf $[0,t]$. Dann gilt:*

$$\int_0^t f\,dg + \int_0^t g\,df = f(t)g(t) - f(0)g(0). \qquad (2.7)$$

Beweis. Sei $3 = \{t_0, \ldots, t_r\}$ eine beliebige Zerlegung von $[0,t]$. Dann sieht man einerseits mit einem einfachen Indexshift

$$\sum_3 f\,dg + \sum_3 g\,df + \sum_3 df\,dg = f(t)g(t) - f(0)g(0) \qquad (2.8)$$

und andererseits gilt:

$$\left| \sum_3 df\,dg \right| = \left| \sum_{k=1}^r (f(t_k) - f(t_{k-1}))(g(t_k) - g(t_{k-1})) \right|$$

$$\leq \left(\max_{k \in \{1,\ldots,r\}} |f(t_k) - f(t_{k-1})| \right) \sum_{k=1}^r |g(t_k) - g(t_{k-1})|$$

$$\leq \left(\max_{k \in \{1,\ldots,r\}} |f(t_k) - f(t_{k-1})| \right)(\mathrm{Var}_{[0,t]} g)$$

Somit gilt $\lim_{|\mathfrak{z}|\to 0} \sum_3 df\,dg = 0$ aufgrund der gleichmäßigen Stetigkeit von f. Weil $\sum_3 f\,dg$ mit Satz 2.3 und den gegebenen Voraussetzungen gegen $\int_0^t f\,dg$ konvergiert, existiert auch der Grenzwert $\lim_{|\mathfrak{z}|\to 0} \sum_3 g\,df$. (2.7) folgt daher aus (2.8).   □

3 Pfadweise stochastische Integrale

Jetzt wird der intuitive stochastische Integralbegriff eingeführt, bei dem die Pfade des Integranden-Prozesses per Stieltjesintegral nach den Pfaden des Integrator-Prozesses integriert werden. Allerdings wird sich bereits in diesem Kapitel herausstellen, dass dieser Begriff noch nicht ausreicht.

3.1 Vektorräume stochastischer Prozesse

In diesem Unterabschnitt führen wir die Vektorräume von stochastischen Prozessen ein, welche wir in der Darstellung der stochastischen Integrationstheorie benötigen. Ab jetzt bis einschließlich in Kapitel 11 seien, falls nicht anders beschrieben, alle Prozesse reellwertig und haben als Zeitmenge $\mathbb{R}_+$. Außerdem liege den Prozessen stets ein standard-filtrierter Wahrscheinlichkeitsraum $(\Omega, \mathcal{F}, P, (\mathcal{F}_t)_{t \in \mathbb{R}_+})$ zugrunde. Um eine elementare und leicht nachvollziehbare Theorie gewährleisten zu können, beschränken wir uns auf stochastische Integrale für stetige Integratorprozesse. Wir werden später noch sehen wie diese Voraussetzung abgeschwächt werden kann.

Definition 3.1.

$\mathfrak{D} := \{X \mid X \text{ ist ein adaptierter Prozess mit Zeitbereich } \mathbb{R}_+\}$

$\mathfrak{B} := \{X \in \mathfrak{D} \mid X \text{ ist linksstetig und pfadweise lokal beschränkt}\}$

$\mathfrak{C} := \{X \in \mathfrak{D} \mid X \text{ hat stetige Pfade}\}$

$\mathfrak{A} := \{X \in \mathfrak{C} \mid X \text{ ist pfadweise lokal von beschränkter Variation}\}$

$$\mathfrak{M} := \{X \in \mathfrak{C} \mid (X_t - X_0)_{t \in \mathbb{R}_+} \text{ ist ein lokales Martingal}\}$$
$$\mathfrak{S} := \mathfrak{A} + \mathfrak{M}$$

In all diesen Vektorräumen identifizieren wir nicht-unterscheidbare Prozesse. (Natürlich ist bei der Definition von $\mathfrak{M}$ gemeint, dass eine lokalisierende Stoppzeitenfolge $\tau_n \uparrow \infty$ existiert, so dass die aus Stoppung mit diesen Stoppzeiten hervorgehenden Prozesse Martingale bezüglich der Filtrierung $(\mathcal{F}_t)_{t \in \mathbb{R}_+}$ sind.) Die Prozesse aus $\mathfrak{S}$ heißen stetige Semimartingale. Des Weiteren seien $\mathfrak{B}_0$, $\mathfrak{C}_0$, $\mathfrak{A}_0$, $\mathfrak{M}_0$, $\mathfrak{S}_0$ die Untervektorräume, der Prozesse X aus dem jeweiligen Vektorraum, für die $X_0 = 0$ gilt. Unter $X_\bullet \colon \Omega \to \mathbb{R}^{\mathbb{R}_+}$ sei die Pfadabbildung eines stochastischen Prozesses X zu verstehen. Schließlich sei für $X \in \mathfrak{C}$

$$(V_X)_t(\omega) := V_{X_\bullet(\omega)}(t) = \mathrm{Var}_{[0,t]} X_\bullet(\omega)$$

der Variationsprozess von X.

Ein Prozess $X \in \mathfrak{M}$ ist offensichtlich genau dann ein lokales Martingal, wenn X_0 integrierbar ist. Die Tatsache, dass $\mathfrak{M}$ einen Vektorraum darstellt, sieht man mit Korollar 1.32, welches die Stopp-Invarianz der Klasse der stetigen Martingale zeigt.

Als Nächstes sollen einige Eigenschaften der Prozesse aus den oben definierten Vektorräumen angegeben werden. Dazu betrachten wir zunächst folgendes Lemma.

Lemma 3.2. *Sei $X_t \colon (\Omega, \mathcal{F}, P, (\mathcal{F}_t)_{t \in \mathbb{R}_+}) \to (\mathbb{R}^d, \mathbb{B}^d)$ für $t \in \mathbb{R}_+$ ein stetiger, adaptierter Prozess auf einem filtrierten Wahrscheinlichkeitsraum. Dann ist $(X_t - X_0)_{t \in \mathbb{R}_+}$ lokal beschränkt.*

Beweis. $(X_t - X_0)_{t \in \mathbb{R}_+}$ ist auch stetig und adaptiert. Daher nehmen wir ohne Einschränkung $X_0 = 0$ an. Man betrachte für $n \in \mathbb{N}$ die Abbildung $\tau_n \colon \Omega \to \overline{\mathbb{R}}_+$ mit

$$\tau_n(\omega) := \inf\{t \in \mathbb{R}_+ \colon |X_t(\omega)| \geq n\}.$$

Die τ_n sind nach Satz 1.16/2. Stoppzeiten. Als stetiger Prozess ist X pfadweise lokal beschränkt und daher gilt auch $\tau_n \uparrow \infty$. Wegen der Stetigkeit von X und $X_0 = 0$ ist $|X_t^{\tau_n}(\omega)| \leq n$ für jedes $\omega \in \Omega$ und $t \in \mathbb{R}_+$. Dies zeigt die Behauptung. $\qquad\square$

Satz 3.3. *Es gelten folgende Aussagen:*

1. $\mathfrak{A} \cup \mathfrak{M} \subset \mathfrak{S} \subset \mathfrak{C} \subset \mathfrak{B}$

2. Ein adaptierter linksstetiger Prozess ist genau dann lokal beschränkt (im Sinne von Definition 1.24), wenn er ein Element von $\mathfrak{B}$ mit beschränktem X_0 ist.

3. Sei $X \in \mathfrak{C}$. Genau dann ist X aus $\mathfrak{A}$ wenn der Prozess V_X lokal beschränkt ist.

4. Sei $X \in \mathfrak{C}$. X ist genau dann in $\mathfrak{M}$, wenn eine Folge $\tau_n \uparrow \infty$ von Stoppzeiten existiert, so dass für jedes $n \in \mathbb{N}$ der Prozess $X^{\tau_n} 1_{\{\tau_n > 0\}}$ zur Klasse der beschränkten Martingale gehört.

Beweis.
1. Das folgt sofort aus der Definition.

2. Sei X zunächst adaptiert, linksstetig und lokal beschränkt. D.h. es existiert eine Folge $\tau_n \uparrow \infty$ von Stoppzeiten und eine Folge $(c_n)_{n \in \mathbb{N}}$ reeller Zahlen, so dass $|X^{\tau_n}| \leq c_n$ für jedes $n \in \mathbb{N}$ und alle $\omega \in \Omega$, $t \in \mathbb{R}_+$ gilt. Somit folgt $|X_0| \leq c_1$ und $|X_t(\omega)| \leq c_n$ für $0 \leq t \leq \tau_n(\omega)$. Aber wegen $\tau_n \uparrow \infty$ ergibt sich daraus, dass X pfadweise lokal beschränkt·ist. Damit haben wir $X \in \mathfrak{B}$ mit beschränktem X_0 erkannt.

Sei umgekehrt X ein Prozess mit diesen beiden Eigenschaften. Man betrachte dann für $n \in \mathbb{N}$ die Abbildung $\tau_n \colon \Omega \to \overline{\mathbb{R}}_+$ mit

$$\tau_n(\omega) = \inf\{t \in \mathbb{R}_+ \mid |X_t(\omega)| > n\}.$$

Weil X linksstetig ist, sind die τ_n nach Satz 1.16/3. zunächst Stoppzeiten im weiteren Sinne. Da wir aber den zugrunde liegenden Wahrscheinlichkeitsraum als standard-filtriert vorausgesetzt haben, sind nach Bemerkung 1.13/1. und 2. die τ_n auch Stoppzeiten.

Offensichtlich ist, dass für jedes ω die Folge $\tau_n(\omega)$ monoton steigt. Nehmen wir nun an es gäbe ein $\omega_0 \in \Omega$ und ein $t \in \mathbb{R}$ mit $\sup_{n \in \mathbb{N}} \tau_n(\omega_0) < t$. Dann gäbe es für jedes $m \in \mathbb{N}$ ein $t_m < t$ mit $|X_{t_m}(\omega_0)| > m$. Damit wäre aber der Pfad $X_\bullet(\omega_0)$ auf $[0, t]$ unbeschränkt, was der Voraussetzung $X \in \mathfrak{B}$ widerspräche. Folglich gilt $\tau_n \uparrow \infty$. Sei jetzt $c > 0$ mit $|X_0| \le c$. Dann gilt $|X^{\tau_n}| \le n + c$ und X ist sogar lokal beschränkt.

3. Dies folgt aus 2., denn nach Satz 2.1 ist mit X auch der Variationsprozess V_X stetig und es gilt $(V_X)_0 = 0$.

4. Zunächst sei $Y := X - X_0$. Für eine beliebige Stoppzeit τ haben wir offenbar

$$Y^\tau = X^\tau 1_{\{\tau > 0\}} - X_0 1_{\{\tau > 0\}}.$$

Somit ist $X^\tau 1_{\{\tau > 0\}}$ genau dann ein Martingal, wenn dies auch für Y^τ gilt und $X_0 1_{\{\tau > 0\}}$ integrierbar ist. Für eine Folge von Stoppzeiten $\tau_n \uparrow \infty$ wie in der Behauptung sind die Y^{τ_n} Martingale und damit $X \in \mathfrak{M}$.

Sei umgekehrt $X \in \mathfrak{M}$. Dann gibt es eine lokalisierende Folge von Stoppzeiten $\sigma_n \uparrow \infty$, so dass die Y^{σ_n} Martingale sind. Weiterhin sei $\sigma'_n \uparrow \infty$ eine Folge von Stoppzeiten, so dass $Y^{\sigma'_n}$ beschränkt ist für jedes $n \in \mathbb{N}$. Solch eine Folge existiert nach obigem Lemma 3.2. Wählt man schließlich

$$\sigma''_n := \begin{cases} 0 & \text{auf } \{|X_0| > n\} \\ \infty & \text{auf } \{|X_0| \le n\}, \end{cases}$$

so ist dies ebenso eine Folge von Stoppzeiten mit $\sigma''_n \uparrow \infty$ und es gilt $|X_0| 1_{\{\sigma''_n > 0\}} \le n$.

Definiert man jetzt $\tau_n := \sigma_n \wedge \sigma'_n \wedge \sigma''_n \uparrow \infty$, was nach Satz 1.17 wieder eine Stoppzeitenfolge ist, so sind die Y^{τ_n} beschränkte Martingale. Man beachte dabei, dass nach Korollar 1.32 die Eigenschaft ein stetiges Martingal zu sein stopp-invariant ist. Darüber hinaus sind die $X_0 1_{\{\tau_n > 0\}}$ beschränkt und integrierbar. Damit haben wir $X^{\tau_n} 1_{\{\tau_n > 0\}} = Y^{\tau_n} + X_0 1_{\{\tau_n > 0\}}$ als ein beschränktes Martingal nachgewiesen und die Behauptung gezeigt.

$\square$

3.2 Pfadweises stochastisches Integral

Nun soll das pfadweise stochastische Integral definiert werden.

Definition 3.4. *Sei $X \in \mathfrak{A}$ und $F \in \mathfrak{B}$. Dann existiert nach Satz 2.3 für jedes $t \in \mathbb{R}_+$ und jedes $\omega \in \Omega$ der Wert:*

$$\left(\int_0^t F dX \right)(\omega) := \left(\int_0^t F_s dX_s \right)(\omega) := \int_0^t F_{\bullet}(\omega) d(X_{\bullet}(\omega)).$$

Das stochastische Integral mit Integrand F und Integrator X sei der Prozess

$$\int F dX \quad mit \quad \left(\int F dX \right)_t := \int_0^t F dX$$

für $t \in \mathbb{R}_+$. Manchmal schreibt man auch für Stoppzeiten $\sigma \leq \tau$:

$$\int_\sigma^\tau F dX := \left(\int F dX \right)_\tau - \left(\int F dX \right)_\sigma.$$

Hier und im Folgenden brauchen wir den Begriff eines stochastischen Intervalls. Für Stoppzeiten $\sigma \leq \tau$ sind dies Mengen der Form

$$[\sigma, \tau] := \{(t, \omega) \in \mathbb{R}_+ \times \Omega \colon \sigma(\omega) \leq t \leq \tau(\omega)\}.$$

Entsprechend seien $]\sigma, \tau]$, $[\sigma, \tau[$ und $]\sigma, \tau[$ definiert.

Satz 3.5. *Seien $X \in \mathfrak{A}$ und $F, G \in \mathfrak{B}$. Dann gilt:*

1. *Der Ausdruck $\int F dX$ ist bilinear in $F \in \mathfrak{B}$ und $X \in \mathfrak{A}$.*

2. *$\int F dX \in \mathfrak{A}_0$.*

3. *Sei $\tau \colon \Omega \to \overline{\mathbb{R}}_+$ eine Stoppzeit. Dann gilt:*

$$\left(\int F dX \right)^\tau = \int (F 1_{[0,\tau]}) dX = \int F dX^\tau = \int F^\tau dX^\tau.$$

4. *Das stochastische Integral ist assoziativ in folgendem Sinne:*

$$\int FG dX = \int F d \left(\int G dX \right)$$

Beweis.

1. Das folgt direkt aus Proposition 2.5/2.

2. Nach der Definition des Stieltjes-Integrals ist $(\int F dX)_0 = 0$. Alle weiteren Eigenschaften ergeben sich aus Proposition 2.5/1.

3. Dies folgt aus Proposition 2.5/3.

4. Um die Assoziativität einzusehen, ist zunächst zu beachten, dass mit F und G auch FG zu $\mathfrak{B}$ gehört. Für $\omega \in \Omega$ bestimmt, wie in Satz 2.3 beschrieben, der Pfad $X_\bullet(\omega)$ eindeutig ein signiertes Maß auf $\mathbb{R}_+$ durch

$$\mu_X^\omega(]u, v]) = X_v(\omega) - X_u(\omega) \quad \text{und} \quad \mu_X^\omega(\{0\}) = 0.$$

Für das entsprechende Maß von $(\int G dX)_\bullet(\omega)$ gilt dann nach Satz 2.3 und der Definition des stochastischen Integrals

$$\mu_{\int G dX}^\omega(]u, v]) = \left(\int G dX \right)_v(\omega) - \left(\int G dX \right)_u(\omega)$$

$$= \int_{]u,v]} G_s(\omega) d\mu_X^\omega(ds)$$

und $\mu^\omega_{\int GdX}(\{0\}) = 0$. Damit sieht man $\mu^\omega_{\int GdX}(ds) = G_s(\omega)\mu^\omega_X(ds)$ genauso wie im Beweis von Satz 2.3 und für $\omega \in \Omega$, $t \in \mathbb{R}_+$ folgt:

$$\left(\int FGdX\right)_t(\omega) = \int_0^t F_s(\omega)G_s(\omega)\mu^\omega_X(ds) = \int_0^t F_s d\mu^\omega_{\int GdX}(ds)$$

$$= \left(\int Fd\left(\int GdX\right)\right)_t(\omega).$$

$\square$

Im folgenden Beispiel werden wir die eben ermittelten Rechenregeln anwenden.

Beispiel 3.6. *Ein Elementarprozess ist ein Prozess der Form*

$$F = f_0 1_{\{0\}\times\Omega} + \sum_{k=1}^r f_k 1_{]\sigma_k,\tau_k]}$$

mit Stoppzeiten $\sigma_k \leq \tau_k$, f_0 $\mathcal{F}_0$-messbar und f_k $\mathcal{F}_{\sigma_k}$-messbar für $k = 1, \ldots, r$. Ist F solch ein Elementarprozess und $X \in \mathfrak{A}$, dann gilt $F \in \mathfrak{B}$ und

$$\int FdX = \sum_{k=1}^r f_k(X^{\tau_k} - X^{\sigma_k}). \tag{3.1}$$

Beweis. F ist natürlich pfadweise beschränkt und linksstetig. Betrachtet man dann einen Summandenprozess

$$g := f_k 1_{]\sigma_k,\tau_k]}$$

für $k = 1, \ldots, r$, so gilt für $B \in \mathbb{B}$ und $t \in \mathbb{R}_+$:

$$g_t^{-1}(B) = (f_k^{-1}(B) \cap \{\sigma_k \leq t\}) \cap \{\sigma_k < t\} \cap \{t \leq \tau_k\}.$$

Weil wir den zugrunde liegenden Wahrscheinlichkeitsraum als standard-filtriert angenommen haben und nach der Definition von $\mathcal{F}_{\sigma_k}$, ist obige Menge in $\mathcal{F}_t$ und somit F als adaptiert erkannt, d.h. es gilt $F \in \mathfrak{B}$. Gemäß der Definition des Stieltjes-Integrals trägt der erste Summand von F nichts zum Integral bei und aufgrund der Linearität des pfadweisen stochastischen Integrals genügt es (3.1) für einen Summanden nachzuweisen. Dies folgt aber sofort, da man ohne Einschränkung annehmen kann, dass alle Zerlegungen einer auf dem ω-Pfad approximierenden Zerlegungsfolge die Punkte $\sigma_k(\omega)$ und $\tau_k(\omega)$ enthält. $\qquad\square$

3.3 Die Struktur der Semimartingale

Der nächste Satz zeigt, dass wir für die Integration nach lokalen Martingalen einen anderen Integralbegriff benötigen. Gleichzeit werden wir bei der Herleitung dieses Begriffs noch auf diesen Satz zurückkommen.

Satz 3.7. $\mathfrak{M}_0 \cap \mathfrak{A} = \{0\}$ *und daher gilt* $\mathfrak{S} = \mathfrak{M}_0 \oplus \mathfrak{A}$.

Beweis. Als Erstes sei $X \in \mathfrak{M}_0 \cap \mathfrak{A}$ ein Martingal und für $t \in \mathbb{R}_+$ existiere ein $c(t) \in \mathbb{R}$ mit $(V_X)_t \leq c(t)$. Sei nun $t \in \mathbb{R}_+$ fixiert und $\mathfrak{Z}_n$ eine beliebige Zerlegungsfolge von $[0,t]$ mit $|\mathfrak{Z}_n| \to 0$. Dann gilt mit dem Satz 2.7 von der partiellen Integration

$$\frac{1}{2}X_t^2 = \int\limits_0^t X dX = \lim_{n\to\infty} \sum_{\mathfrak{Z}_n} X dX$$

punktweise für $\omega \in \Omega$. Wegen der Zusatzannahme und $X_0 = 0$ folgt für jedes $\omega \in \Omega$ und $n \in \mathbb{N}$:

$$\left| \Big(\sum_{\mathfrak{Z}_n} X dX \Big)(\omega) \right| \leq \Big(\sup_{0 \leq s \leq t} |X_s(\omega)| \Big)(V_X)_t(\omega) \leq (c(t))^2.$$

Folglich wissen wir nach dem Satz von der dominierten Konvergenz:

$$\mathbb{E}X_t^2 = 2 \lim_{n\to\infty} \mathbb{E}\Big(\sum_{\mathfrak{Z}_n} X dX \Big),$$

und damit können wir die Martingaleigenschaft ausnutzen um den Beweis in diesem Fall zu Ende zu führen. Sei dazu $\mathfrak{Z} = \{t_0 = 0, \dots, t_r = t\}$ eine beliebige Zerlegung von $[0, t]$ und $k \in \{1, \dots, r\}$ beliebig gewählt. Dann gilt

$$\mathbb{E}[X_{t_{k-1}}(X_{t_k} - X_{t_{k-1}})] = \mathbb{E}\left\{\mathbb{E}^{\mathcal{F}_{t_{k-1}}}[X_{t_{k-1}}(X_{t_k} - X_{t_{k-1}})]\right\}$$

$$= \mathbb{E}[X_{t_{k-1}}\mathbb{E}^{\mathcal{F}_{t_{k-1}}}(X_{t_k} - X_{t_{k-1}})] = 0.$$

Letzteres aufgrund der Martingaleigenschaft. Also ist $\mathbb{E}(\sum_{\mathfrak{Z}_n} X dX) = 0$ für jedes $n \in \mathbb{N}$ und damit $\mathbb{E}X_t^2 = 0$. Wegen der Stetigkeit von X gilt $X = 0$ außerhalb einer Nullmenge. Nach der Identifikation nicht-unterscheidbarer Prozesse, ist die Behauptung in diesem Fall gezeigt.

Sei schließlich $X \in \mathfrak{M}_0 \cap \mathfrak{A}$ beliebig. Dann existiert eine lokalisierende Folge von Stoppzeiten $\tau_n \uparrow \infty$, so dass $X^{\tau_n} \in \mathfrak{A}$ für jedes $n \in \mathbb{N}$ ein Martingal ist. Die Anwendung von Satz 3.3/3. ergibt für jedes $n \in \mathbb{N}$ eine Folge $\sigma_k^{(n)} \uparrow \infty$ von Stoppzeiten und reelle Zahlen $c_{n,k}$ mit

$$V_{X^{\tau_n \wedge \sigma_k^{(n)}}} \le c_{n,k}.$$

Weil aber nach Korollar 1.32 auch $X^{\tau_n \wedge \sigma_k^{(n)}}$ ein Martingal ist, gibt es nach dem ersten Beweisteil zu $n, k \in \mathbb{N}$ eine Nullmenge $N_{n,k}$, so dass außerhalb dieser $X^{\tau_n \wedge \sigma_k^{(n)}} = 0$ gilt. Wegen $\sigma_k^{(n)} \uparrow \infty$ gilt $X^{\tau_n} = 0$ außerhalb der Nullmenge $\tilde{N}_n = \bigcup_{k \in \mathbb{N}} N_{n,k}$. Analog folgt $X = 0$ außerhalb der Nullmenge $\bigcup_{n \in \mathbb{N}} \tilde{N}_n$ wegen $\tau_n \uparrow \infty$. Wieder ergibt sich die Behauptung, weil wir nicht-unterscheidbare Prozesse identifizieren. Sei $X = M + A \in \mathfrak{S}$ mit $M \in \mathfrak{M}$ und $A \in \mathfrak{A}$. Dann können wir X auch schreiben als $X = M - M_0 + A + M_0$. Wegen $A + M_0 \in \mathfrak{A}$ folgt die zweite Aussage. $\qquad\square$

Bemerkung 3.8. *Die in Satz 3.7 beschriebene direkte Zerlegung eines $X = M + A \in \mathfrak{S}$ in einen sogenannten rektifizierbaren Teil $A \in \mathfrak{A}$ und einen Martingalteil $M \in \mathfrak{M}_0$ heißt Doob-Meyer-Zerlegung.*

Bemerkung 3.9. *Satz 3.7 zeigt auch, dass nicht konstante stetige Martingale, wie zum Beispiel die Brownsche Bewegung, niemals pfadweise lokal von beschränkter Variation sind. Wir werden später sogar sehen, dass eine eindimensionale Brownsche Bewegung fast sicher auf jedem Intervall $[0,t]$ mit $t > 0$ von unendlicher Variation ist. Diese Tatsache unterstreicht das starke Fluktuationsverhalten dieses Prozesses.*

Allerdings ist unser Ziel ein stochastisches Integral bereitzustellen, mit dem alle Prozesse aus $\mathfrak{B}$ über alle Semimartingale integriert werden können. Bemerkung 2.6 in Kapitel 2 zeigt nun jedoch in Verbindung mit Satz 3.7, dass die pfadweise Integration über lokale Martingale im Allgemeinen für stetige Prozesse nicht möglich ist. Um das stochastische Integral dahingehend zu erweitern betrachten wir im nächsten Abschnitt Hilfsprozesse, die wir in Kapitel 5 zur Konstruktion eines stochastischen Integrals über die Prozesse aus $\mathfrak{M}$ verwenden.

4 Quadratische Variation und der Klammerprozess

In diesem Kapitel führen wir die quadratische Variation und den Klammerprozess ein. Beides sind Begleitprozesse zu Semimartingalen, welche deren Fluktuationsverhalten beschreiben. In Kapitel 5 werden wir sie sodann dazu benutzen um ein stochastisches Integral nach lokalen Martingalen zu definieren.

4.1 Konvergenz von Prozessfolgen

Als Erstes werden wir Konvergenzarten von Prozessfolgen einführen und geeignete Untervektorräume von $\mathfrak{C}$ betrachten.

Definition 4.1. *Sei* $X \in \mathfrak{B}$. *Dann ist der* $*$-*Prozess* $X_t^* \colon \Omega \to \overline{\mathbb{R}}_+$ *von* X *gegeben durch*

$$X_t^*(\omega) := \sup_{0 \le s \le t} |X_s(\omega)| = \sup_{s \in [0,t] \cap \mathbb{Q}} |X_s(\omega)|.$$

Offensichtlich ist er linksstetig, adaptiert und pfadweise monoton wachsend. Des Weiteren setzen wir

$$X_\infty^*(\omega) := \sup_{t \in \mathbb{R}_+} X_t^*(\omega) = \sup_{t \in \mathbb{R}_+} |X_t(\omega)| \quad \text{für } \omega \in \Omega.$$

Definition 4.2. *Sei* $(X^{(n)})_{n \in \mathbb{N}}$ *eine Folge von Prozessen aus* $\mathfrak{B}$ *und* $X \in \mathfrak{B}$. *Wir sagen* $(X^{(n)})$ *konvergiert gleichmäßig stochastisch/gleichmäßig im* L^2/*gleichmäßig f.s. gegen* X, *wenn die Folge von Zufallsvariablen* $(X^{(n)} - X)_\infty^*$ *in der jeweiligen Konvergenzform* *gegen 0 konvergiert. Dagegen heißt $(X^{(n)})$ lokal gleichmäßig stochastisch/lokal gleichmäßig im L^2/lokal gleichmäßig f.s. konvergent gegen X, wenn für jedes $t \geq 0$ die Zufallsvariablen $(X^{(n)} - X)_t^*$ in der betreffenden Konvergenzform gegen 0 konvergieren.*

Bemerkung 4.3. *Sind $X^{(n)}$ und X Prozesse, so dass $X^{(n)} \to X$ lokal gleichmäßig stochastisch konvergiert, dann gibt es eine Nullmenge N und eine Teilfolge (n_k), so dass:*

$$(X^{(n_k)} - X)_t^*(\omega) \to 0$$

für $k \to \infty$ und für alle $\omega \notin N, t \in \mathbb{R}_+$. Mit anderen Worten: Eine Teilfolge konvergiert lokal gleichmäßig fast sicher. Insbesondere ist ein lokal gleichmäßiger stochastischer Limes einer Folge von Prozessen bis auf Nicht-Unterscheidbarkeit eindeutig bestimmt.

Beweis. Weil für Zufallsvariablen stochastische Konvergenz die fast sichere Konvergenz auf einer Teilfolge impliziert, wähle man für $l \in \mathbb{N}$ eine Teilfolge $(m_k^l)_{k \in \mathbb{N}}$ und eine Nullmenge N_l, so dass für $k \to \infty$ und $\omega \notin N_l$

$$(X^{(m_k^l)} - X)_l^*(\omega) \to 0$$

konvergiert. Dabei wähle man ohne Einschränkung stets $(m_k^{l+1})_{k \in \mathbb{N}}$ als Teilfolge von $(m_k^l)_{k \in \mathbb{N}}$. Man betrachte dann die Diagonalfolge $(m_k^k)_{k \in \mathbb{N}}$. Für diese gilt wegen der Monotonie des $*$-Prozesses für $\omega \notin N := \bigcup_{l \in \mathbb{N}} N_l$ und $t \geq 0$:

$$\lim_{k \to \infty} (X^{(m_k^k)} - X)_t^*(\omega) = 0$$

$\square$

Als Nächstes betrachten wir die folgenden Abbildungen von $\mathfrak{B}$ nach $\overline{\mathbb{R}}_+$. Für $t \in \mathbb{R}_+$ und $X \in \mathfrak{B}$ sei

$$\|X\|_{2,t} := \|X_t^*\|_2 \quad \text{und} \quad \|X\|_{2,\infty} := \|X_\infty^*\|_2.$$

Wie man leicht sieht beschreibt $\|\cdot\|_{2,\infty}$ die gleichmäßige L^2-Konvergenz und die $\|\cdot\|_{2,t}$ drücken die lokal gleichmäßige L^2-Konvergenz aus. Weiterhin untersuchen wir die Mengen

$$\mathfrak{C}^2 := \{X \in \mathfrak{C} \colon \|X\|_{2,\infty} < \infty\}$$

und

$$\mathfrak{C}^2_{loc} := \{X \in \mathfrak{C} \colon \|X\|_{2,t} < \infty \quad \forall t \in \mathbb{R}_+\}.$$

Offensichtlich gilt für $X, Y \in \mathfrak{B}$, $\lambda \in \mathbb{R}$ und $t \in \overline{\mathbb{R}}_+$

$$\|X + Y\|_{2,t} \leq \|X\|_{2,t} + \|Y\|_{2,t} \quad \text{und} \quad \|\lambda X\|_{2,t} = |\lambda| \, \|X\|_{2,t}.$$

Da wir nicht-unterscheidbare Prozesse identifizieren, wird $\mathfrak{C}^2$ mit $\|\cdot\|_{2,\infty}$ zu einem normierten Vektorraum. Darüber hinaus sind die $\|\cdot\|_{2,t}$ Halbnormen auf $\mathfrak{C}^2_{loc}$. Versehen wir $\mathfrak{C}^2_{loc}$ mit der durch diese Halbnormen erzeugten Topologie, so wird $\mathfrak{C}^2_{loc}$ zu einem topologischen Vektorraum. Der nächste Satz zeigt, dass diese Untervektorräume von $\mathfrak{C}$ sogar vollständig sind.

Satz 4.4. $\mathfrak{C}^2$ *und* $\mathfrak{C}^2_{loc}$ *sind vollständig.*

Beweis. Um die Vollständigkeit von $\mathfrak{C}^2$ einzusehen, argumentieren wir ähnlich zum bekannten Beweis des Satzes von Fischer-Riesz über die L^p-Vollständigkeit. Sei dazu $(X^{(n)})_{n \in \mathbb{N}} \subset \mathfrak{C}^2$ eine Cauchy-Folge. Da wir unter Umständen zu einer Teilfolge übergehen können, können wir annehmen, dass

$$\left\| X^{(n+1)} - X^{(n)} \right\|_{2,\infty} < 2^{-n}$$

für jedes $n \in \mathbb{N}$ gilt. Die Hölder-Ungleichung zeigt zunächst

$$\mathbb{E}\left(X^{(n+1)} - X^{(n)} \right)^{*}_{\infty} \leq \left\| X^{(n+1)} - X^{(n)} \right\|_{2,\infty}.$$

Daraus können wir mit dem Satz von der monotonen Konvergenz folgern

$$\mathbb{E}\Big(\sum_{n=1}^{\infty} \big(X^{(n+1)} - X^{(n)} \big)_{\infty}^{*} \Big) = \sum_{n=1}^{\infty} \mathbb{E}\Big(\big(X^{(n+1)} - X^{(n)} \big)_{\infty}^{*} \Big) \le 1.$$

Somit wissen wir, dass

$$N := \Big\{ \sum_{n=1}^{\infty} \big(X^{(n+1)} - X^{(n)} \big)_{\infty}^{*} = \infty \Big\}$$

eine Nullmenge ist. Sind dann $\omega \notin N$ und $t \in \mathbb{R}_+$, so gilt

$$\sum_{n=1}^{\infty} \Big| X_t^{(n+1)}(\omega) - X_t^{(n)}(\omega) \Big| < \infty.$$

Daher ist offensichtlich $X_t^{(n)}(\omega)$ eine Cauchy-Folge in $\mathbb{R}$ für solche ω und t. Wir definieren nun $t \in \mathbb{R}_+$

$$X_t(\omega) := \begin{cases} \lim\limits_{n \to \infty} X_t^{(n)}(\omega) & \text{für } \omega \notin N \\ 0 & \text{für } \omega \in N. \end{cases}$$

Da der zugrunde liegende Wahrscheinlichkeitsraum als standard-filtriert vorausgesetzt ist, folgt $N \in \mathcal{F}_t$ für jedes $t \ge 0$ und daraus die Adaptiertheit des soeben definierten Prozesses X. Für alle $n \in \mathbb{N}$ und $\omega \notin N$ gilt die folgende Ungleichung:

$$\begin{aligned} \big(X - X^{(n)} \big)_{\infty}^{*}(\omega) &= \sup_{t \in \mathbb{R}_+} \Big| X_t(\omega) - X_t^{(n)}(\omega) \Big| \\ &\le \sup_{t \in \mathbb{R}_+} \sum_{k=n}^{\infty} \Big| X_t^{(k+1)}(\omega) - X_t^{(k)}(\omega) \Big| \\ &\le \sum_{k=n}^{\infty} \big(X^{(k+1)} - X^{(k)} \big)_{\infty}^{*}(\omega). \end{aligned} \tag{4.1}$$

Dies zeigt einerseits, dass die Konvergenz $X_t^{(n)}(\omega) \to X_t(\omega)$ für $\omega \notin N$ gleichmäßig in $t \in \mathbb{R}_+$ stattfindet. Daher ist der Prozess X pfadweise stetig. Andererseits erkennt man durch (4.1) in Verbindung mit der Minkowski-Ungleichung

$$\left\| X - X^{(n)} \right\|_{2,\infty} \leq \left\| \sum_{k=n}^{\infty} \left(X^{(k+1)} - X^{(k)} \right)_\infty^* \right\|_2$$

$$\leq \sum_{k=n}^{\infty} \left\| X^{(k+1)} - X^{(k)} \right\|_{2,\infty} \leq \frac{1}{2^{n-1}}.$$

Somit ist $X \in \mathfrak{C}^2$ und die Konvergenz $X^{(n)} \to X$ findet in der $\| \cdot \|_{2,\infty}$-Norm statt. Also haben wir die Vollständigkeit von $\mathfrak{C}^2$ gezeigt.

Daraus folgern wir jetzt die zweite Aussage. Zunächst sieht man $\|Y\|_{2,t} = \|Y^t\|_{2,\infty}$ für $t \geq 0$ und $Y \in \mathfrak{B}$. Wobei Y^t der zur konstanten Stoppzeit t gestoppte Prozess ist. Sei jetzt $(X^{(n)})_{n\in\mathbb{N}} \subset \mathfrak{C}^2_{loc}$ eine Cauchy-Folge und $l \in \mathbb{N}$. Die nach Stoppung zum Zeitpunkt l hervorgehende Folge $(X^{(n)})^l$ ist eine Cauchy-Folge in $\mathfrak{C}^2$. Nach dem ersten Beweisteil besitzt sie einen Grenzwert in $\mathfrak{C}^2 \subset \mathfrak{C}^2_{loc}$, welchen wir $X_{(l)}$ nennen. Es sei $\tau_m := m \uparrow \infty$ eine Folge konstanter Stoppzeiten. Offenbar sind $(X_{(m)})^m$ und $(X_{(m+1)})^m$ beide Grenzwert der Folge $((X^{(n)})^m)_{n\in\mathbb{N}}$ in $\mathfrak{C}^2$ und daher nicht-unterscheidbar. Außerdem sind die Prozesse $X^{(n)}$ und $X_{(l)}$ für alle $n, l \in \mathbb{N}$ aus $\mathfrak{C}$ und damit nach Satz 1.11 progressiv messbar. Somit gibt es nach Satz 1.28 einen bis auf Nicht-Unterscheidbarkeit eindeutig bestimmten Prozess X, so dass X^m und $(X_{(m)})^m$ für jedes $m \in \mathbb{N}$ nicht-unterscheidbar sind. Aus dieser Eigenschaft folgt sofort, dass X adaptiert und stetig ist, sowie für jedes $m \in \mathbb{N}$

$$\left\| X^{(n)} - X \right\|_{2,m} \to 0$$

für $n \to \infty$. Dies zeigt, dass X in $\mathfrak{C}^2_{loc}$ liegt und dass $X^{(n)}$ im topologischen $\mathfrak{C}^2_{loc}$ gegen dieses X konvergiert. □

4.2 Quadratische Variation

Der nächste Satz gibt ein Kriterium an, wann ein lokales Martingal auch ein Martingal ist.

Satz 4.5. *Sei $X \in \mathfrak{M}$.*

1. *Genau dann ist X ein Martingal, wenn jede der Mengen*

$$\{X_\tau \mid \tau \ Stoppzeit \,, \tau \leq c\}$$

   für $c > 0$ gleichgradig integrierbar ist.

2. *X gehört genau dann der Klasse der L^2-Martingale an, wenn $X_t^* \in L^2(P)$ für jedes $t \geq 0$ gilt.*

Beweis.

1. Die Richtung " $\Rightarrow$ " folgt aus dem Optional Sampling Theorem (Satz 1.31).

   Für die Rückrichtung können wir zunächst die konstanten Stoppzeiten $\tau \equiv t$ für $t \in \mathbb{R}_+$ hernehmen. Daher wissen wir, dass die X_t, und damit insbesondere X_0, integrierbar sind. Aus diesem Grund gibt es eine lokalisierende Folge $\tau_n \uparrow \infty$ von Stoppzeiten, so dass X^{τ_n} für jedes $n \in \mathbb{N}$ ein Martingal ist. Seien $t \in \mathbb{R}_+$ und $\omega \in \Omega$ fest gewählt. Dann konvergiert $(X^{\tau_n})_t(\omega) \to X_t(\omega)$ für $n \to \infty$. Nach Voraussetzung ist aber $\{(X^{\tau_n})_t \colon n \in \mathbb{N}\} = \{X_{\tau_n \wedge t} \colon n \in \mathbb{N}\}$ gleichgradig integrierbar und damit findet nach dem Satz von Vitali die obige punktweise Konvergenz sogar im L^1 statt. Damit erfüllt X die Martingaleigenschaft nach Satz 1.30.

2. Zunächst sei X ein L^2-Martingal. Weiterhin sei $t \in \mathbb{R}_+$ fest und dafür X^t der durch die konstante Stoppzeit t gestoppte Prozess. Dann zeigt die Doobsche Maximal-Ungleichung (Satz 1.33) mit $\mathcal{T}_0 = \mathbb{Q}_+$

$$\|X_t^*\|_2 = \|(X^t)_\infty^*\|_2 \leq 2 \sup_{s \in \mathbb{Q}_+} \|X_{t \wedge s}\|_2 = 2\|X_t\|_2 < \infty.$$

Man beachte dazu, dass aufgrund der Jensenschen Ungleichung X^2 ein Submartingal ist, also steigende Erwartungswerte besitzt. Sei umgekehrt $X_t^* \in L^2$ für jedes $t \in \mathbb{R}_+$. Dann wird $\{X_\tau : \tau$ Stoppzeit $, \tau \leq c\}$ für $c > 0$ durch die quadratisch integrierbare Funktion X_c^* majorisiert und ist daher gleichgradig integrierbar. Damit haben wir X nach 1. als Martingal erkannt. Wegen $|X_t| \leq X_t^* \in L^2$ ist X darüber hinaus ein L^2-Martingal.

$\square$

Bemerkung 4.6.

1. *Durch Satz 4.5 wirkt es sehr erstaunlich, dass wir in Beispiel 7.11 mit Hilfe der Itô-Formel sogar einen gleichgradig integrierbaren Prozess aus $\mathfrak{M}$ herleiten werden, der kein Martingal ist.*

2. *Mit Satz 4.5 erkennt man, dass jedes beschränkte, stetige lokale Martingal X (d.h. $X \in \mathfrak{M}$ und $\exists C > 0$ mit $|X_t(\omega)| \leq C$ für alle $\omega \in \Omega$ und $t \in \mathbb{R}_+$) auch ein Martingal ist. Außerdem können wir für ein $X \in \mathfrak{M}_0$ stets die Stoppzeitenfolge*

$$\tau_n(\omega) := \inf\{t \in \mathbb{R}_+ : |X_t(\omega)| \geq n\} \uparrow \infty$$

als lokalisierende Stoppzeitenfolge für die Martingaleigenschaft wählen. Man beachte dazu, dass für einen Prozess X die Aussage $X \in \mathfrak{M}$ invariant unter Stoppung bleibt. Denn seien ohne Einschränkung $X \in \mathfrak{M}_0$ und τ eine Stoppzeit, sowie $\sigma_n \uparrow \infty$ eine lokalisierende Stoppzeitenfolge für die Martingaleigenschaft von X. Dann gilt mit dem Optional Sampling Theorem (Theorem 1.31), Satz 1.20/1., /3. und Satz 1.23/1.:

$$\mathbb{E}^{\mathcal{F}_s} X_{\tau \wedge \sigma_n \wedge t} = \mathbb{E}^{\mathcal{F}_s}\left(\mathbb{E}^{\mathcal{F}_\tau} X_{\tau \wedge \sigma_n \wedge t}\right) = \mathbb{E}^{\mathcal{F}_{\tau \wedge s}} X_{\tau \wedge \sigma_n \wedge t} = X_{\tau \wedge \sigma_n \wedge s}.$$

Also ist σ_n auch eine lokalisierende Stoppzeitenfolge für die Martingaleigenschaft von X^τ.

Um die quadratische Variation zu definieren, brauchen wir einen Hilfsprozess, den wir im Folgenden festlegen wollen. Dazu zunächst einige Bezeichnungen. Sei $\mathfrak{Z} = \{t_0 = 0, \ldots, t_r\}$ eine Zerlegung des Intervalls $[0, t_r]$. Für $t > 0$ sei

$$n = n(t) := \max\{k \in \{0, \ldots, r\} \mid t_k < t\}$$

und damit

$$\mathfrak{Z}(t) := \{t_0, \ldots, t_n, t\}$$

die von $\mathfrak{Z}$ induzierte Zerlegung von $[0, t]$. Zu $X \in \mathfrak{C}$ und $\mathfrak{Z}$ einer Zerlegung, wie oben, sei

$$[X]_{\mathfrak{Z}} := \sum_{k=1}^{r} (X_{t_k} - X_{t_{k-1}})^2.$$

Definition 4.7. *Sei* $\mathfrak{Z} = \{t_0 = 0, \ldots, t_r\}$ *eine Zerlegung und* $X \in \mathfrak{C}$ *ein stetiger Prozess, dann sei die quadratische Prävariation von* X *bezüglich* $\mathfrak{Z}$ *gegeben durch den stetigen Prozess*

$$T_{\mathfrak{Z}}X := ([X]_{\mathfrak{Z}(t)})_{t \in \mathbb{R}_+} = \left(\sum_{k=1}^{n(t)} (X_{t_k} - X_{t_{k-1}})^2 + (X_t - X_{t_{n(t)}})^2 \right)_{t \in \mathbb{R}_+}$$

mit $[X]_{\mathfrak{Z}(0)} := 0.$

Die anschließenden Lemmata führen nun Schritt für Schritt von der quadratischen Prävariation zur quadratischen Variation.

Lemma 4.8. *Für ein stetiges* L^2-*Martingal* X, *ist* $(X_t^2 - [X]_{\mathfrak{Z}(t)})_{t \in \mathbb{R}_+}$ *ein Martingal für jede Zerlegung* $\mathfrak{Z}$.

Beweis. Seien $s \leq u \leq v$ aus $\mathbb{R}_+$. Dann ermöglicht die Martingaleigenschaft von X folgende Gleichung:

$$\mathbb{E}^{\mathcal{F}_s}\left(X_v - X_u\right)^2 = \mathbb{E}^{\mathcal{F}_s}\left\{\mathbb{E}^{\mathcal{F}_u}\left(X_v^2 - 2X_uX_v + X_u^2\right)\right\}$$

$$= \mathbb{E}^{\mathcal{F}_s}\left(\mathbb{E}^{\mathcal{F}_u}X_v^2 - X_u^2\right)$$

$$= \mathbb{E}^{\mathcal{F}_s}\left(X_v^2 - X_u^2\right). \tag{4.2}$$

Seien jetzt $s \le t$ aus $\mathbb{R}_+$ und dazu $n := n(s) \le m := n(t)$. Für $n = m$, gilt $t_n < s \le t$ und $t \le t_{n+1}$, falls $n < r$. Damit haben wir

$$
\begin{aligned}
\mathbb{E}^{\mathcal{F}_s}\Big([X]_{3(t)} - [X]_{3(s)}\Big) &= \mathbb{E}^{\mathcal{F}_s}\Big((X_t - X_{t_n})^2 - (X_s - X_{t_n})^2\Big) \\
&= \mathbb{E}^{\mathcal{F}_s}\Big((X_t - X_s)^2 + 2(X_t - X_s)(X_s - X_{t_n})\Big) \\
&= \mathbb{E}^{\mathcal{F}_s}\Big(X_t^2 - X_s^2\Big) + 2(X_s - X_{t_n})\mathbb{E}^{\mathcal{F}_s}\Big(X_t - X_s\Big) \\
&= \mathbb{E}^{\mathcal{F}_s}\Big(X_t^2 - X_s^2\Big).
\end{aligned}
$$

Dabei folgt die zweite Gleichung durch einfaches Ausmultiplizieren, die Dritte mit (4.2) und die Letzte aufgrund der Martingaleigenschaft von X. Im Fall $n < m$ gilt $t_n < s \le t_{n+1} < \ldots < t_m < t$ und $t \le t_{m+1}$, falls $m < r$. Somit folgt ähnlich

$$
\begin{aligned}
\mathbb{E}^{\mathcal{F}_s}&\Big([X]_{3(t)} - [X]_{3(s)}\Big) \\
&= \mathbb{E}^{\mathcal{F}_s}\Big\{(X_t - X_{t_m})^2 + (X_{t_m} - X_{t_{m-1}})^2 + \ldots \\
&\qquad \ldots + (X_{t_{n+1}} - X_{t_n})^2 - (X_s - X_{t_n})^2\Big\} \\
&= \mathbb{E}^{\mathcal{F}_s}\Big\{(X_t - X_{t_m})^2 + (X_{t_m} - X_{t_{m-1}})^2 + \ldots \\
&\qquad \ldots + (X_{t_{n+1}} - X_s)^2 + 2(X_{t_{n+1}} - X_s)(X_s - X_{t_n})\Big\} \\
&= \mathbb{E}^{\mathcal{F}_s}X_t^2 - \mathbb{E}^{\mathcal{F}_s}X_{t_m}^2 + \mathbb{E}^{\mathcal{F}_s}X_{t_m}^2 - \mathbb{E}^{\mathcal{F}_s}X_{t_{m-1}}^2 \pm \ldots \\
&\qquad \ldots - X_s^2 + 2(X_s - X_{t_n})\mathbb{E}^{\mathcal{F}_s}\Big(X_{t_{n+1}} - X_s\Big) \\
&= \mathbb{E}^{\mathcal{F}_s}(X_t^2) - X_s^2.
\end{aligned}
$$

Die vorletzte Gleichung folgt hier wieder aus (4.2) und die Letzte mit der Martingaleigenschaft von X. D.h. in jedem Fall gilt für $s \le t$

$$
\mathbb{E}^{\mathcal{F}_s}\Big(X_t^2 - [X]_{3(t)}\Big) = X_s^2 - [X]_{3(s)}.
$$

Da X als L^2-Martingal vorausgesetzt war, ist der Prozess $(X_t^2 - [X]_{3(t)})_{t \in \mathbb{R}_+}$ offensichtlich adaptiert und integrierbar, also ein Martingal. $\qquad\square$

Lemma 4.9. *Sei* $X \in \mathfrak{M}$ *und* $c > 0$ *so, dass* $|X| \leq c$. *Dann gilt für jede Zerlegung* $\mathfrak{Z}$

$$\mathbb{E}[X]_3 \leq c^2 \quad und \quad \mathbb{E}[X]_3^2 \leq 8c^4.$$

Beweis. Sei $\mathfrak{Z} = \{t_0 = 0, \ldots, t_r\}$ eine Zerlegung. Zur einfacheren Notation setzen wir $Y_t := [X]_{\mathfrak{Z}(t)}$. Nach Satz 4.5 ist X ein L^2-Martingal und daher erkennen wir $X^2 - Y$ als ein Martingal mit Lemma 4.8. Wegen $Y_0 = 0$ gilt $\mathbb{E}(X_t^2 - Y_t) = \mathbb{E}X_0^2$ für jedes $t \in \mathbb{R}_+$ und somit folgt

$$\mathbb{E}[X]_3 = \mathbb{E}Y_{t_r} = \mathbb{E}X_{t_r}^2 - \mathbb{E}X_0^2 \leq c^2. \tag{4.3}$$

Für die weitere Betrachtung formen wir zunächst $Y_{t_r}^2$ um:

$$Y_{t_r}^2 = \left(\sum_{k=1}^{r} (X_{t_k} - X_{t_{k-1}})^2 \right)^2$$

$$= \sum_{k=1}^{r} (X_{t_k} - X_{t_{k-1}})^4 + 2 \sum_{k=1}^{r-1} (X_{t_k} - X_{t_{k-1}})^2 [(X_{t_{k+1}} - X_{t_k})^2 + \ldots$$

$$\ldots + (X_{t_r} - X_{t_{r-1}})^2]$$

$$= \sum_{k=1}^{r} (X_{t_k} - X_{t_{k-1}})^4 + 2 \sum_{k=1}^{r-1} (X_{t_k} - X_{t_{k-1}})^2 (Y_{t_r} - Y_{t_k}).$$

Als Nächstes können wir aus Lemma 4.8 schließen, dass

$$\mathbb{E}^{\mathcal{F}_{t_k}} \left[(X_{t_k} - X_{t_{k-1}})^2 (Y_{t_r} - Y_{t_k}) \right] = (X_{t_k} - X_{t_{k-1}})^2 \mathbb{E}^{\mathcal{F}_{t_k}} \left(Y_{t_r} - Y_{t_k} \right)$$

$$= (X_{t_k} - X_{t_{k-1}})^2 \mathbb{E}^{\mathcal{F}_{t_k}} \left(X_{t_r}^2 - X_{t_k}^2 \right)$$

$$= \mathbb{E}^{\mathcal{F}_{t_k}} \left[(X_{t_k} - X_{t_{k-1}})^2 (X_{t_r}^2 - X_{t_k}^2) \right],$$

für jedes $k \in \{1, \ldots, r\}$ gilt. Hiermit und mit der Abschätzung aus (4.3) folgt die gewünschte Ungleichung:

$$\mathbb{E}Y_{t_r}^2 \leq \mathbb{E}\Big[(\max_{k \in \{1,\ldots,r\}} (X_{t_k} - X_{t_{k-1}})^2) Y_{t_r} \Big]$$

$$+ 2\mathbb{E}\Big\{ \sum_{k=1}^{r-1} \mathbb{E}^{\mathcal{F}_{t_k}} \Big[(X_{t_k} - X_{t_{k-1}})^2 (Y_{t_r} - Y_{t_k}) \Big] \Big\}$$

$$\leq 4c^2 \mathbb{E}Y_{t_r} + 2\mathbb{E}\Big\{ \sum_{k=1}^{r-1} \Big[(X_{t_k} - X_{t_{k-1}})^2 (X_{t_r}^2 - X_{t_k}^2) \Big] \Big\}$$

$$\leq 4c^2 \mathbb{E}Y_{t_r} + 2\mathbb{E}\Big[(\max_{k \in \{1,\ldots,r\}} |X_{t_r}^2 - X_{t_k}^2|) Y_{t_r} \Big]$$

$$\leq 4c^2 \mathbb{E}Y_{t_r} + 4c^2 \mathbb{E}Y_{t_r} \leq 8c^4.$$

$\square$

In Lemma 4.10 haben wir Zerlegungen $\tilde{\mathfrak{Z}}$ und $\mathfrak{Z}$ gegeben. In dieser Situation heißt $\tilde{\mathfrak{Z}}$ eine Verfeinerung von $\mathfrak{Z}$ genau dann, wenn $\mathfrak{Z} \subset \tilde{\mathfrak{Z}}$. Weiterhin heißt ein Prozess im Folgenden beschränkt, wenn er punktweise beschränkt ist für alle $(t, \omega) \in \mathbb{R}_+ \times \Omega$.

Lemma 4.10. *Sei* $X \in \mathfrak{M}$ *beschränkt und* $t \in \mathbb{R}_+$. *Dann gilt für Zerlegungen von* $[0, t]$

$$\lim_{|\mathfrak{Z}| \to 0} \sup \Big\{ \mathbb{E}[T_{\mathfrak{Z}}X]_{\tilde{\mathfrak{Z}}} : \tilde{\mathfrak{Z}} \text{ Verfeinerung von } \mathfrak{Z} \Big\} = 0.$$

Beweis. Sei zunächst $\mathfrak{Z} = \{0 = t_0, \ldots, t_r = t\}$ eine Zerlegung von $[0, t]$ und $\tilde{\mathfrak{Z}} = \{0 = s_0, \ldots, s_n = t\}$ eine Verfeinerung von $\mathfrak{Z}$. Dann gibt es zu jedem $k \in \{1, \ldots, n\}$ genau ein $l \in \{1, \ldots, r\}$, so dass

$$t_{l-1} \leq s_{k-1} < s_k \leq t_l$$

richtig ist. Zur einfacheren Notation setzen wir wieder $Y' := T_{\mathfrak{Z}}X$. Durch ausmultiplizieren folgt:

$$Y_{s_k} - Y_{s_{k-1}} = (X_{s_k} - X_{t_{l-1}})^2 - (X_{s_{k-1}} - X_{t_{l-1}})^2$$
$$= (X_{s_k} - X_{s_{k-1}})(X_{s_k} + X_{s_{k-1}} - 2X_{t_{l-1}}).$$

Damit ergibt sich die Abschätzung

$$[Y]_{\tilde{3}} \leq \max_{1 \leq k \leq n} (X_{s_k} + X_{s_{k-1}} - 2X_{t_{l-1}})^2 [X]_{\tilde{3}}. \qquad (4.4)$$

Wir betrachten als Nächstes für eine Zerlegung 3 und einer Verfeinerung $\tilde{3}$, wie oben, die Funktionen

$$h(3, \tilde{3})(\omega) := \max_{1 \leq k \leq n} (X_{s_k}(\omega) + X_{s_{k-1}}(\omega) - 2X_{t_{l-1}}(\omega))^2$$

und

$$g(3)(\omega) := \sup\{h(3, \tilde{3})(\omega) \colon \tilde{3} \text{ Verfeinerung von } 3\}.$$

$g(3)$ ist messbar in ω, denn aufgrund der Stetigkeit des Prozesses X können wir uns bei der Bildung des Supremums auf die abzählbar vielen Verfeinerungen, bei denen die zusätzlichen Punkte aus $\mathbb{Q}_+$ sind, zurückziehen. Sei nun $c > 0$ mit $|X| \leq c$. Wegen der gleichmäßigen Stetigkeit von $X_\bullet(\omega)$ auf $[0, t]$ geht $g(3)$ für $|3| \to 0$ punktweise und durch $16c^2$ dominiert gegen 0. Der Satz von der dominierten Konvergenz liefert daraus

$$\mathbb{E}(g(3))^2 \to 0 \quad \text{für } |3| \to 0.$$

Schließlich ergibt sich folgende Abschätzung aus der Hölderschen Ungleichung und der Abschätzung in (4.4)

$$\mathbb{E}[T_3 X]_{\tilde{3}} = \mathbb{E}[Y]_{\tilde{3}} \leq (\mathbb{E}(g(3)^2))^{\frac{1}{2}}(\mathbb{E}([X]_{\tilde{3}}^2))^{\frac{1}{2}} \leq (8c^4)^{\frac{1}{2}}(\mathbb{E}(g(3)^2))^{\frac{1}{2}}.$$

Die letzte Ungleichung folgt dabei aus Lemma 4.9, wonach $\mathbb{E}[X]_{\tilde{3}}^2 \leq 8c^4$. Also geht $\mathbb{E}[T_3 X]_{\tilde{3}}$ unabhängig von der Verfeinerung $\tilde{3}$ für $|3| \to 0$ gegen 0. $\qquad \square$

Im folgenden Lemma bezeichnet $\mathfrak{Z}_n$ eine Folge von Zerlegungen mit Punkten $0 = t_0^{(n)} < \ldots < t_{r_n}^{(n)}$, für die $t_{r_n}^{(n)} \uparrow \infty$ und $|\mathfrak{Z}_n| \to 0$ gilt.

Lemma 4.11. *Sei $X \in \mathfrak{M}$ beschränkt und $\mathfrak{Z}_n$ eine Folge von Zerlegungen wie eben beschrieben. Dann ist $(T_{\mathfrak{Z}_n} X)_{n \in \mathbb{N}}$ eine Cauchy-Folge in $\mathfrak{C}_{loc}^2$.*

Beweis. Sei $\mathfrak{Z} = \{0 = t_0, \ldots, t_r\}$ eine beliebige Zerlegung und $c > 0$ mit $|X| \leq c$. Dann gilt für ein beliebiges $t \in \mathbb{R}_+$

$$\sup_{s \leq t} [X]_{\mathfrak{Z}(s)} \leq 4(r+1)(X_t^*)^2 \leq 4(r+1)c^2$$

und damit $T_{\mathfrak{Z}} X \in \mathfrak{C}_{loc}^2$. Für eine einfachere Notation sei im Folgenden $Y^{(n)} := T_{\mathfrak{Z}_n} X$. Außerdem sei $t > 0$ fixiert. Wir haben zu zeigen, dass $\|Y^{(n)} - Y^{(m)}\|_{2,t}$ für große n, m beliebig klein wird. Zunächst seien $n, m \in \mathbb{N}$ fest und $\mathfrak{Z}_{n,m}$ sei eine gemeinsame Verfeinerung von $\mathfrak{Z}_n(t)$ und $\mathfrak{Z}_m(t)$. Wegen der Beschränktheit von X, ist X nach Satz 4.5 sogar ein L^2-Martingal. Folglich erkennt man $Y^{(n)} - Y^{(m)}$ als Differenz zweier Martingale wieder als Martingal nach der Definition der $Y^{(n)}$ und Lemma 4.8. Aber gemäß $Y^{(n)} - Y^{(m)} \in \mathfrak{C}_{loc}^2$ ist dieses Martingal L^2-wertig. Eine weitere Anwendung von Lemma 4.8 identifiziert

$$\left(Y^{(n)} - Y^{(m)} \right)^2 - T_{\mathfrak{Z}_{n,m}} \left(Y^{(n)} - Y^{(m)} \right) \tag{4.5}$$

als ein Martingal, welches zum Zeitpunkt 0 verschwindet, also Erwartungswert 0 hat. Es ergibt sich nun folgende Abschätzung:

$$\left\| Y^{(n)} - Y^{(m)} \right\|_{2,t}^2 \leq 4\mathbb{E}\left(Y_t^{(n)} - Y_t^{(m)} \right)^2 = 4\mathbb{E}\left[Y^{(n)} - Y^{(m)} \right]_{\mathfrak{Z}_{n,m}(t)}$$

$$\leq 8\mathbb{E}\left(\left[Y^{(n)} \right]_{\mathfrak{Z}_{n,m}(t)} + \left[Y^{(m)} \right]_{\mathfrak{Z}_{n,m}(t)} \right). \tag{4.6}$$

Die erste Ungleichung folgt dabei aus der Doobschen Maximal-Ungleichung (Satz 1.33) und der Tatsache, dass wenn M ein L^2-Martingal ist, M^2 wegen der Jensenschen Ungleichung als Submartingal steigende Erwartungswerte besitzt. Die Gleichung in (4.6) trifft zu, da das in (4.5) ermittelte Martingal Erwartungswert 0 hat. Die letzte Ungleichung ist eine Folge der Ungleichung $(a - b)^2 \leq 2(a^2 + b^2)$ für reelle Zahlen a und b angewendet auf jeden Summanden der Zerlegungssumme.

Nach Lemma 4.10 geht aber $\mathbb{E}[Y^{(n)}]_{\mathfrak{Z}_{n,m}(t)}$ für $n \to \infty$ gleichmäßig in $m \in \mathbb{N}$ gegen 0. Analog geht $\mathbb{E}[Y^{(m)}]_{\mathfrak{Z}_{n,m}(t)}$ gleichmäßig in $n \in \mathbb{N}$ gegen 0 für $m \to \infty$. Dies zeigt die Behauptung, da $t > 0$ beliebig war. $\qquad\Box$

Satz 4.4 zeigte, dass der Vektorraum $\mathfrak{C}^2_{loc}$ vollständig ist. Folglich existiert nach dem gerade bewiesenen Lemma für beschränktes $X \in \mathfrak{M}$ und Zerlegungsfolgen $\mathfrak{Z}_n$, wie oben beschrieben, ein Grenzwert der Folge $(T_{\mathfrak{Z}_n} X)_{n \in \mathbb{N}}$ in $\mathfrak{C}^2_{loc}$. Diesen Prozess bezeichnen wir mit $[X]$. Für ihn gilt folgendes Lemma, welches dann zur Charakterisierung der quadratischen Variation führt.

Lemma 4.12. *Sei $X \in \mathfrak{M}$ beschränkt. Dann ist $[X]$ ein stetiger pfadweise wachsender Prozess mit $[X]_0 = 0$ und unabhängig von der approximierenden Zerlegungsfolge $(\mathfrak{Z}_n)_{n \in \mathbb{N}}$. Außerdem hat $[X]$ als einziger Prozess aus $\mathfrak{A}_0$ die Eigenschaft, dass $X^2 - [X]$ ein Martingal ist.*

Beweis. Pfadweise Stetigkeit von $[X]$ ist als Element von $\mathfrak{C}^2_{loc}$ klar. Daher weisen wir zunächst die pfadweise Monotonie von $[X]$ nach. Seien dazu $0 < s < t$ und $\mathfrak{Z}_n$ eine Zerlegungsfolge wie in Lemma 4.11. Dafür seien $m_n := \max\{k \in \{0, \ldots, r_n\} : t_k^{(n)} < s\}$ und $s_n := \max\{k \in \{0, \ldots, r_n\} : t_k^{(n)} < t\}$. Dann gilt:

$$[X]_{\mathfrak{Z}_n(t)} - [X]_{\mathfrak{Z}_n(s)} = (X_t - X_{t_{s_n}})^2 + (X_{t_{s_n}} - X_{t_{s_n-1}})^2 + \ldots$$
$$\ldots + (X_{t_{m_n+1}} - X_{t_{m_n}})^2 - (X_s - X_{t_{m_n}})^2.$$

Definieren wir:

$$V_n := (X_t - X_{t_{s_n}})^2 + (X_{t_{s_n}} - X_{t_{s_n-1}})^2 + \ldots + (X_{t_{m_n+1}} - X_{t_{m_n}})^2$$

$$W_n := (X_s - X_{t_{m_n}})^2,$$

so gilt $V_n \geq 0$ und $W_n \geq 0$ für jedes $n \in \mathbb{N}$. Außerdem konvergiert $V_n - W_n \to [X]_t - [X]_s$ im L^2 und daher auf einer Teilfolge fast sicher. Darüber hinaus konvergiert aber $t_{m_n} \to s$ wegen $|\mathfrak{Z}_n(t)| \to 0$, so dass aufgrund der Stetigkeit von X

$$W_n \to 0$$

punktweise für $n \to \infty$ gilt. Insgesamt haben wir also $[X]_t - [X]_s \geq 0$ außerhalb einer Nullmenge $N_{s,t}$. Sei nun $\omega \notin \bigcup_{s,t\in\mathbb{Q}_+ : \, s<t} N_{s,t}$. Dann erkennt man $[X]_\bullet(\omega)$ als wachsend auf $\mathbb{Q}_+$ und somit wegen der Stetigkeit als wachsend auf ganz $\mathbb{R}_+$. Weil $[X]$ als Element von $\mathfrak{C}^2_{loc}$ nur bis auf Nicht-Unterscheidbarkeit festgelegt ist, folgt die pfadweise Monotonie von $[X]$.

Nach Lemma 4.8 sind die Prozesse $X^2 - T_{\mathfrak{Z}_n} X$ Martingale. Weiterhin konvergiert nach der Definition von $[X]$

$$X_t^2 - (T_{\mathfrak{Z}_n}X)_t \to X_t^2 - [X]_t$$

für jedes $t \in \mathbb{R}_+$ im L^2. Daher ist $X^2 - [X]$ ein Martingal nach Satz 1.30.

Sei jetzt $[X]'$ ein ebensolcher Prozess, der als Grenzwert der Folge $(T_{\mathfrak{Z}'_n}X)_{n\in\mathbb{N}}$ mit einer anderen Zerlegungsfolge $\mathfrak{Z}'_n$ in $\mathfrak{C}^2_{loc}$ entsteht. Dann würde die gleiche Herleitung zeigen, dass auch $[X]'$ pfadweise monoton steigt und $X^2 - [X]'$ ein Martingal ist. Dies ergibt insgesamt

$$[X] - [X]' = X^2 - [X]' - (X^2 - [X]) \in \mathfrak{A}_0 \cap \mathfrak{M}. \qquad (4.7)$$

Denn wegen $(T_{\mathfrak{Z}_n}X)_0 = 0$ für alle $n \in \mathbb{N}$ und fast sicherer Konvergenz auf einer Teilfolge gegen $[X]_0$ ist $[X]_0 = 0$ fast sicher. Gleiches gilt für $[X]'$. Satz 3.7 liefert daraus $[X] = [X]'$.

Analog wie in (4.7) sieht man, dass $[X]$ der einzige Prozess in $\mathfrak{A}_0$ ist, für den sich $X^2 - [X]$ als ein Martingal erweist. $\qquad\qquad\square$

Im nächsten Satz wird die definierende Eigenschaft der quadratischen Variation angegeben.

Satz 4.13. *Sei* $X \in \mathfrak{M}$. *Dann gibt es genau einen Prozess* $[X] \in \mathfrak{A}_0$ *für den* $X^2 - [X] \in \mathfrak{M}$ *gilt. Ist* $\mathfrak{Z}_n = \{t_0^{(n)} = 0, \ldots, t_{r_n}^{(n)}\}$ *eine Folge von Zerlegungen mit* $t_{r_n}^{(n)} \uparrow \infty$ *und* $|\mathfrak{Z}_n| \to 0$, *dann konvergiert* $T_{\mathfrak{Z}_n} X \to [X]$ *lokal gleichmäßig stochastisch für* $n \to \infty$.

Beweis. Aus Satz 3.7 folgt analog wie im Beweis von Lemma 4.12 die Eindeutigkeit des Prozesses $[X]$.

Falls $X \in \mathfrak{M}$ beschränkt ist, so besitzt der vor Lemma 4.12 definierte Prozess $[X]$ die gewünschten Eigenschaften. Sei nun $X \in \mathfrak{M}$ beliebig. Nach Satz 3.3/4. gibt es eine Folge $\tau_l \uparrow \infty$ von Stoppzeiten, so dass

$$X^{(l)} := X^{\tau_l} 1_{\{\tau_l > 0\}}$$

für jedes $l \in \mathbb{N}$ ein beschränktes Martingal ist. Im Folgenden betrachten wir den Prozess:

$$\left(X^{(l)}\right)^2 - \left[X^{(l+1)}\right]^{\tau_l} 1_{\{\tau_l > 0\}}$$

$$= \left(\left(X^{\tau_{l+1}} 1_{\{\tau_{l+1} > 0\}}\right)^2\right)^{\tau_l} 1_{\{\tau_l > 0\}} - \left[X^{(l+1)}\right]^{\tau_l} 1_{\{\tau_l > 0\}}$$

$$= \left\{\left(X^{\tau_{l+1}} 1_{\{\tau_{l+1} > 0\}}\right)^2 - \left[X^{(l+1)}\right]\right\}^{\tau_l} 1_{\{\tau_l > 0\}}. \quad (4.8)$$

Nach Korollar 1.32 ist die Eigenschaft ein rechtsstetiges Martingal zu sein stopp-invariant. Wegen $\{\tau_l > 0\} \in \mathcal{F}_0$ erkennt man den Prozess aus (4.8) als ein stetiges Martingal. $[X^{(l)}]$ ist nach Lemma 4.12 für jedes $l \in \mathbb{N}$ bis auf Nicht-Unterscheidbarkeit eindeutig bestimmt. Folglich zeigt (4.8) und die Eigenschaft $[X^{(l+1)}]^{\tau_l} 1_{\{\tau_l > 0\}} \in \mathfrak{A}_0$ mit Lemma 4.12, dass für jedes $l \in \mathbb{N}$ eine Nullmenge N_l existiert außerhalb derer

$$[X^{(l+1)}]^{\tau_l} 1_{\{\tau_l > 0\}} = [X^{(l)}] \quad (4.9)$$

gilt. Damit ist die folgende Definition wohlgegeben:

$$[X]_t(\omega) := \begin{cases} \lim_{l \to \infty} [X^{(l)}]_t(\omega), & \text{falls } \omega \notin \bigcup_{l \in \mathbb{N}} N_l \\ 0, & \text{sonst.} \end{cases} \quad (4.10)$$

Denn mit (4.9) sieht man, dass

$$[X]_t = [X^{(l)}]_t$$

auf $\{t \leq \tau_l\} \cap (\bigcup_{l \in \mathbb{N}} N_l)^C$ gilt. Diese Eigenschaft zeigt weiter, dass damit ein stetiger wachsender Prozess aus $\mathfrak{A}_0$ definiert wird. Man sieht außerdem mit (4.9) und der Definition in (4.10), dass

$$[X]^{\tau_l} 1_{\{\tau_l > 0\}} = [X^{(l)}] \qquad (4.11)$$

für jedes $l \in \mathbb{N}$ bis auf Nicht-Unterscheidbarkeit gilt. Wir definieren als Nächstes $\sigma_k \colon \Omega \to \overline{\mathbb{R}}_+$ durch

$$\sigma_k(\omega) := \inf\{t \in \mathbb{R}_+ \colon [X]_t(\omega) \geq k\}$$

für $k \in \mathbb{N}$. Nach Satz 1.16/4. ist dies eine Folge $\sigma_k \uparrow \infty$ von Stoppzeit mit $\sigma_k(\omega) > 0$ für alle $\omega \in \Omega$ und $k \in \mathbb{N}$. Um die Existenzaussage zu vervollständigen, betrachten wir die Folge

$$\rho_m := \tau_m \wedge \sigma_m \uparrow \infty$$

von Stoppzeiten. Dann gilt

$$(X^2 - [X])^{\rho_m} 1_{\{\rho_m > 0\}} = ((X^{\tau_m} 1_{\{\tau_m > 0\}})^2)^{\sigma_m} - ([X]^{\sigma_m})^{\tau_m} 1_{\{\tau_m > 0\}}$$
$$= ((X^{(m)})^2 - [X^{(m)}])^{\sigma_m}$$

Die zweite Gleichung folgt dabei aus (4.11). Der mittlere Term zeigt, dass der betrachtete Prozess für jedes $m \in \mathbb{N}$ beschränkt ist. Aus dem letzten Term sieht man, wieder mit Korollar 1.32 und Lemma 4.12, dass es sich hierbei um ein Martingal handelt. Wenden wir nun noch einmal Satz 3.3/4. an, so sehen wir $X^2 - [X] \in \mathfrak{M}$, was die Existenzaussage zeigt.

Um schließlich die Konvergenzaussage nachzuweisen, sei $\mathfrak{Z}_n$ eine Zerlegungsfolge wie in der Behauptung. Nach Lemma 4.11 und der darauf folgenden Festlegung konvergiert für jedes $l \in \mathbb{N}$

$$T_{\mathfrak{Z}_n} X^{(l)} \to [X^{(l)}]$$

lokal gleichmäßig stochastisch für $n \to \infty$. Mit der Definition der quadratischen Prävariation und der $X^{(l)}$ erkennt man

$$T_{3_n} X^{(l)} = \mathbf{1}_{\{\tau_l > 0\}} (T_{3_n} X)^{\tau_l}. \tag{4.12}$$

Seien jetzt $t \in \mathbb{R}_+$, $\delta > 0$ und $n, l \in \mathbb{N}$. Dann gilt folgende Mengeninklusion:

$$\{(T_{3_n} X - [X])_t^* > \delta\}$$
$$\subset \{((T_{3_n} X - [X])^{\tau_l})_t^* \mathbf{1}_{\{\tau_l > 0\}} > \delta\} \cup \{t > \tau_l\} \cup \{\tau_l = 0\}$$
$$= \{(T_{3_n} X^{(l)} - [X^{(l)}])_t^* > \delta\} \cup \{t > \tau_l\} \cup \{\tau_l = 0\}.$$

Dabei folgt die letzte Gleichung mit (4.11) und (4.12). Somit gilt:

$$P(\{(T_{3_n} X - [X])_t^* > \delta\}) \leq P(\{(T_{3_n} X^{(l)} - [X^{(l)}])_t^* > \delta\})$$
$$+ P(\{t > \tau_l\}) + P(\{\tau_l = 0\}).$$

Wegen $\tau_l \uparrow \infty$ gehen für $l \to \infty$ die letzten beiden Summanden gegen 0. Am Anfang dieses Beweisteils haben wir bemerkt, dass $T_{3_n} X^{(l)} \to [X^{(l)}]$ für jedes $l \in \mathbb{N}$ und für $n \to \infty$ lokal gleichmäßig stochastisch konvergiert. Daher geht der erste Summand für alle $l \in \mathbb{N}$ und für $n \to \infty$ gegen 0. Das zeigt insgesamt die behauptete lokal gleichmäßige stochastische Konvergenz. $\square$

Mit diesem Satz können wir jetzt die quadratische Variation definieren.

Definition 4.14. *Der nach Satz 4.13 für $X \in \mathfrak{M}$ eindeutig bestimmte Prozess $[X] \in \mathfrak{A}_0$ mit $X^2 - [X] \in \mathfrak{M}$ heißt die quadratische Variation von X.*

Bemerkung 4.15. *Die Existenzaussage von Satz 4.13 könnte auch lauten: Für ein $X \in \mathfrak{M}$ ist der Prozess X^2 ein stetiges Semimartingal und die quadratische Variation von X ist der eindeutig bestimmte rektifizierbare Anteil der Doob-Meyer-Zerlegung von X^2 aus $\mathfrak{A}_0$.*

4.3 Eigenschaften der quadratischen Variation

Der nächste Satz charakterisiert L^2-Martingale anhand ihrer quadratischen Variation und stellt ein Analogon zu Lemma 4.8 dar.

Satz 4.16. *Sei $X \in \mathfrak{M}$ und $X_0 \in L^2(P)$. Dann ist X ein L^2-Martingal genau dann, wenn $\mathbb{E}[X]_t < \infty$ für jedes $t \in \mathbb{R}_+$ gilt. In diesem Fall bildet $X^2 - [X]$ ein Martingal und für $s \leq t$ aus $\mathbb{R}_+$ gelten folgende Gleichungen:*

$$\mathbb{E}^{\mathcal{F}_s}\left(X_t - X_s\right)^2 = \mathbb{E}^{\mathcal{F}_s} X_t^2 - X_s^2 = \mathbb{E}^{\mathcal{F}_s}[X]_t - [X]_s. \qquad (4.13)$$

Beweis. Weil $X_0 \in L^2$ gilt, gehört X genau dann der Klasse der L^2-Martingale an, wenn $X - X_0$ schon ein L^2-Martingal ist. In diesem Fall erkennt man auch $X_0^2 - 2XX_0$ als ein Martingal und daher ist $X^2 - [X]$ ein Martingal genau dann, wenn dies auch für

$$(X - X_0)^2 - [X] = (X - X_0)^2 - [X - X_0]$$

gilt. (Man beachte dabei, dass der Übergang $X \to X - X_0$ die quadratischen Prävariationen nicht ändert. Dies überträgt sich mit der Konvergenzaussage aus Satz 4.13 auf die quadratischen Variationen.) Somit können wir im Folgenden $X_0 = 0$ annehmen. Wegen $X \in \mathfrak{M}_0$ gibt es eine Folge $\sigma_n \uparrow \infty$ von Stoppzeiten so, dass X^{σ_n} Martingale sind. Stoppen wir diese Martingale dann mit den Stoppzeiten $\rho_n := \inf\{t \in \mathbb{R}_+ : |X_t| \geq n\} \uparrow \infty$ (nach Satz 1.16/2.), so sieht man mit Korollar 1.32, dass X^{τ_n} beschränkte Martingale sind für die Folge von Stoppzeiten $\tau_n := \rho_n \wedge \sigma_n \uparrow \infty$. Für eine beliebige Zerlegung $\mathfrak{Z}$ und eine Stoppzeit τ ist aufgrund der Definition der quadratischen Prävariation $T_{\mathfrak{Z}}(X^\tau) = (T_{\mathfrak{Z}}X)^\tau$. Weil aber nach Bemerkung 4.3 zwei lokal gleichmäßige stochastische Limiten nicht-unterscheidbar sind, gilt $[X^\tau] = [X]^\tau$ mit Satz 4.13. Damit ist nach Lemma 4.12

$$(X^{\tau_n})^2 - [X^{\tau_n}] = (X^{\tau_n})^2 - [X]^{\tau_n}$$

für jedes $n \in \mathbb{N}$ ein Martingal, welches zum Zeitpunkt $t = 0$ verschwindet, also Erwartungswert 0 besitzt. Folglich gilt

$$\mathbb{E}(X_{\tau_n \wedge t})^2 = \mathbb{E}[X]_{\tau_n \wedge t}$$

für $n \in \mathbb{N}$ und $t \in \mathbb{R}_+$. Wegen $\tau_n \uparrow \infty$, der Monotonie der quadratischen Variation und dem Satz von der monotonen Konvergenz erhalten wir

$$\mathbb{E}[X]_t = \sup_{n \in \mathbb{N}} \mathbb{E}(X_{\tau_n \wedge t})^2$$

für jedes $t \in \mathbb{R}_+$. (Man beachte dabei den Beweis von Satz 4.13.) Ist daher X ein L^2-Martingal, so gilt $X_t^* \in L^2$ nach Satz 4.5 für jedes $t \geq 0$. Also folgt $\mathbb{E}(X_{\tau_n \wedge t})^2 \leq \mathbb{E}(X_t^*)^2 < \infty$ und damit $\mathbb{E}[X]_t < \infty$. Sei nun umgekehrt $\mathbb{E}[X]_t < \infty$ für jedes $t \geq 0$. Zunächst gilt nach dem Optional Sampling Theorem (Satz 1.31) für $k \leq l \leq n$:

$$X_{\tau_k \wedge t} = X_{\tau_k \wedge t}^{\tau_n} = \mathbb{E}^{\mathcal{F}_{\tau_k \wedge t}} X_{\tau_l \wedge t}^{\tau_n} = \mathbb{E}^{\mathcal{F}_{\tau_k \wedge t}} X_{\tau_l \wedge t}.$$

Also ist $(X_{\tau_n \wedge t})_{n \in \mathbb{N}}$ ein Martingal bezüglich der Filtrierung $(\mathcal{F}_{\tau_n \wedge t})_{n \in \mathbb{N}}$. Dafür liefert die Doobsche Maximal-Ungleichung (Satz 1.33/2.):

$$\| \sup_{n \in \mathbb{N}} |X_{\tau_n \wedge t}| \,\|_2 \leq 2 \sup_{n \in \mathbb{N}} \|X_{\tau_n \wedge t}\|_2 = 2(\mathbb{E}[X]_t)^{\frac{1}{2}} < \infty. \qquad (4.14)$$

Trivialerweise konvergiert $X_{\tau_n \wedge t} \to X_t$ punktweise für jedes $t \geq 0$, wegen $\tau_n \uparrow \infty$. Diese Konvergenz ist darüber hinaus nach (4.14) dominiert durch die L^2-Funktion

$$\sup_{n \in \mathbb{N}} |X_{\tau_n \wedge t}|.$$

Nach dem Satz von der dominierten Konvergenz gilt damit $X_t \in L^2$ für jedes $t \geq 0$ und $X_{\tau_n \wedge t} \to X_t$ konvergiert im L^2. Mit Satz 1.30 ist X also ein L^2-Martingal.

Im Falle, dass X der Klasse der L^2-Martingale angehört, haben wir daher gesehen, dass es eine Folge $\tau_n \uparrow \infty$ von Stoppzeiten gibt, so dass $(X^{\tau_n})^2 - [X]^{\tau_n}$ für jedes n ein Martingal ist. Der bisherige Beweis zeigt auch für beliebiges $t \geq 0$:

$$\sup_{n \in \mathbb{N}} \left| (X^{\tau_n})_t^2 - [X]_t^{\tau_n} \right| \leq \sup_{n \in \mathbb{N}} |X_{\tau_n \wedge t}|^2 + [X]_t,$$

wobei hier die letzte Funktion integrierbar ist. Da offensichtlich punktweise $(X^{\tau_n})_t^2 - [X]_t^{\tau_n} \to X_t^2 - [X]_t$ konvergiert, findet nach dem Satz von der dominierten Konvergenz diese Konvergenz auch im L^1 statt. Dadurch ist $X^2 - [X]$ ein Martingal, wieder nach Satz 1.30.

Nun bleiben nur noch die beiden Gleichungen aus der Behauptung zu zeigen. Die Erste ist aber (4.2) aus dem Beweis von Lemma 4.8 und die Zweite folgt aus der Martingaleigenschaft von $X^2 - [X]$. $\quad\square$

Der folgende Satz kennzeichnet die quadratische Variation als einen Begleitprozess, welcher das Fluktuationsverhalten eines lokalen Martingals beschreibt.

Satz 4.17. *Sei $X \in \mathfrak{M}$. Dann gibt es eine Nullmenge N so, dass für $\omega \notin N$ und $r, s \in \mathbb{R}_+$ mit $r < s$ gilt:*

$$[X]_r(\omega) = [X]_s(\omega) \Leftrightarrow X_r(\omega) = X_t(\omega)$$

für $r \leq t \leq \cdot s$.

Beweis. Zunächst zeigen wir, dass sich im Fall $X_0 = 0$ für $s > 0$ die Mengen $\{\omega \colon X_t(\omega) = X_0(\omega), \forall 0 \leq t \leq s\}$ und $\{\omega \colon [X]_s(\omega) = 0\}$ höchstens um eine Nullmenge unterscheiden. Offensichtlich folgt aus der Approximation durch Zerlegungssummen (Satz 4.13 und Bemerkung 4.3), dass $[X]_s = 0$ fast überall auf $\{\omega \colon X_t(\omega) = X_0(\omega), \forall 0 \leq t \leq s\}$ gilt. Andererseits betrachten wir die Stoppzeit $\tau := \inf\{t \in \mathbb{R}_+ \colon [X]_t > 0\}$ (Man beachte dazu, dass der zugrunde liegende Wahrscheinlichkeitsraum standard-filtriert ist, und Satz 1.16/3. sowie Bemerkung 1.13). Dann gilt $[X]^\tau = 0$ wegen der Stetigkeit des Prozesses

$[X]$. Genauso wie im Beweis von Satz 4.16 sieht man $[X^\tau] = [X]^\tau = 0$. Wegen $X_0^\tau = X_0 = 0$ ist Satz 4.16 anwendbar und liefert

$$\mathbb{E}(X_t^\tau)^2 = \mathbb{E}[X^\tau]_t = 0$$

für jedes $t \in \mathbb{R}_+$. Also gilt $X_{\tau \wedge t} = 0$ fast sicher für alle $t \in \mathbb{R}_+$. Weil aber auch $\tau \geq s$ auf $\{\omega \colon [X]_s(\omega) = 0\}$ gilt, ist $X_t = 0$ für alle $t \leq s$ fast sicher auf $\{\omega \colon [X]_s(\omega) = 0\}$, aufgrund der Stetigkeit des Prozesses X.

Nun möchten wir dieses Ergebnis zur allgemeinen Aussage erweitern. Seien dazu $0 \leq r < s$ reelle Zahlen und $X \in \mathfrak{M}$. So gehen wir von der Filtrierung $(\mathcal{F}_t)_{t \in \mathbb{R}_+}$ zur Filtrierung $(\mathcal{F}_{t+r})_{t \in \mathbb{R}_+}$ über und betrachten den Prozess

$$Y := (X_{t+r} - X_r)_{t \in \mathbb{R}_+}.$$

(Natürlich ist hier gemeint, dass man den Prozess $(X_u - X_r)_{u \in \mathbb{R}_{\geq r}}$ mit $\mathbb{R}_{\geq r} := \{x \in \mathbb{R} \colon x \geq r\}$ zurückshiftet auf den Zeitbereich $\mathbb{R}_+$.) Dann ist offensichtlich Y ein lokales Martingal bezüglich der neuen Filtrierung und es gilt $Y_0 = 0$. Nach dem, was wir bisher gezeigt haben, unterscheiden sich die Mengen $\{\omega \colon [Y]_{s-r}(\omega) = 0\}$ und $\{\omega \colon Y_t(\omega) = 0 \quad \forall 0 \leq t \leq s - r\}$ nur um eine Nullmenge. Wir zeigen jetzt, dass

$$[Y]_t = [X]_{t+r} - [X]_r \tag{4.15}$$

fast sicher gilt. Dann folgt nämlich, dass außerhalb einer Nullmenge $N_{r,s}$ die Mengen $\{\omega \colon [X]_r(\omega) = [X]_s(\omega)\}$ und $\{\omega \colon X_r(\omega) = X_t(\omega), \forall r \leq t \leq s\}$ koinzident sind.

Sei dazu $\mathfrak{Z}_n = \{t_0^{(n)}, \ldots, t_{r_n}^{(n)}\}$ eine Folge von Zerlegungen mit $t_{r_n}^{(n)} \uparrow \infty$, $|\mathfrak{Z}_n| \to 0$ für $n \to \infty$ und $r \in \mathfrak{Z}_n$ für jedes $n \in \mathbb{N}$. Weiterhin sei $\mathfrak{Z}_n' := \{z - r \mid z \in \mathfrak{Z}_n \text{ und } z \geq r\}$. Es ergibt sich somit aus der Definition der quadratischen Prävariationen:

$$[X]_{3_n(t+r)} - [X]_{3_n(r)} = [Y]_{3'_n(t)}.$$

Die lokal gleichmäßige fast sichere Konvergenz einer Teilfolge nach Satz 4.13 und Bemerkung 4.3 zeigt damit (4.15).

Zu $r, s \in \mathbb{Q}_+$ mit $r < s$ wählen wir nun eine Nullmenge $N_{r,s}$, so dass die Mengen $\{\omega \colon [X]_r(\omega) = [X]_s(\omega)\}$ und $\{\omega \colon X_r(\omega) = X_t(\omega), \forall r \le t \le s\}$ außerhalb dieser übereinstimmen. Sei dann die Nullmenge

$$N := \bigcup_{\substack{r,s \in \mathbb{Q}_+ \\ r < s}} N_{r,s}$$

definiert. Folglich genügt es zu zeigen, dass außerhalb von N die Äquivalenz des Satzes gilt. Seien dazu $r_1, s_1 \in \mathbb{R}_+$ mit $r_1 < s_1$, $\omega \notin N$ und $[X]_{r_1}(\omega) = [X]_{s_1}(\omega)$. Man wähle nun Folgen $(p_n)_{n \in \mathbb{N}}, (q_n)_{n \in \mathbb{N}} \subset \mathbb{Q}_+$ mit $r_1 < p_n < q_n < s_1$ für jedes $n \in \mathbb{N}$ und $q_n \uparrow s_1$, $p_n \downarrow r_1$. Wegen der Monotonie des Klammerprozesses gilt für jedes $n \in \mathbb{N}$:

$$[X]_{q_n}(\omega) = [X]_{p_n}(\omega).$$

Die Wahl von N ergibt daher, dass der ω-Pfad von X auf $[p_n, q_n]$ konstant ist. Aufgrund der Konvergenz von q_n und p_n ist der Pfad $X_\bullet(\omega)$ also auf ganz $]r, s[$ konstant und schließlich folgt aus der Stetigkeit von X die Konstanz des Pfades auf ganz $[r, s]$. Sei umgekehrt für $r_1, s_1 \in \mathbb{R}_+$ mit $r_1 < s_1$ und $\omega \notin N$ nun $X_r(\omega) = X_t(\omega)$ für $r \le t \le s$ gegeben. Dann wähle man genauso wie eben Folgen p_n und q_n rationaler Zahlen mit denselben Eigenschaften. Die Definition von N zeigt, dass $[X]_{q_n}(\omega) = [X]_{p_n}(\omega)$ für jedes $n \in \mathbb{N}$ gilt. Nun liefert die Stetigkeit von $[X]_\bullet(\omega)$:

$$[X]_r(\omega) = [X]_s(\omega),$$

was den Beweis beendet. $\qquad\qquad\qquad\qquad\qquad\qquad\qquad\qquad\quad \square$

4.4 Quadratische Kovariation

Nun haben wir die quadratische Variation für lokale Martingale eingeführt. Diesen Begriff wollen wir im Folgenden zur quadratischen Kovariation von Semimartingalen erweitern. Dafür brauchen wir einige Bezeichnungen.

Definition 4.18. *Für eine Zerlegung* $\mathfrak{Z} = \{t_0 = 0, \ldots, t_r\}$ *und Prozesse* $X, Y \in \mathfrak{C}$ *sei* $[X, Y]_{\mathfrak{Z}} : \Omega \to \mathbb{R}$ *durch*

$$[X, Y]_{\mathfrak{Z}}(\omega) := \left(\sum_{\mathfrak{Z}} dX \, dY \right)(\omega)$$

$$:= \sum_{k=1}^{r} (X_{t_k}(\omega) - X_{t_{k-1}}(\omega))(Y_{t_k}(\omega) - Y_{t_{k-1}}(\omega))$$

gegeben. Die quadratische Prä-Kovariation zu X, Y *und* $\mathfrak{Z}$ *ist dann:*

$$T_{\mathfrak{Z}}(X, Y)_t := [X, Y]_{\mathfrak{Z}(t)}.$$

Der nächste Satz stellt analog zu Satz 4.13 die definierenden Eigenschaften der quadratischen Kovariation bereit.

Satz 4.19. *Sei* $\mathfrak{Z}_n = \{t_0^{(n)} = 0, \ldots, t_{r_n}^{(n)}\}$ *eine Folge von Zerlegungen mit* $t_{r_n}^{(n)} \uparrow \infty$ *und* $|\mathfrak{Z}_n| \to 0$. *Dann konvergiert* $T_{\mathfrak{Z}_n}(X, Y)$ *für* $X, Y \in \mathfrak{S}$ *lokal gleichmäßig stochastisch gegen einen Prozess aus* $\mathfrak{A}_0$, *den wir* $[X, Y]$ *nennen. Ist entweder* X *oder* Y *selbst aus* $\mathfrak{A}$, *so gilt* $[X, Y] = 0$. *Sind* $X, Y \in \mathfrak{M}$, *dann haben wir:*

$$[X, Y] = \frac{1}{2}([X + Y] - [X] - [Y]) \quad und \quad [X, X] = [X].$$

Außerdem ist in diesem Fall $[X, Y]$ *der einzige Prozess aus* $\mathfrak{A}_0$ *mit* $XY - [X, Y] \in \mathfrak{M}$. *Weiterhin hängt der Prozess* $[X, Y]$ *symmetrisch, bilinear und positiv-semidefinit von* $X, Y \in \mathfrak{S}$ *ab, ferner gilt für eine beliebige Stoppzeit* τ *die Stoppformel:*

$$[X, Y]^{\tau} = [X^{\tau}, Y] = [X, Y^{\tau}] = [X^{\tau}, Y^{\tau}]$$

für $X, Y \in \mathfrak{S}$.

Bemerkung 4.20. *Positiv-semidefinit bedeutet dabei im vorange-gangenen Satz, dass für n Prozesse $X^1, \ldots, X^n \in \mathfrak{S}$ ($n \in \mathbb{N}$) der $n \times n$-Matrix-wertige Prozess $A = (A^{ij})_{1 \le i,j \le n}$, der gegeben ist durch*

$$A_t^{ij}(\omega) := T_3(X^i, X^j)_t(\omega) \quad bzw. \; := [X^i, X^j]_t(\omega),$$

für $\omega \in \Omega$ und $t \in \mathbb{R}_+$, zu jedem Zeitpunkt $t \in \mathbb{R}_+$ und für jedes $\omega \in \Omega$ positiv-semidefinit ist.

Beweis von Satz 4.19. Sei $\mathfrak{Z}_n = \{t_0^{(n)} = 0, \ldots, t_{r_n}^{(n)}\}$ eine Folge von Zerlegungen wie in der Aussage des Satzes. Ist $X \in \mathfrak{A}$, dann gilt für $t \ge 0$ mit obiger Definition:

$$\sup_{s \in [0,t]} \left| [X,Y]_{\mathfrak{Z}_n(s)} \right| \le (V_X)_t \cdot \left(\max \left\{ \left| Y_{t_k \wedge t} - Y_{t_{k-1} \wedge t} \right| : 1 \le k \le r_n \right\} \right.$$

$$\left. + \sup_{s \in [0,t]} \left| Y_s - Y_{t_{s,n}} \right| \right),$$

wobei $t_{s,n} := \max\{t_k^{(n)} < s : 0 \le k \le r_n\}$ sei. Wegen der gleichmäßigen Stetigkeit von Y auf $[0,t]$ und $|\mathfrak{Z}_n(t)| \to 0$ geht die rechte Seite und damit auch die linke Seite der Ungleichung punktweise für jedes $\omega \in \Omega$ gegen 0. Also konvergiert in diesem Fall $T_{\mathfrak{Z}_n}(X,Y)$ lokal gleichmäßig stochastisch gegen den Prozess $0 \in \mathfrak{A}_0$. Analog verhält es sich für $Y \in \mathfrak{A}$.

Weil für beliebige reelle Zahlen a, b

$$ab = \frac{1}{2}((a+b)^2 - a^2 - b^2)$$

gilt, folgt für $X, Y \in \mathfrak{M}$ und eine beliebige Zerlegung $\mathfrak{Z}$:

$$T_{\mathfrak{Z}}(X,Y) = \frac{1}{2}(T_{\mathfrak{Z}}(X+Y) - T_{\mathfrak{Z}}(X) - T_{\mathfrak{Z}}(Y)).$$

Daraus sieht man für eine solche Zerlegungsfolge $\mathfrak{Z}_n$ einerseits die Konvergenz und andererseits die Gleichung

$$[X,Y] = \frac{1}{2}([X+Y] - [X] - [Y]),$$

woraus wiederum $[X, X] = [X]$ folgt, da $[X]$ quadratisch von X abhängt. Außerdem zeigt dies $[X, Y]_0 = 0$. Weil man genauso wie die reellen Zahlen den Prozess XY polarisieren kann, ergibt sich:

$$XY - [X, Y] = \frac{1}{2}(((X + Y)^2 - [X + Y]) -$$
$$- (X^2 - [X]) - (Y^2 - [Y])) \in \mathfrak{M}.$$

Sei nun $[X, Y]'$ für $X, Y \in \mathfrak{M}$ ein weiterer Prozess aus $\mathfrak{A}_0$ mit dieser Eigenschaft. Dann gilt

$$[X, Y] - [X, Y]' = XY - [X, Y]' - (XY - [X, Y]) \in \mathfrak{M} \cap \mathfrak{A}_0 = \{0\}$$

nach Satz 3.7. Also $[X, Y] = [X, Y]'$.

Sei $\mathfrak{Z}$ eine beliebige Zerlegung und seien außerdem $X, Y \in \mathfrak{S}$ und τ eine Stoppzeit. Mit Definition 4.18 sieht man, dass $T_{\mathfrak{Z}}(X, Y)$ symmetrisch, bilinear und positiv-semidefinit von X, Y abhängt. Dies zeigt die Konvergenz von $T_{\mathfrak{Z}_n}(X, Y)$ bei beliebigem $X, Y \in \mathfrak{S}$. Außerdem übertragen sich diese Eigenschaften wegen lokal gleichmäßiger fast sicherer Konvergenz auf einer Teilfolge (Bemerkung 4.3) auf $[X, Y]$. Der Definition der quadratischen Prä-Kovariation entnimmt man sofort:

$$(T_{\mathfrak{Z}}(X, Y))^\tau = T_{\mathfrak{Z}}(X^\tau, Y^\tau)$$

für jede Zerlegung $\mathfrak{Z}$ und jede Stoppzeit τ. Für eine Zerlegungsfolge $\mathfrak{Z}_n$ wie in der Behauptung sieht man leicht, dass die Differenz $|T_{\mathfrak{Z}_n}(X, Y)_t^\tau(\omega) - T_{\mathfrak{Z}_n}(X^\tau, Y)_t(\omega)|$ beziehungsweise $|T_{\mathfrak{Z}_n}(X, Y)_t^\tau(\omega) - T_{\mathfrak{Z}_n}(X, Y^\tau)_t(\omega)|$ für jedes $(t, \omega) \in \mathbb{R}_+ \times \Omega$ für $n \to \infty$ aufgrund der Stetigkeit der beteiligten Prozesse gegen 0 konvergiert. Wegen lokal gleichmäßiger fast sicherer Konvergenz auf einer Teilfolge (nach Bemerkung 4.3) und der Identifikation nicht-unterscheidbarer Prozesse folgt somit die Stoppformel. $\qquad \square$

Jetzt können wir den Klammerprozess definieren, der eine Verallgemeinerung der quadratischen Variation darstellt.

Definition 4.21. *Der nach Satz 4.19 für $X, Y \in \mathfrak{S}$ gegebene Grenzprozess $[X, Y]$ aus $\mathfrak{A}_0$ heißt der Klammerprozess zu X und Y oder die quadratische Kovariation von X und Y.*

Zum Schluss dieses Kapitels diskutieren wir in einem Beispiel die quadratische Kovariation einer d-dimensionalen Brownschen Bewegung.

Beispiel 4.22. *Sei $B = (B^1, \ldots, B^d)$ eine d-dimensionale $\mathcal{F}_t$-Brownsche Bewegung wie in Abschnitt 1.10. Dann gilt*

$$[B^k, B^l]_t = \delta_{kl} t$$

für $t \in \mathbb{R}_+$ und $1 \leq k, l \leq d$.

Beweis. Der Prozess V, der gegeben ist durch $V_t \equiv t$ konstant für jedes $t \in \mathbb{R}_+$, ist stetig, monoton steigend mit $V_0 = 0$. Also gilt $V \in \mathfrak{A}_0$. Seien im Folgenden $k \in \{1, \ldots, d\}$ und $s \leq t$. Dann haben wir

$$\mathbb{E}^{\mathcal{F}_s}(B_t^k)^2 - (B_s^k)^2 = \mathbb{E}^{\mathcal{F}_s}(B_t^k - B_s^k)^2 = \mathbb{E}(B_t^k - B_s^k)^2$$
$$= \mathbb{E}(\mathbb{E}^{\mathcal{F}_s}(B_t^k - B_s^k)^2)$$
$$= \mathbb{E}(\mathbb{E}^{\mathcal{F}_s}(B_t^k)^2) - \mathbb{E}(B_s^k)^2$$
$$= \mathbb{E}(B_t^k)^2 - \mathbb{E}(B_s^k)^2$$
$$= t - s = V_t - V_s.$$

Die vorletzte Gleichung folgt sofort aus Definition 1.56. Die erste und die vierte Gleichung ergeben sich aus den Gleichungen in Satz 4.16, denn B^k ist ein L^2-Martingal. Die zweite Gleichung resultiert daraus, dass die eindimensionale Brownsche Bewegung B^k $\mathcal{F}_t$-unabhängige Zuwächse besitzt. Somit ist $(B^k)^2 - V$ ein stetiges Martingal, also $[B^k, B^k]_t = [B^k]_t = V_t = t$, nach der definierenden Eigenschaft der quadratischen Variation (Definition 4.14).

Seien als Nächstes $k \neq l \in \{1, \ldots, d\}$. Wir zeigen, dass $B^k B^l$ ein Martingal ist. Zur einfacheren Schreibweise definieren wir $Y := B^k$ und $Z := B^l$. Außerdem seien wieder $s \leq t$ nicht-negative reelle Zahlen. Dann sind die σ-Algebren $\mathcal{F}_s$, $\sigma(Y_t - Y_s)$ und $\sigma(Z_t - Z_s)$

paarweise voneinander unabhängig.(Man beachte dazu Definition 1.56. Außerdem sind gemeinsam normalverteilte Zufallsgrößen genau dann unabhängig, wenn sie unkorreliert sind.) Also gilt:

$$\mathbb{E}^{\mathcal{F}_s}[(Y_t - Y_s)(Z_t - Z_s)] = \mathbb{E}(Y_t - Y_s)\mathbb{E}(Z_t - Z_s) = 0.$$

Daraus folgt:

$$\begin{aligned} \mathbb{E}^{\mathcal{F}_s}(Y_t Z_t) &= \mathbb{E}^{\mathcal{F}_s}[Y_s Z_s + Y_s(Z_t - Z_s) + Z_s(Y_t - Y_s) + \\ &\qquad + (Y_t - Y_s)(Z_t - Z_s)] \\ &= Y_s Z_s + Y_s \mathbb{E}^{\mathcal{F}_s}(Z_t - Z_s) + Z_s \mathbb{E}^{\mathcal{F}_s}(Y_t - Y_s) \\ &= Y_s Z_s. \end{aligned}$$

Da eine Brownsche Bewegung darüber hinaus aus L^2-Zufallsvariablen besteht, zeigt dies, dass $B^k B^l$ ein Martingal ist. Folglich ist $U = 0$ der nach Satz 4.19 eindeutig bestimmte Prozess aus $\mathfrak{A}_0$, für den $B^k B^l - U \in \mathfrak{M}$ gilt. D.h. in diesem Fall haben wir $[B^k, B^l]_t = 0$ für jedes $t \in \mathbb{R}_+$. $\qquad\square$

Bemerkung 4.23. *In Bemerkung 3.9 am Ende von Kapitel 3 haben wir bereits gesehen, dass eine Brownsche Bewegung nicht pfadweise lokal von beschränkter Variation sein kann. Indes verhält sich eine Brownsche Bewegung sogar noch extremer:*
Sei B eine reelle Brownsche Bewegung und $\mathfrak{Z} = \{t_0 = 0, \dots, t_r = t\}$ eine Zerlegung des Intervalls $[0, t]$ mit $t > 0$. Dann gilt:

$$[B]_{\mathfrak{Z}} \leq (V_B)_t \cdot \max\left\{ \left| B_{t_k} - B_{t_{k-1}} \right| : 1 \leq k \leq r \right\}$$

Wäre daher $(V_B)_t < \infty$ mit positiver Wahrscheinlichkeit, so gelte $[B]_t = 0$ ebenfalls mit positiver Wahrscheinlichkeit. Diese Tatsache sieht man mit der lokal gleichmäßigen fast sicheren Approximation der quadratischen Variation durch solche Zerlegungssummen (nach Übergang zu einer Teilfolge) und der gleichmäßigen Stetigkeit der Pfade von B auf $[0, t]$. Also gilt $(V_B)_t = \infty$ P-fast sicher für jedes $t > 0$.

Wegen der Monotonie des Variationsprozesses gilt sogar die noch stärkere Aussage: Fast sicher jeder Pfad einer Brownschen Bewegung ist auf jedem Intervall $[0, t]$ mit $t > 0$ von unendlicher Variation.

5 Stochastische Integration nach lokalen Martingalen

In diesem Kapitel werden wir mit Hilfe der quadratischen Kovariation ein Maß einführen, welches dann auf funktionalanalytischem Weg zu einem stochastischen Integral nach lokalen Martingalen führt. Anschließend werden wir diesen Begriff auf eine möglichst große Klasse von Integranden ausdehnen. Wir beginnen mit einem Messbarkeitsbegriff.

5.1 Previsible Prozesse

Definition 5.1. *Ein stochastischer Prozess F heißt previsibel, wenn er aufgefasst als Abbildung auf $\mathbb{R}_+ \times \Omega$ bezüglich der σ-Algebra $\sigma(\mathfrak{C})$ messbar ist.*

Dieser Messbarkeitsbegriff lässt sich wie folgt charakterisieren.

Satz 5.2. *Es gilt*

$$\sigma(\mathfrak{C}) = \sigma(\mathfrak{B}) = \sigma(\mathfrak{R}),$$

wobei

$$\mathfrak{R} := \{\{0\} \times A \mid A \in \mathcal{F}_0\} \cup \{]s,t] \times A \mid s,t \in \mathbb{R}_+, s \leq t, A \in \mathcal{F}_s\}$$

die Menge der sogenannten adaptierten Rechtecke ist.

Beweis. Seien zunächst $s < t$ aus $\mathbb{R}_+$ und $A \in \mathcal{F}_s$. Dann sei für $n \in \mathbb{N}$ mit $\frac{1}{n} < t - s$ die Funktion $f_n \colon \mathbb{R}_+ \to \mathbb{R}$ definiert. Sie sei gleich 1 auf $[s + \frac{1}{n}, t]$ und auf $[s, t + \frac{1}{n}]^C$ gleich 0. In den Bereichen dazwischen verbinde der Graph von f_n linear die Punkte $(s, 0)$ und

$(s+\frac{1}{n},1)$, bzw. $(t,1)$ und $(t+\frac{1}{n},0)$. Damit ist f_n stetig und konvergiert für $n \to \infty$ punktweise gegen $1_{]s,t]}$. Somit konvergieren die stetigen adaptierten Prozesse $Z_t^{(n)}(\omega) := f_n(t)1_A(\omega)$ punktweise gegen die Indikatorvariable $1_{]s,t] \times A}$. Also ist

$$]s,t] \times A \in \sigma(\mathfrak{C}).$$

Konstruiert man f_n durch $f_n(0) = 1$, $f_n = 0$ auf $[\frac{1}{n}, \infty[$ und verbindet dazwischen wieder linear, so zeigt der analoge Beweis, dass auch

$$\{0\} \times A \in \sigma(\mathfrak{C})$$

für jedes $A \in \mathcal{F}_0$. Damit gilt insgesamt $\sigma(\mathfrak{R}) \subset \sigma(\mathfrak{C})$.
Die Inklusion $\sigma(\mathfrak{C}) \subset \sigma(\mathfrak{B})$ ist offensichtlich.
Sei schließlich $X \in \mathfrak{B}$. Wir betrachten dann die Folge von Prozessen:

$$X_t^{(n)}(\omega) := X_0(\omega)1_{\{0\}}(t) + \sum_{k=1}^{n^2} X_{\frac{k-1}{n}}(\omega)1_{]\frac{k-1}{n},\frac{k}{n}]}(t).$$

Mit der Adaptiertheit von X sieht man, dass alle $X^{(n)}$ messbar bezüglich $\sigma(\mathfrak{R})$ sind. Aufgrund der Linksstetigkeit von X konvergieren die $X^{(n)}$ punktweise gegen X. Damit ist X auch $\sigma(\mathfrak{R})$-messbar und es gilt die fehlende Inklusion $\sigma(\mathfrak{B}) \subset \sigma(\mathfrak{R})$. $\square$

Bemerkung 5.3.
1. *Nach diesem Satz sind für beliebige Stoppzeiten σ, τ die zugehörigen stochastischen Intervalle*

$$]\sigma,\tau] = \{(t,\omega) \in \mathbb{R}_+ \times \Omega \mid \sigma(\omega) < t \leq \tau(\omega)\}$$

und

$$[0,\tau] = \{(t,\omega) \in \mathbb{R}_+ \times \Omega \mid t \leq \tau(\omega)\}$$

previsible Mengen (d.h. $\in \sigma(\mathfrak{C})$). Denn ihre Indikatorvariablen sind adaptiert, linksstetig und beschränkt.

2. *Ein analoger Beweis für rechtsstetige, adaptierte, pfadweise lokal
beschränkte Prozesse ist nicht möglich. Man müsste dafür nämlich
"adaptierte" Rechtecke der Form $[s, t[\times A$ mit $A \in \mathcal{F}_t$ fordern.
Die Indikatorvariablen solcher Mengen sind allerdings nicht durch
stetige adaptierte Prozesse approximierbar! Im Allgemeinen kann
nicht einmal für jede Stoppzeit τ die Zugehörigkeit $[0, \tau[\in \sigma(\mathfrak{C})$
gesichert werden.*

3. *Nach Satz 1.11 sind stetige, adaptierte Prozesse progressiv messbar.
Daher zeigt eine einfache Überlegung mit Spur-σ-Algebren, dass
auch jeder previsible Prozess progressiv messbar ist.*

5.2 Doléansmaße

Als nächstes führen wir das sogenannte Doléansmaß ein. Es sei an
dieser Stelle daran erinnert, dass allen Prozessen ein standard-filtrierter
Wahrscheinlichkeitsraum $(\Omega, \mathcal{F}, P, (\mathcal{F}_t)_{t \in \mathbb{R}_+})$ zugrunde liegt und es
gilt $\mathcal{F}_\infty = \sigma(\mathcal{F}_t; t \in \mathbb{R}_+)$. Jedes $X \in \mathfrak{M}$ definiert dann wie folgt ein
eindeutig bestimmtes Maß auf $\mathbb{B}(\mathbb{R}_+) \otimes \mathcal{F}_\infty$. Zu $\omega \in \Omega$ und $X \in \mathfrak{M}$
sei $K_X(\omega, \cdot)$ das Maß auf $\mathbb{B}(\mathbb{R}_+)$ mit der Verteilungsfunktion $[X]_\bullet(\omega)$.
Dann ist

$$\mathcal{D}_n := \{ D \in \mathbb{B}(\mathbb{R}_+) \mid K_X(\cdot, D \cap [0, n]) \text{ ist } \mathcal{F}_\infty\text{-messbar} \}$$

für jedes $n \in \mathbb{N}$ ein Dynkin-System.

Beweis.
1. Per Definition gilt

$$K_X(\cdot, \mathbb{R}_+ \cap [0, n]) = K_X(\cdot, [0, n]) = [X]_n.$$

Also haben wir $\mathbb{R}_+ \in \mathcal{D}_n$ für jedes n.

2. 1. hat gezeigt, dass für jedes $\omega \in \Omega$ und jedes $n \in \mathbb{N}$ das Maß
$K_X(\omega, \cdot \cap [0, n])$ endlich ist. Daher folgt für ein $D \in \mathcal{D}_n$ mit

$$K_X(\cdot, D^C \cap [0, n]) = [X]_n(\cdot) - K_X(\cdot, D \cap [0, n])$$

die $\mathcal{F}_\infty$-Messbarkeit und es gilt auch $D^C \in \mathcal{D}_n$.

3. Sei $(D_m)_{m\in\mathbb{N}}$ eine Folge paarweise disjunkter Mengen aus $\mathcal{D}_n$ für ein $n \in \mathbb{N}$. Dann gilt wegen der σ-Additivität von Maßen

$$K_X\left(\cdot, \bigcup_{m\in\mathbb{N}} (D_m \cap [0,n])\right) = \sup_{l\in\mathbb{N}} \sum_{k=1}^{l} K_X(\cdot, D_k \cap [0,n])$$

und es folgt wieder die gewünschte $\mathcal{F}_\infty$-Messbarkeit. Folglich haben wir auch $\bigcup_{m\in\mathbb{N}} D_m \in \mathcal{D}_n$.

$\square$

Darüber hinaus gilt für $n \in \mathbb{N}$ und $s \leq t \in \mathbb{R}_+$ mit $s \leq n$:

$$K_X(\cdot, [s,t] \cap [0,n]) = K_X(\cdot, [s, t \wedge n]) = [X]_{t\wedge n}(\cdot) - [X]_s(\cdot),$$

also $\mathcal{F}_\infty$-Messbarkeit. Im Fall $n < s$ ist die Funktion $= 0$ und somit auch $\mathcal{F}_\infty$-messbar. Damit enthält jedes $\mathcal{D}_n$ jedes Intervall $[s,t]$ und es gilt $\mathcal{D}_n = \mathbb{B}(\mathbb{R}_+)$ für jedes $n \in \mathbb{N}$. Sei daher jetzt $D \in \mathbb{B}(\mathbb{R}_+)$ beliebig. Dann gilt wegen der Stetigkeit von unten von Maßen:

$$K_X(\cdot, D) = K_X\left(\cdot, \bigcup_{n\in\mathbb{N}} (D \cap [0,n])\right) = \sup_{n\in\mathbb{N}} K_X(\cdot, D \cap [0,n]).$$

Diese Funktion ist nach dem, was wir bisher gezeigt haben, $\mathcal{F}_\infty$-messbar. Somit haben wir nachgewiesen:

K_X ist ein Übergangskern von $(\Omega, \mathcal{F}_\infty)$ nach $(\mathbb{R}_+, \mathbb{B}(\mathbb{R}_+))$.

Dieser Übergangskern ermöglicht folgende Definition.

Definition 5.4. *Sei $X \in \mathfrak{M}$ und dazu der eben hergeleitete Übergangskern K_X. Das Doléansmaß von X ist das Maß μ_X auf $\mathbb{B}(\mathbb{R}_+) \otimes \mathcal{F}_\infty$, welches gegeben ist durch:*

$$\mu_X(M) = \int \int 1_M(t,\omega) K_X(\omega, dt) P(d\omega)$$

für $M \in \mathbb{B}(\mathbb{R}_+) \otimes \mathcal{F}_\infty$.

Das Doléansmaß besitzt die folgenden Eigenschaften.

Proposition 5.5. *Sei $X \in \mathfrak{M}$. Dann gilt:*

1. $\mu_X([0,t] \times A) = \mathbb{E}(1_A[X]_t)$ *für* $t \in \mathbb{R}_+$ *und* $A \in \mathcal{F}_\infty$.

2. *Ist* $F \in L^1(\mu_X)$ *oder* $F \geq 0$ *und* $\mathbb{B}(\mathbb{R}_+) \otimes \mathcal{F}_\infty$*-messbar, dann berechnet sich das Integral durch:*

$$\int F d\mu_X = \int \int F(s,\omega) K_X(\omega, ds) P(d\omega).$$

3. *Falls F ein Element von $\mathfrak{B} \cap L^1(\mu_X)$ ist, haben wir folgenden Zusammenhang mit dem pfadweisen Stieltjesintegral:*

$$\int_{[0,t]\times\Omega} F d\mu_X = \mathbb{E}\Big(\int_0^t F d[X] \Big) = \mathbb{E}\Big(\int F d[X] \Big)_t \qquad (5.1)$$

für jedes $t \in \mathbb{R}_+$.

4. *Für $F \in \mathfrak{B}$ mit $F \geq 0$ gilt zusätzlich zu (5.1):*

$$\int F d\mu_X = \mathbb{E}\Big(\int_0^\infty F d[X] \Big). \qquad (5.2)$$

Dabei bezeichnet $(\int_0^\infty F d[X])(\omega)$ den pfadweisen Grenzwert $\lim_{t\to\infty} (\int F d[X])_t(\omega)$, der in diesem Fall stets uneigentlich existiert.

5. *Sei τ eine beliebige Stoppzeit dann gilt:*

$$[0,\tau] \in \mathbb{B}(\mathbb{R}_+) \otimes \mathcal{F}_\infty \quad und \quad \mu_X([0,\tau]) = \mathbb{E}[X]_\tau.$$

6. *μ_X ist σ-endlich.*

7. *Für eine beliebige Stoppzeit τ gilt*

$$\mu_{X^\tau}(\cdot) = \mu_X([0,\tau] \cap \cdot).$$

Beweis.

1. Für $t \in \mathbb{R}_+$ und $A \in \mathcal{F}_\infty$ gilt $1_{[0,t] \times A}(s, \omega) = 1_A(\omega) \cdot 1_{[0,t]}(s)$, sowie

$$\int 1_{[0,t]}(s) K_X(\omega, ds) = K_X(\omega, [0,t]) = [X]_t(\omega).$$

2. Dies folgt direkt aus der Definition mit dem Satz von der monotonen Konvergenz gemäß der üblichen Entwicklung messbarer Funktionen.

3. Nach Satz 2.3 und der Definition der Kerne K_X gilt für jedes $\omega \in \Omega$ und $t \in \mathbb{R}_+$:

$$\int_{[0,t]} F(s, \omega) K_X(\omega, ds) = \left(\int_0^t F d[X] \right)(\omega).$$

Daraus folgt die Behauptung nach Anwendung des Erwartungswerts.

4. (5.1) sieht man genauso wie unter 3. (5.2) folgt daraus und mit dem Satz von der monotonen Konvergenz angewendet auf die Funktionenfolge $(\int_0^n F d[X])_{n \in \mathbb{N}}$, bzw. die Mengenfolge $([0,n] \times \Omega)_{n \in \mathbb{N}}$.

5. Nach Bemerkung 5.3/1., sind die stochastischen Intervalle $[0, \tau]$ zunächst als previsible Mengen auch Elemente von $\mathbb{B}(\mathbb{R}_+) \otimes \mathcal{F}_\infty$. Weiterhin gilt

$$\int 1_{[0,\tau]}(t, \omega) K_X(\omega, dt) = K_X(\omega, [0, \tau(\omega)] \cap \mathbb{R}_+) = [X]_{\tau(\omega)}(\omega)$$

$$(5.3)$$

(Dabei beachte man, dass diese Gleichung auch für $\tau(\omega) = \infty$ mit der Funktion $[X]_\infty := \sup_{t \in \mathbb{R}_+} [X]_t$ richtig ist. Dies folgt aus der Stetigkeit von unten von Maßen.) Bildet man den Erwartungswert in (5.3) so folgt die Behauptung:

$$\mu_X([0, \tau]) = \mathbb{E}[X]_\tau.$$

6. Man wähle um die σ-Endlichkeit einzusehen die Folge $\tau_n := \inf\{t \in \mathbb{R}_+ \colon [X]_t > n\} \uparrow \infty$. Das ist eine Folge von Stoppzeiten nach Satz 1.16/3. und Bemerkung 1.13, denn der zugrunde liegende Wahrscheinlichkeitsraum ist standard-filtriert. Dann gilt $[X]_{\tau_n} \leq n$. Also ist $\mu_X([0, \tau_n]) \leq n$ nach 5. Wegen $\tau_n \uparrow \infty$ folgt schließlich die Behauptung aus

$$\bigcup_{n \in \mathbb{N}} [0, \tau_n] = \mathbb{R}_+ \times \Omega.$$

7. Wegen $[X^\tau] = [X]^\tau$ zeigt die Konstruktion des Doléansmaßes, dass $K_{X^\tau}(\omega, \cdot)$ auf $[0, \tau(\omega)] \cap \mathbb{B}(\mathbb{R}_+)$ mit $K_X(\omega, \cdot)$ übereinstimmt und keine Masse auf $]\tau(\omega), \infty[$ wirft. Sei $C \in \mathbb{B}(\mathbb{R}_+) \otimes \mathcal{F}_\infty$, $\omega \in \Omega$ und dafür $C_\omega := \{t \in \mathbb{R}_+ \mid (t, \omega) \in C\}$. C_ω ist ein Element von $\mathbb{B}(\mathbb{R}_+)$, wie man zum Beispiel mit Lemma 23.1 in [1] erkennen kann. Dann gilt

$$\int 1_C(t, \omega) K_{X^\tau}(\omega, dt) = K_{X^\tau}(\omega, C_\omega)$$

$$= K_{X^\tau}(\omega, C_\omega \cap [0, \tau(\omega)])$$

$$= K_X(\omega, C_\omega \cap [0, \tau(\omega)])$$

$$= \int 1_{C \cap [0, \tau]}(t, \omega) K_X(\omega, dt).$$

Nach Anwendung des Erwartungswerts folgt

$$\mu_X([0, \tau] \cap C) = \mu_{X^\tau}(C),$$

was die Behauptung zeigt.

$\square$

Eine sehr einfache Struktur hat das Doléansmaß einer Brownschen Bewegung, wie man an folgendem Beispiel sieht.

Beispiel 5.6. *Sei B eine 1-dimensionale $\mathcal{F}_t$-Brownsche Bewegung. In Beispiel 4.22 haben wir gesehen, dass dann $[B]_t(\omega) = t$ für $\omega \in \Omega$ und $t \in \mathbb{R}_+$ gilt. Nach der Definition von K_B als Verteilungsfunktion* *von $[B]_\bullet(\omega)$ ist also $K_B(\omega,\cdot) = \lambda$ für jedes $\omega \in \Omega$ das Lebesgue-Maß auf $\mathbb{R}_+$. Die Definition des Doléansmaßes zeigt dann:*

$$\mu_B = \lambda \otimes P.$$

5.3 Prozesse mit endlichem Doléansmaß

Wegen $[X] = [X-X_0]$ gilt $\mu_X = \mu_{X-X_0}$ für jedes $X \in \mathfrak{M}$. Wir nehmen daher im Folgenden zunächst $X_0 = 0$ an. Um eine stochastische Integration zu etablieren, beschränken wir uns außerdem erst auf diejenigen $X \in \mathfrak{M}$, welche endliches Doléansmaß

$$\mu_X(\mathbb{R}_+ \times \Omega) = \mathbb{E}[X]_\infty$$

haben. Dies führt auf die Menge

$$\mathfrak{M}_0^2 := \{X \in \mathfrak{M}_0 : \mathbb{E}[X]_\infty < \infty\},$$

welche sich gleich als Hilbertraum herausstellen wird. Satz 4.16 mit den darin beschriebenen Gleichungen zeigt, dass ein Prozess X genau dann in $\mathfrak{M}_0^2$ liegt, wenn $X_0 = 0$ gilt und X ein L^2-beschränktes, stetiges Martingal ist. In diesem Fall zeigt die Doobsche Maximal-Ungleichung (Satz 1.33/2.), dass X durch die L^2-Funktion

$$X^* = \sup_{t\in\mathbb{Q}_+} |X_t| = \sup_{t\in\mathbb{R}_+} |X_t|$$

dominiert wird. Nach Satz 1.36 konvergiert $X_t \to X_\infty$ für $t \to \infty$ fast sicher gegen eine Funktion X_∞. Die eben beschriebene Domination von X liefert mit dem Satz von der dominierten Konvergenz einerseits $X_\infty \in L^2(P)$ und andererseits die Tatsache, dass die Konvergenz $X_t \to X_\infty$ im L^2 stattfindet. Das folgende Lemma zeigt uns die Hilbertraumstruktur von $\mathfrak{M}_0^2$.

Lemma 5.7. *$\mathfrak{M}_0^2$ ist ein reeller Vektorraum. Mit dem Skalarprodukt*

$$\langle X, Y \rangle_{\mathfrak{M}_0^2} := \mathbb{E}(X_\infty Y_\infty) = \lim_{t\to\infty} \langle X_t, Y_t \rangle_{L^2(P)} = \mathbb{E}[X,Y]_\infty$$

wird dieser zu einem Hilbertraum.

Beweis. Seien zuerst $X \in \mathfrak{M}_0^2$ und $\lambda \in \mathbb{R}$. Aufgrund der Bilinearität des Klammerprozesses gilt

$$[\lambda X]_t = [\lambda X, \lambda X]_t = \lambda^2 [X]_t$$

für $t \in \mathbb{R}_+$. Also ist auch $\mathbb{E}[\lambda X]_\infty < \infty$ und damit $\lambda X \in \mathfrak{M}_0^2$. Seien nun $X, Y \in \mathfrak{M}_0^2$. Für beliebige reelle Zahlen a, b gilt $2ab \leq a^2 + b^2$. Ist daher $\mathfrak{Z}$ eine beliebige Zerlegung, so folgt direkt aus der Definition:

$$2[X, Y]_{\mathfrak{Z}} \leq [X]_{\mathfrak{Z}} + [Y]_{\mathfrak{Z}}.$$

Dies überträgt sich auf die quadratischen Prävariationen

$$T_{\mathfrak{Z}}(X, Y) \leq \frac{1}{2}(T_{\mathfrak{Z}}(X) + T_{\mathfrak{Z}}(Y)).$$

Satz 4.19 und Bemerkung 4.3 über die lokal gleichmäßige fast sichere Konvergenz auf einer Teilfolge zeigen dann, dass dies auch für die Klammerprozesse gilt. D.h. wir haben für $t \in \mathbb{R}_+$:

$$[X, Y]_t \leq \frac{1}{2}([X]_t + [Y]_t).$$

Wieder mit Satz 4.19 sieht man für $t \in \mathbb{R}_+$:

$$[X + Y]_t = [X]_t + [Y]_t + 2[X, Y]_t \leq 2([X]_t + [Y]_t).$$

Also:

$$\mathbb{E}[X + Y]_\infty \leq 2(\mathbb{E}[X]_\infty + \mathbb{E}[Y]_\infty) < \infty.$$

Damit gilt $X + Y \in \mathfrak{M}_0^2$ und $\mathfrak{M}_0^2$ ist ein Vektorraum.

Als Nächstes zeigen wir die Gleichungen in der Definition des Skalar-produkts. Seien dazu $X, Y \in \mathfrak{M}_0^2$. Wegen

$$X_t Y_t \leq \frac{1}{2}(X_t^2 + Y_t^2) \leq \frac{1}{2}((X^*)^2 + (Y^*)^2) \in L^1$$

folgt aus dem Satz von der dominierten Konvergenz, dass $X_t Y_t \to X_\infty Y_\infty$ für $t \to \infty$ im L^1 konvergiert. Daraus ergibt sich die erste Gleichung. Jetzt möchten wir noch

$$\mathbb{E}(X_\infty Y_\infty) = \mathbb{E}[X, Y]_\infty \tag{5.4}$$

zeigen. Zunächst sei dafür bemerkt, dass nach Satz 4.19

$$[X, Y]_t = \frac{1}{2}([X + Y]_t - [X]_t - [Y]_t) \tag{5.5}$$

für $t \in \mathbb{R}_+$ gilt, was sich nach einem Grenzübergang zu

$$[X, Y]_\infty = \frac{1}{2}([X + Y]_\infty - [X]_\infty - [Y]_\infty) \tag{5.6}$$

punktweise überträgt. Diese Grenzwertbildung ist auch sinnvoll, denn für $X \in \mathfrak{M}_0^2$ folgt $\mathbb{E}[X]_\infty < \infty$, wodurch $[X]_\infty$ fast sicher endlich ist. Um (5.4) zu zeigen, seien als Erstes $X = Y \in \mathfrak{M}_0^2$. Nach Satz 4.16 gilt $\mathbb{E}(X_t)^2 = \mathbb{E}[X]_t$ für $t \in \mathbb{R}_+$ wegen $X_0 = [X]_0 = 0$. Aus der vor diesem Lemma beschriebenen L^2-Konvergenz und dem Satz von der monotonen Konvergenz folgt daraus $\mathbb{E}(X_\infty)^2 = \mathbb{E}[X]_\infty$, was die Aussage in diesem Fall zeigt. Seien jetzt $X, Y \in \mathfrak{M}_0^2$ beliebig. Dann gilt

$$\mathbb{E}(X_\infty Y_\infty) = \mathbb{E}\left(\frac{1}{2}\{(X_\infty + Y_\infty)^2 - (X_\infty)^2 - (Y_\infty)^2\}\right)$$

$$= \mathbb{E}\left(\frac{1}{2}([X + Y]_\infty - [X]_\infty - [Y]_\infty)\right)$$

$$= \mathbb{E}[X, Y]_\infty,$$

Dabei folgt die zweite Gleichung aus dem Spezialfall $X = Y$ und die Letzte aus (5.6).

Nun wissen wir, dass die Abbildung $\langle \cdot, \cdot \rangle_{\mathfrak{M}_0^2} : \mathfrak{M}_0^2 \times \mathfrak{M}_0^2 \to \mathbb{R}$ symmetrisch, bilinear und nicht-negativ ist, also $\| \cdot \|_{\mathfrak{M}_0^2} := (\langle \cdot, \cdot \rangle_{\mathfrak{M}_0^2})^{\frac{1}{2}}$ eine Halbnorm auf $\mathfrak{M}_0^2$ definiert. Die fehlenden Eigenschaften ergeben sich jetzt aus der nächsten Ungleichung, die wiederum aus der Doobschen Maximal-Ungleichung (Satz 1.33) folgt:

$$\|X\|_{2,\infty} = \|X^*\|_2 \le 2 \sup_{t \in \mathbb{Q}_+} \|X_t\|_2 = 2 \sup_{t \in \mathbb{R}_+} \|X_t\|_2$$

$$= 2 \lim_{t \to \infty} \|X_t\|_2 = 2\|X\|_{\mathfrak{M}_0^2} \le 2\|X\|_{2,\infty} < \infty, \qquad (5.7)$$

für beliebiges $X \in \mathfrak{M}_0^2$. Dabei folgen die beiden Gleichungen nach dem ersten Ungleichheitszeichen aus der Tatsache, dass X^2 als Submartingal steigende Erwartungswerte hat. Die Endlichkeit erschließt sich, wie vor diesem Lemma diskutiert, weil X ein L^2-beschränktes Martingal ist. Einerseits erweist sich $\mathfrak{M}_0^2$ dadurch als ein Untervektorraum des Banachraums $\mathfrak{C}^2$. Andererseits sind die beiden (Halb-)Normen auf $\mathfrak{M}_0^2$ äquivalent, so dass die Topologie auf $\mathfrak{M}_0^2$, die durch die Halbnorm $\| \cdot \|_{\mathfrak{M}_0^2}$ induziert wird, mit der Unterraumtopologie von $\mathfrak{C}^2$ übereinstimmt. Weiterhin zeigt (5.7), dass aus $\|X\|_{\mathfrak{M}_0^2} = 0$, $\|X\|_{2,\infty} = 0$ und damit $X = 0$ folgt, weil wir nicht-unterscheidbare Prozesse identifizieren. Somit ist $\langle \cdot, \cdot \rangle_{\mathfrak{M}_0^2}$ ein Skalarprodukt und $\mathfrak{M}_0^2$ wird zu einem Hilbertraum, wenn wir zeigen können, dass $\mathfrak{M}_0^2 \subset \mathfrak{C}^2$ abgeschlossen ist. Sei daher $(X^{(n)})_{n \in \mathbb{N}}$ eine Folge von Prozessen in $\mathfrak{M}_0^2$ und $X \in \mathfrak{C}^2$ ein Grenzwert dieser Folge in der $\| \cdot \|_{2,\infty}$-Norm. Dann ist offensichtlich X_t ein L^2-Grenzwert der Folge $X_t^{(n)}$ für jedes $t \in \mathbb{R}_+$. Aus Satz 1.30 folgt, dass X zur Klasse der L^2-beschränkten Martingale gehört. Nach Bemerkung 4.3 konvergiert eine Teilfolge von $X^{(n)}$ lokal gleichmäßig fast sicher gegen X und damit gilt auch $X_0 = 0$ fast sicher. Da wir nicht-unterscheidbare Prozesse als gleich auffassen haben wir schließlich $X \in \mathfrak{M}_0^2$. $\qquad \square$

Wir definieren

$$\mathfrak{M}^2 := \{X \in \mathfrak{M} : X - X_0 \in \mathfrak{M}_0^2\}.$$

Dann gehört ein $X \in \mathfrak{M}$ genau dann zu $\mathfrak{M}^2$, wenn das zugehörige Doléansmaß endlich ist. Für $X, Y \in \mathfrak{M}^2$ sei

$$\mu_{X,Y} := \frac{1}{2}(\mu_{X+Y} - \mu_X - \mu_Y) \tag{5.8}$$

das zugehörige signierte Maß auf $\mathbb{B}(\mathbb{R}_+) \otimes \mathcal{F}_\infty$. Die nächste Proposition stellt einige Rechenregeln zum signierten Maß $\mu_{X,Y}$ zusammen.

Proposition 5.8. *Seien $X, Y \in \mathfrak{M}^2$. Dann gilt:*

1.

$$K_{X,Y} := \frac{1}{2}(K_{X+Y} - K_X - K_Y)$$

definiert einen signierten Übergangskern von $(\Omega, \mathcal{F}_\infty)$ nach $(\mathbb{R}_+, \mathbb{B}(\mathbb{R}_+))$. D.h. $K_{X,Y}(\omega, \cdot)$ ist für fast sicher alle $\omega \in \Omega$ bei festem ω ein endliches signiertes Maß auf $\mathbb{B}(\mathbb{R}_+)$ und $K_{X,Y}(\cdot, C)$ ist bei festem $C \in \mathbb{B}(\mathbb{R}_+)$ $\mathcal{F}_\infty$-messbar. Weiterhin ist $K_{X,Y}(\omega, \cdot)$ das eindeutig bestimmte signierte Maß mit der Verteilungsfunktion $[X, Y]_\bullet(\omega)$ und für $M \in \mathbb{B}(\mathbb{R}_+) \otimes \mathcal{F}_\infty$ gilt:

$$\mu_{X,Y}(M) = \int \int 1_M(t, \omega) K_{X,Y}(\omega, dt) P(d\omega). \tag{5.9}$$

2. $\mu_{X,Y}([0, t] \times A) = \mathbb{E}(1_A[X, Y]_t)$ für $t \in \mathbb{R}_+$ und $A \in \mathcal{F}_\infty$.

3. Für ein beschränktes und $\mathbb{B}(\mathbb{R}_+) \otimes \mathcal{F}_\infty$-messbares F gilt folgende Integralgleichung:

$$\int F d\mu_{X,Y} = \int \int F(s, \omega) K_{X,Y}(\omega, ds) P(d\omega). \tag{5.10}$$

Ist F sogar aus $\mathfrak{B}$ und beschränkt, so gilt darüber hinaus:

$$\int_{[0,t] \times \Omega} F d\mu_{X,Y} = \mathbb{E}\left(\int_0^t F d[X, Y] \right) = \mathbb{E}\left(\int F d[X, Y] \right)_t \tag{5.11}$$

für jedes $t \in \mathbb{R}_+$.

4. *Ist τ eine Stoppzeit, so gilt*

$$\mu_{X,Y}([0,\tau]) = \mathbb{E}[X,Y]_\tau.$$

5. *Für eine Stoppzeit τ gilt außerdem*

$$\mu_{X^\tau,Y}(\cdot) = \mu_{X,Y^\tau}(\cdot) = \mu_{X^\tau,Y^\tau}(\cdot) = \mu_{X,Y}([0,\tau] \cap \cdot).$$

6. *Es gilt:*

$$\mu_{X,Y} = \mu_{Y,X},$$
$$\mu_{X-X_0,Y} = \mu_{X,Y} \quad und$$
$$\mu_{X,X} = \mu_X.$$

7. $\mu_{X,Y}$ *ist bilinear in X und Y.*

8. *Jeder progressiv messbare Prozess mit Zeitbereich $\mathbb{R}_+$ ist als Abbildung auf $\mathbb{R}_+ \times \Omega$ auch $\mathbb{B}(\mathbb{R}_+) \otimes \mathcal{F}_\infty$-messbar.*

9. *Für eine Stoppzeit τ gehört das stochastische Intervall $[0,\tau[$ zur σ-Algebra $\mathbb{B}(\mathbb{R}_+) \otimes \mathcal{F}_\infty$. Damit gilt dies auch für das entartete stochastische Intervall $[\tau,\tau]$ und dieses ist eine $\mu_{X,Y}$ Nullmenge.*

Beweis.

1. Das folgt aus der Definition von $\mu_{X,Y}$ in (5.8) mit (5.5) und aus der Definition 5.4 des Doléansmaßes. Die Endlichkeit des signierten Maßes $K_{X,Y}(\omega,\cdot)$ für fast alle ω folgt aus der Endlichkeit der beteiligten Doléansmaße.

2. Dies ist eine Konsequenz aus Proposition 5.5/1., wenn man wieder (5.5) und die Linearität des Erwartungswerts beachtet.

3. (5.10) folgt aus der üblichen Entwicklung von Indikatorfunktionen zu beschränkten messbaren Funktionen mit einer Anwendung des Satzes von der dominierten Konvergenz, wenn man die fast sichere Endlichkeit von $K_{X,Y}(\omega,\cdot)$ nach 1. beachtet. (5.11) folgt aus (5.10) mit Satz 2.3.

4. Das ergibt sich aus (5.5), (5.8) und Proposition 5.5/5. (Man beachte dabei, dass $[X, Y]_\infty$ für $X, Y \in \mathfrak{M}^2$ wie in (5.6) existiert.)

5. Nach Satz 4.19 gilt $[X^\tau, Y] = [X, Y^\tau] = [X^\tau, Y^\tau] = [X, Y]^\tau$. Daher zeigt 1., dass $K_{X^\tau,Y}(\omega, \cdot)$, $K_{X,Y^\tau}(\omega, \cdot)$ und $K_{X^\tau,Y^\tau}(\omega, \cdot)$ auf $[0, \tau(\omega)] \cap \mathbb{B}(\mathbb{R}_+)$ mit $K_{X,Y}(\omega, \cdot)$ übereinstimmen und keine Masse auf $]\tau(\omega), \infty[$ werfen. Sei $C \in \mathbb{B}(\mathbb{R}_+) \otimes \mathcal{F}_\infty$ und $\omega \in \Omega$ und dafür $C_\omega := \{t \in \mathbb{R}_+ \mid (t, \omega) \in C\}$. C_ω ist ein Element von $\mathbb{B}(\mathbb{R}_+)$, wie man in [1] (Lemma 23.1) nachlesen kann. Dann gilt

$$
\begin{aligned}
\int 1_C(t, \omega) K_{X^\tau,Y}(\omega, dt) &= K_{X^\tau,Y}(\omega, C_\omega) \\
&= K_{X^\tau,Y}(\omega, C_\omega \cap [0, \tau(\omega)]) \\
&= K_{X,Y}(\omega, C_\omega \cap [0, \tau(\omega)]) \\
&= \int 1_{C \cap [0,\tau]}(t, \omega) K_{X,Y}(\omega, dt).
\end{aligned}
$$

Eine analoge Gleichung gilt für K_{X,Y^τ} und K_{X^τ,Y^τ}. Nach Anwendung des Erwartungswerts folgt

$$
\mu_{X,Y}([0, \tau] \cap C) = \mu_{X^\tau,Y}(C) = \mu_{X,Y^\tau}(C) = \mu_{X^\tau,Y^\tau}(C),
$$

was die Behauptung zeigt.

6. Das ergibt sich aus 1. und den Eigenschaften der quadratischen Kovariation aus Satz 4.19.

7. Dies folgt ebenfalls aus 1., der Bilinearität des Klammerprozesses (Satz 4.19) und der Linearität des Integrals.

8. Für $n \in \mathbb{N}$ wird die σ-Algebra $\mathcal{A}_n := ([0, n] \times \Omega) \cap \mathbb{B}(\mathbb{R}_+) \otimes \mathcal{F}_\infty$ erzeugt von

$$
\mathcal{E}_\infty := \{[0, s] \times B \mid 0 \le s \le n, B \in \mathcal{F}_\infty\}.
$$

Daher ist offensichtlich $\mathbb{B}([0, n]) \otimes \mathcal{F}_n$ eine Unter-σ-Algebra von $\mathcal{A}_n$.

Haben wir schließlich einen progressiv messbaren Prozess X mit Zeitbereich $\mathbb{R}_+$ dann gilt für $C \in \mathbb{B}$ nach der vorangegangenen Argumentation:

$$X^{-1}(C) = \bigcup_{n \in \mathbb{N}} X \left.\right|_{[0,n] \times \Omega}^{-1} (C) \in \sigma \left(\bigcup_{n \in \mathbb{N}} \mathbb{B}([0,n]) \otimes \mathcal{F}_n \right)$$

$$\subset \sigma \left(\bigcup_{n \in \mathbb{N}} \mathcal{A}_n \right)$$

$$\subset \mathbb{B}(\mathbb{R}_+) \otimes \mathcal{F}_\infty.$$

9. Die Indikatorvariable von $[0, \tau[$ ist rechtsstetig, adaptiert und daher nach Satz 1.11 progressiv messbar. Daher gehört nach 8. $[0, \tau[$ zu $\mathbb{B}(\mathbb{R}_+) \otimes \mathcal{F}_\infty$. Gleiches gilt für $[0, \tau]$ wegen der Linksstetigkeit der Pfade der zugehörigen Indikatorvariable. Damit gilt natürlich auch

$$[\tau, \tau] = [0, \tau] \setminus [0, \tau[\in \mathbb{B}(\mathbb{R}_+) \otimes \mathcal{F}_\infty.$$

Schließlich folgt mit (5.9):

$$\mu_{X,Y}([\tau, \tau]) = \int K_{X,Y}(\omega, [\tau(\omega), \tau(\omega)]) P(d\omega) = 0.$$

Denn $K_{X,Y}(\omega, \cdot)$ wirft als Differenz von Maßen mit stetiger Verteilungsfunktion keine Masse auf einzelne Punkte.

$\square$

Das folgende Lemma bildet die Grundlage für die Einführung des stochastischen Integrals nach lokalen Martingalen und ist gleichzeitig ein starkes Hilfsmittel um wichtige Rechenregeln zu beweisen.

Lemma 5.9. *Seien* $X, Y \in \mathfrak{M}^2$. *Dann gibt es eine Nullmenge außerhalb derer*

$$\left| [X, Y]_t - [X, Y]_s \right|^2 \leq ([X]_t - [X]_s)([Y]_t - [Y]_s)$$

für jede Wahl $0 \leq s \leq t \leq \infty$ *gilt.*

Beweis. Man bemerkt schnell, dass es genügt die Ungleichung für jedes $0 \leq s \leq t < \infty$ außerhalb einer Nullmenge $N_{s,t}$ zu zeigen. Denn falls dies richtig ist, so setzt man

$$N := \bigcup_{s,t \in \mathbb{Q}_+ \,:\, s \leq t} N_{s,t}.$$

Dann gilt die Ungleichung außerhalb dieser Nullmenge für alle rationalen s, t. Weil aber beide Seiten stetig von s und t abhängen, gilt die Ungleichung für alle $s, t \in \mathbb{R}_+$ mit $s \leq t$. Durch Grenzübergang $t \to \infty$, wie in (5.6), zeigt sich, dass die Ungleichung auch für $t = \infty$ außerhalb von N gilt.

Sei nun $s = 0$ und $t \in \mathbb{R}_+$ beliebig. Aus der Cauchy-Schwarz-Ungleichung und den Definitionen der Prävariationen folgt, dass für jede Zerlegung $\mathfrak{Z}$

$$\left| (T_{\mathfrak{Z}}(X, Y))_t \right|^2 \leq (T_{\mathfrak{Z}} X)_t (T_{\mathfrak{Z}} Y)_t$$

gilt. Bemerkung 4.3 ergibt fast sichere Konvergenz auf einer geeigneten Folge von Zerlegungen $\mathfrak{Z}_n$ und damit

$$[X, Y]_t^2 \leq [X]_t [Y]_t.$$

außerhalb einer Nullmenge $N_{0,t}$.

Um nun den allgemeinen Fall zu zeigen, seien $0 \leq s \leq t < \infty$ beliebig. Weiter sei $\mathfrak{Z}_n = \{ t_0^{(n)} = 0, \ldots, t_{r_n}^{(n)} \}$ eine Folge von Zerlegungen mit $t_{r_n}^{(n)} \uparrow \infty$, $|\mathfrak{Z}_n| \to \infty$ und $s \in \mathfrak{Z}_n$ für jedes $n \in \mathbb{N}$. Dann betrachten wir die Prozesse $U_r := X_{r+s} - X_s$ und $V_r := Y_{r+s} - Y_s$ für $r \in \mathbb{R}_+$, die lokale Martingale sind. (Dies ist ein analoges Vorgehen wie im Beweis von Satz 4.17.) Für die Zerlegungen $\mathfrak{Z}_n' = \{ w - s \mid w \in \mathfrak{Z}_n \text{ und } w \geq s \}$ gilt dann:

$$[X]_{3_n(t)} - [X]_{3_n(s)} = [U]_{3'_n(t-s)}.$$

Die fast sichere Konvergenz auf einer Teilfolge zeigt, dass

$$[X]_t - [X]_s = [U]_{t-s}$$

fast sicher gilt. Analog folgt:

$$[Y]_t - [Y]_s = [V]_{t-s} \quad \text{und} \quad [X+Y]_t - [X+Y]_s = [U+V]_{t-s}$$

fast sicher. Insbesondere sind auch U und V aus $\mathfrak{M}^2$. Insgesamt ergibt sich aus dem bereits diskutierten Spezialfall $s = 0$:

$$|[U,V]_{t-s}|^2 \leq [U]_{t-s}[V]_{t-s} = ([X]_t - [X]_s)([Y]_t - [Y]_s)$$

fast sicher. Die Aussage folgt schließlich mit Satz 4.19, denn damit gilt:

$$\begin{aligned}
[U,V]_{t-s} &= \frac{1}{2}([U+V]_{t-s} - [U]_{t-s} - [V]_{t-s}) \\
&= \frac{1}{2}([X+Y]_t - [X+Y]_s - [X]_t + [X]_s - [Y]_t + [Y]_s) \\
&= [X,Y]_t - [X,Y]_s
\end{aligned}$$

$\square$

Die folgenden beiden Lemmata sind entscheidend für die Einführung des stochastischen Integrals nach lokalen Martingalen.

Lemma 5.10. *Zu $X, Y \in \mathfrak{M}^2$ gibt es eine Nullmenge N, so dass für alle $\omega \in N^C$, für jedes $t \geq 0$ und jedes $\mathbb{B}(\mathbb{R}_+) \otimes \mathcal{F}_\infty$-messbare, beschränkte F*

$$\left| \int_0^t F(s,\omega) K_{X,Y}(\omega, ds) \right| \leq \left(\int_0^t F^2(s,\omega) K_X(\omega, ds) \right)^{\frac{1}{2}} ([Y]_t(\omega))^{\frac{1}{2}}$$

$$\leq \left(\int_0^\infty F^2(s,\omega) K_X(\omega, ds) \right)^{\frac{1}{2}} ([Y]_\infty(\omega))^{\frac{1}{2}}$$

$$(5.12)$$

gilt.

Beweis. Die zweite Ungleichung in (5.12) folgt offensichtlich aus der Monotonie der beteiligten Funktionen. Daher genügt es, wenn wir die Erste der beiden nachweisen. Man beachte noch, dass der letzte Ausdruck in (5.12) aufgrund der Endlichkeit der beteiligten Doléansmaße fast sicher endlich ist.

Nun sei N die Nullmenge, außerhalb der die Aussage von Lemma 5.9 gilt. Weiterhin sei $t \geq 0$ im Folgenden fixiert. Da es sich bei der Behauptung um eine Gleichung pfadweiser Integrale handelt, genügt es zu zeigen, dass für im Folgenden fixiertes $\omega_0 \notin N$ und jede beschränkte messbare Funktion

$$f \colon ([0,t], \mathbb{B}([0,t])) \to (\mathbb{R}, \mathbb{B})$$

die Gleichung

$$\left| \int_0^t f(s) K_{X,Y}(\omega_0, ds) \right| \leq \left(\int_0^t f^2(s) K_X(\omega_0, ds) \right)^{\frac{1}{2}} ([Y]_t(\omega_0))^{\frac{1}{2}} \quad (5.13)$$

gilt. (Natürlich ist in (5.13) und im Folgenden mit $K_{X,Y}$ bzw. K_X das auf $[0,t] \cap \mathbb{B}(\mathbb{R}_+) = \mathbb{B}([0,t])$ eingeschränkte (signierte) Maß gemeint.) Um dies zu zeigen, betrachten wir zunächst f in der Form

$$f = a_0 1_{\{0\}} + \sum_{j=1}^r a_j 1_{]t_{j-1}, t_j]} \quad (5.14)$$

mit $r \in \mathbb{N}$, $a_0, a_1, \ldots, a_r \in \mathbb{R}$ und $0 = t_0 < t_1 < \ldots < t_r = t$. Für solch ein f gilt:

$$\left| \int_0^t f(s) K_{X,Y}(\omega_0, ds) \right| = \left| \sum_{j=1}^r a_j ([X,Y]_{t_j}(\omega_0) - [X,Y]_{t_{j-1}}(\omega_0)) \right|$$

$$\overset{(1)}{\leq} \sum_{j=1}^r |a_j| \left| [X,Y]_{t_j}(\omega_0) - [X,Y]_{t_{j-1}}(\omega_0) \right|.$$

Obige Gleichung gilt aufgrund der Definition des signierten Kerns und (1) folgt aus der Dreiecksungleichung. Damit können wir weiter abschätzen:

$$\left| \int\limits_0^t f(s) K_{X,Y}(\omega_0, ds) \right| \overset{(2)}{\leq} \sum_{j=1}^r |a_j| \left([X]_{t_j}(\omega_0) - [X]_{t_{j-1}}(\omega_0)\right)^{\frac{1}{2}} \times$$

$$\times \left([Y]_{t_j}(\omega_0) - [Y]_{t_{j-1}}(\omega_0)\right)^{\frac{1}{2}}$$

$$\overset{(3)}{\leq} \left(\sum_{j=1}^r a_j^2 ([X]_{t_j}(\omega_0) - [X]_{t_{j-1}}(\omega_0)) \right)^{\frac{1}{2}} \times$$

$$\times \left(\sum_{j=1}^r ([Y]_{t_j}(\omega_0) - [Y]_{t_{j-1}}(\omega_0)) \right)^{\frac{1}{2}}$$

$$= \left(\int\limits_0^t f^2(s) K_X(\omega_0, ds) \right)^{\frac{1}{2}} ([Y]_t(\omega_0))^{\frac{1}{2}}.$$

(2) ist eine Anwendung von Lemma 5.9, denn es gilt $\omega_0 \notin N$, und (3) folgt mit der Cauchy-Schwarz-Ungleichung. Das Gleichheitszeichen gilt wegen der Definition des Kerns K_X. Somit haben wir (5.13) für alle f in der Form (5.14) nachgewiesen.

Als Nächstes zeigen wir, dass

$$\mathcal{B} := \{M \subset [0,t] \mid 1_M \text{ hat die Form (5.14) }\}$$

die Eigenschaften einer Mengenalgebra auf $[0,t]$ hat.

1. $[0,t] \in \mathcal{B}$ gilt, denn dafür wählt man $r = 1$ und $a_0 = a_1 = 1$ für die Form (5.14).

2. Für $M \in \mathcal{B}$ gilt $1_{M^C} = 1 - 1_M$. Damit hat offensichtlich auch 1_{M^C} die Form (5.14).

3. Für $M_1, M_2 \in \mathcal{B}$ gilt

$$1_{M_1 \cup M_2} = \max\{1_{M_1}, 1_{M_2}\}.$$

Weil man aber zu endlich vielen Funktionen in der Form (5.14) ohne Einschränkung annehmen kann, dass allen die selbe Zerlegung von $[0,t]$ zugrunde liegt, hat auch $1_{M_1 \cup M_2}$ die Form (5.14).

Die Algebra $\mathcal{B}$ erzeugt die σ-Algebra $\mathbb{B}([0,t])$, denn offensichtlich gilt $[0,s] \in \mathcal{B}$ für jedes $0 \leq s \leq t$. Mit dem selben Argument wie eben (selbe zugrunde liegende Zerlegungen) sieht man, dass auch jede Treppenfunktion von Mengen aus $\mathcal{B}$ die Form (5.14) hat und damit für diese Funktionen bereits (5.13) gilt.

Nun möchten wir (5.13) für alle Treppenfunktionen von Borel-Mengen auf $[0,t]$ zeigen. Dazu sei $\sum_{j=1}^n a_j 1_{A_j}$ mit $n \in \mathbb{N}$, $a_1, \ldots, a_n \in \mathbb{R}$ und $A_1, \ldots, A_n \in \mathbb{B}([0,t])$ solch eine Funktion. Sei $0 < \epsilon < 1$ beliebig. Wir definieren das endliche Maß

$$\tilde{\mu}(\cdot) := \|K_{X,Y}(\omega_0, \cdot)\| + K_X(\omega_0, \cdot),$$

auf $\mathbb{B}([0,t])$, wobei gemäß Definition 1.44 $\|K_{X,Y}(\omega_0, \cdot)\|$ das Totalvariationsmaß des signierten Maßes $K_{X,Y}(\omega_0, \cdot)$ bezeichne. Nach einem elementaren Resultat der Maßtheorie lassen sich die Maße der Mengen $A_1, \ldots, A_n$ unter dem endlichen Maß $\tilde{\mu}$ durch die Maße von Mengen aus der erzeugenden Algebra $\mathcal{B}$ approximieren. D.h. für

$$C := \sum_{j=1}^n |a_j| + \sum_{j=1}^n a_j^2 + 1$$

gibt es $B_1, \ldots, B_n \in \mathcal{B}$ mit

$$\tilde{\mu}(A_j \triangle B_j) \leq \frac{\epsilon^2}{C \cdot n}, \quad \forall j \in \{1, \ldots, n\}.$$

Damit ergibt sich zuerst mit der Dreiecksungleichung und $|1_A - 1_B| = 1_{A \triangle B}$ die Abschätzung:

$$\left\| \int_0^t \sum_{j=1}^n a_j 1_{A_j}(s) K_{X,Y}(\omega_0, ds) \right| - \left| \int_0^t \sum_{j=1}^n a_j 1_{B_j}(s) K_{X,Y}(\omega_0, ds) \right\|$$

$$\leq \left| \int_0^t \sum_{j=1}^n a_j (1_{A_j}(s) - 1_{B_j}(s)) K_{X,Y}(\omega_0, ds) \right|$$

$$\leq \sum_{j=1}^n |a_j| \int_0^t \left| 1_{A_j}(s) - 1_{B_j}(s) \right| \left\| K_{X,Y}(\omega_0, ds) \right\|$$

$$\leq \sum_{j=1}^n |a_j| \, \tilde{\mu}(A_j \triangle B_j)$$

$$\leq \left(\sum_{j=1}^n |a_j| \right) \cdot \frac{\epsilon^2}{C \cdot n} \leq \epsilon^2 \leq \epsilon. \tag{5.15}$$

Außerdem gilt:

$$\left| \left(\int_0^t \left(\sum_{k=1}^n a_k 1_{A_k}(s) \right)^2 K_X(\omega_0, ds) \right)^{\frac{1}{2}} - \right.$$

$$\left. - \left(\int_0^t \left(\sum_{k=1}^n a_k 1_{B_k}(s) \right)^2 K_X(\omega_0, ds) \right)^{\frac{1}{2}} \right|$$

$$\overset{(4)}{\leq} \left(\int_0^t \left(\sum_{k=1}^n a_k (1_{A_k}(s) - 1_{B_k}(s)) \right)^2 K_X(\omega_0, ds) \right)^{\frac{1}{2}}$$

$$\overset{(5)}{\leq} \left(\int_0^t \left(\sum_{k=1}^n a_k^2 \right) \left(\sum_{k=1}^n (1_{A_k}(s) - 1_{B_k}(s))^2 \right) K_X(\omega_0, ds) \right)^{\frac{1}{2}}.$$

(4) folgt dabei aus der Minkowski-Ungleichung und (5) ist eine Anwendung der Cauchy-Schwarz-Ungleichung. Daraus können wir weiter folgern:

$$\left| \left(\int_0^t \left(\sum_{k=1}^n a_k \mathbf{1}_{A_k}(s) \right)^2 K_X(\omega_0, ds) \right)^{\frac{1}{2}} - \right.$$

$$\left. - \left(\int_0^t \left(\sum_{k=1}^n a_k \mathbf{1}_{B_k}(s) \right)^2 K_X(\omega_0, ds) \right)^{\frac{1}{2}} \right|$$

$$= \left(\sum_{k=1}^n a_k^2 \right)^{\frac{1}{2}} \left(\sum_{k=1}^n \int_0^t |\mathbf{1}_{A_k}(s) - \mathbf{1}_{B_k}(s)| \, K_X(\omega_0, ds) \right)^{\frac{1}{2}}$$

$$\leq \left(\sum_{k=1}^n a_k^2 \right)^{\frac{1}{2}} \left(\sum_{k=1}^n \tilde{\mu}(A_k \triangle B_k) \right)^{\frac{1}{2}}$$

$$\leq \left(\sum_{k=1}^n a_k^2 \right)^{\frac{1}{2}} \left(n \cdot \frac{\epsilon^2}{n \cdot C} \right)^{\frac{1}{2}} \leq \epsilon. \tag{5.16}$$

Somit schließen wir insgesamt:

$$\left| \int_0^t \sum_{j=1}^n a_j \mathbf{1}_{A_j}(s) K_{X,Y}(\omega_0, ds) \right| \overset{(6)}{\leq} \left| \int_0^t \sum_{j=1}^n a_j \mathbf{1}_{B_j}(s) K_{X,Y}(\omega_0, ds) \right| + \epsilon$$

$$\overset{(7)}{\leq} \left(\int_0^t \left(\sum_{j=1}^n a_j \mathbf{1}_{B_j}(s) \right)^2 K_X(\omega_0, ds) \right)^{\frac{1}{2}} ([Y]_t(\omega_0))^{\frac{1}{2}} + \epsilon$$

$$\overset{(8)}{\leq} \left(\left(\int_0^t \left(\sum_{j=1}^n a_j \mathbf{1}_{A_j}(s) \right)^2 K_X(\omega_0, ds) \right)^{\frac{1}{2}} + \epsilon \right) ([Y]_t(\omega_0))^{\frac{1}{2}} + \epsilon.$$

Dabei folgt (6) aus (5.15), (7) aus (5.13), die ja für Treppenfunktionen von Mengen aus $\mathcal{B}$ gilt, und (8) ist eine Konsequenz aus (5.16). Das heißt, da $0 < \epsilon < 1$ beliebig war, gilt (5.13) für beliebige Treppenfunktionen mit Trägermengen aus $\mathbb{B}([0,t])$.

Sei schließlich $f\colon ([0,t], \mathbb{B}([0,t])) \to (\mathbb{R}, \mathbb{B})$ eine beliebige beschränkte messbare Funktion. Aus der Maßtheorie wissen wir, dass es eine Folge f_n von Treppenfunktionen mit Borel-Mengen aus $\mathbb{B}([0,t])$ gibt, für die $f_n(s) \to f(s)$ punktweise für jedes $s \in [0,t]$ dominiert durch eine Konstante konvergiert. Daraus liefert der Satz von der dominierten Konvergenz zusammen mit dem, was wir bisher bewiesen haben:

$$\left| \int_0^t f(s) K_{X,Y}(\omega_0, ds) \right| = \lim_{n\to\infty} \left| \int_0^t f_n(s) K_{X,Y}(\omega_0, ds) \right|$$

$$\leq \limsup_{n\to\infty} \left(\int_0^t f_n^2(s) K_X(\omega_0, ds) \right)^{\frac{1}{2}} ([Y]_t(\omega_0))^{\frac{1}{2}}$$

$$= \left(\int_0^t f^2(s) K_X(\omega_0, ds) \right)^{\frac{1}{2}} ([Y]_t(\omega_0))^{\frac{1}{2}}.$$

$\square$

Beim nächsten Lemma handelt es sich um ein "integriertes Analogon" von Lemma 5.10.

Lemma 5.11. *Für $X \in \mathfrak{M}^2$, $Y \in \mathfrak{M}_0^2$ und F beschränkt und $\mathbb{B}(\mathbb{R}_+) \otimes \mathcal{F}_\infty$-messbar gilt:*

$$\left| \int F d\mu_{X,Y} \right| \leq \|F\|_{L^2(\mu_X)} \cdot \|Y\|_{\mathfrak{M}_0^2}.$$

Beweis. Es gilt:

$$\left| \int F d\mu_{X,Y} \right| \overset{(1)}{=} \lim_{t\to\infty} \left| \int_{[0,t]\times\Omega} F d\mu_{X,Y} \right|$$

$$\overset{(2)}{=} \lim_{t\to\infty} \left| \mathbb{E}\left(\int_0^t F(s,\omega) K_{X,Y}(\omega, ds) \right) \right|$$

(1) folgt aus dem Satz von der dominierten Konvergenz und (2) ergibt sich mit Proposition 5.8/3. Damit können wir abschätzen:

$$\left| \int F d\mu_{X,Y} \right| \leq \limsup_{t\to\infty} \mathbb{E} \left| \int_0^t F(s,\omega) K_{X,Y}(\omega, ds) \right|$$

$$\overset{(3)}{\leq} \limsup_{t\to\infty} \mathbb{E} \left[\left(\int_0^t F^2(s,\omega) K_X(\omega, ds) \right)^{\frac{1}{2}} \cdot [Y]_\infty^{\frac{1}{2}} \right]$$

$$\overset{(4)}{\leq} \limsup_{t\to\infty} \left(\mathbb{E} \left(\int_0^t F^2(s,\omega) K_X(\omega, ds) \right) \right)^{\frac{1}{2}} \cdot (\mathbb{E}[Y]_\infty)^{\frac{1}{2}}$$

$$\overset{(5)}{=} \left(\int F^2 d\mu_X \right)^{\frac{1}{2}} \cdot \|Y\|_{\mathfrak{M}_0^2} = \|F\|_{L^2(\mu_X)} \cdot \|Y\|_{\mathfrak{M}_0^2}.$$

(3) ist Lemma 5.10, (4) ist eine Konsequenz aus der Hölder-Ungleichung und (5) folgt mit Lemma 5.7, Proposition 5.5/2. und dem Satz von der monotonen Konvergenz.   □

Bemerkung 5.12. *Wie wir gleich sehen werden ist Lemma 5.11 entscheidend für unseren Weg der Einführung stochastischer Integration nach lokalen Martingalen. Der Beweis von Lemma 5.10 beruht auf Lemma 5.9, welches wiederum die quadratische (Ko-)Variation und deren Eigenschaften, sowie die Approximation durch Zerlegungssummen verwendet. Es ist in der Tat möglich (siehe z.B. [11] Theorem I.4.47) die quadratische (Ko-)Variation einzuführen, wenn die zugrunde liegenden Prozesse der Vektorräume* $\mathfrak{C}$, $\mathfrak{A}$, $\mathfrak{M}$, $\mathfrak{S}$ *in Definition 3.1 und* $\mathfrak{M}^2$ *bzw.* $\mathfrak{M}_0^2$ *in Lemma 5.7 nur càdlàg statt stetig sind, d.h. pfadweise rechtsstetig mit Limiten von links. Die selbe Herleitung wie die des folgenden Abschnitts 5.4 führt dann genauso auf ein stochastisches Integral für lokale Martingale.*

Ein solch konstruktiver Weg der Definition der quadratischen (Ko-) Variation durch Konvergenz von Zerlegungssummen ist im Fall von càdlàg Prozessen wesentlich aufwendiger, denn einerseits braucht man statt Satz 3.7 die allgemeine Doob-Meyer-Zerlegung ([11] Theorem

I.3.15) zur Herleitung der previsiblen quadratischen (Ko-)Variation. Deren Beweis ist nicht derart kurz. Andererseits gilt für die quadratische Kovariation von Semimartingalen X und Y mit Sprüngen ([11] Theorem I.4.52)

$$[X, Y]_t = \langle X^C, Y^C \rangle_t + \sum_{s \leq t} \Delta X_s \Delta Y_s,$$

für $t \geq 0$, wobei $\Delta X_s := X_s - X_{s-}$ den Sprungprozess eines Semimartingals bezeichnet. $\langle X^C, Y^C \rangle$ ist die previsible quadratische Kovariation des stetigen Martingalteils von X und Y. Sie stimmt mit dem Begriff überein, welchen wir in Kapitel 4 hergeleitet haben. Dabei ist der stetige Martingalteil eines càdlàg Semimartingals über einen Orthogonalitätsbegriff für lokale Martingale (siehe [11] Abschnitt I.4b) definiert. Aus diesem Grund ergeben sich im Beweis von Lemma 4.10 Zusatzterme.

Um diese Schwierigkeiten zu umgehen und um eine elementare, konstruktive, sowie leicht verständliche Theorie stochastischer Integration darzustellen, wurde die Restriktion auf pfadstetige Prozesse für die vorangegangene Herleitung gewählt.

5.4 Stochastische Integration nach lokalen Martingalen

Lemma 5.11 zeigt, dass die Abbildung $F \mapsto \int F d\mu_{X,Y}$ in der $\|\cdot\|_{L^2(\mu_X)}$-Norm ein stetiges lineares Funktional auf dem Raum der beschränkten $\mathbb{B}(\mathbb{R}_+) \otimes \mathcal{F}_\infty$-messbaren Funktionen ist. Weil aber die Menge dieser Funktionen dicht im $L^2(\mu_X)$ liegen, gibt es nach Lemma 1.40 zu $X \in \mathfrak{M}^2$ und $Y \in \mathfrak{M}_0^2$ ein eindeutig bestimmtes stetiges lineares Funktional

$$I_{X,Y} \colon L^2(\mu_X) \to \mathbb{R},$$

welches $F \mapsto \int F d\mu_{X,Y}$ fortsetzt. Durch Approximation mit beschränkten, messbaren Funktionen sieht man dass

$$|I_{X,Y}(F)| \le \|F\|_{L^2(\mu_X)} \|Y\|_{\mathfrak{M}_0^2} \tag{5.17}$$

für $X \in \mathfrak{M}^2, F \in L^2(\mu_X)$ und $Y \in \mathfrak{M}_0^2$ gilt. Nach Proposition 5.8/7. ist $\int F d\mu_{X,Y}$ für beschränkte $\mathbb{B}(\mathbb{R}_+) \otimes \mathcal{F}_\infty$-messbare F linear in $Y \in \mathfrak{M}_0^2$. Diese Eigenschaft überträgt sich schließlich wegen der Eindeutigkeit der Fortsetzung auf $I_{X,Y}(F)$. Nach (5.17) ist für $X \in \mathfrak{M}^2$ und $F \in L^2(\mu_X)$ die Abbildung $Y \mapsto I_{X,Y}(F)$ ein stetiges lineares Funktional auf dem Hilbertraum $\mathfrak{M}_0^2$. Mit dem Darstellungssatz von Fréchet-Riesz ([19], Theorem V.3.6) gibt es daher genau ein $Z \in \mathfrak{M}_0^2$, so dass

$$I_{X,Y}(F) = \langle Z, Y \rangle_{\mathfrak{M}_0^2}$$

für jedes $Y \in \mathfrak{M}_0^2$ gilt. Dies ermöglicht folgende Definition.

Definition 5.13. *Für $X \in \mathfrak{M}^2$ und $F \in L^2(\mu_X)$ sei das unbestimmte stochastische Integral von F zum Integrator X der eindeutig bestimmte stochastische Prozess $\int F dX := \int F_s dX_s \in \mathfrak{M}_0^2$, für den*

$$I_{X,Y}(F) = \langle \int F dX, Y \rangle_{\mathfrak{M}_0^2}$$

für jedes $Y \in \mathfrak{M}_0^2$ gilt.

Diesen Integralbegriff werden wir jetzt geeignet erweitern um alle Prozesse aus $\mathfrak{B}$ über alle Prozesse aus $\mathfrak{M}$ integrieren zu können. Dazu brauchen wir zunächst folgende Definition und das anschließende Lemma.

Definition 5.14. *Für $X \in \mathfrak{M}$ sei*

$$L^2(X) := \{F \colon \mathbb{R}_+ \times \Omega \to \mathbb{R} \mid F \in L^2(\mu_X) \text{ und } F \text{ previsibel}\}.$$

Eine Stoppzeit τ heißt reduzierend für $F \colon \mathbb{R}_+ \times \Omega \to \mathbb{R}$ bezüglich X, wenn $X^\tau \in \mathfrak{M}^2$ und $F \in L^2(X^\tau)$ gilt. Der lokale L^2 von X sei dann:

$$L_{loc}^2(X) := \{F \colon \mathbb{R}_+ \times \Omega \to \mathbb{R} \mid \exists \text{ Folge } (\tau_n)_{n \in \mathbb{N}} \text{ reduzierender}$$
$$\text{Stoppzeiten für } F \text{ bezüglich } X \text{ mit } \tau_n \uparrow \infty\}.$$

Lemma 5.15. *Für $X \in \mathfrak{M}^2$, $F \in L^2(\mu_X)$ und τ eine Stoppzeit gilt:*

$$\int F d(X^\tau) = \left(\int F dX \right)^\tau.$$

Beweis. Wegen der Eindeutigkeit der stetigen Fortsetzung überträgt sich $\mu_{X^\tau, Y} = \mu_{X, Y^\tau}$ aus Proposition 5.8 zu $I_{X^\tau, Y} = I_{X, Y^\tau}$.

Sei $Y \in \mathfrak{M}_0^2$. Dann folgt mit Satz 4.19, der Definition (Lemma 5.7) des Skalarproduktes auf $\mathfrak{M}_0^2$ und der bisherigen Definition 5.13 des stochastischen Integrals:

$$\left\langle \int F d(X^\tau), Y \right\rangle_{\mathfrak{M}_0^2} = I_{X^\tau, Y}(F) = I_{X, Y^\tau}(F) = \left\langle \int F dX, Y^\tau \right\rangle_{\mathfrak{M}_0^2}$$

$$= \mathbb{E}[\int F dX, Y^\tau]_\infty = \mathbb{E}[(\int F dX)^\tau, Y]_\infty$$

$$= \left\langle (\int F dX)^\tau, Y \right\rangle_{\mathfrak{M}_0^2}.$$

Hierbei ist zu beachten, dass nach Proposition 5.5/7. F auch in $L^2(\mu_{X^\tau})$ liegt. $\qquad\square$

Nun können wir den Integralbegriff erweitern. Seien dazu $X \in \mathfrak{M}$, $F \in L_{loc}^2(X)$ und $\tau_n \uparrow \infty$ eine zugehörige reduzierende Folge von Stoppzeiten für F bezüglich X. Nach den Definitionen 5.13 und 5.14 ist für jedes $n \in \mathbb{N}$ das Integral $\int F d(X^{\tau_n}) \in \mathfrak{M}_0^2$ gegeben. Mit Lemma 5.15 sind $(\int F d(X^{\tau_n}))^{\tau_n}$ und $(\int F d(X^{\tau_{n+1}}))^{\tau_n}$ nicht-unterscheidbar. Somit gibt es nach Satz 1.28 einen eindeutig bestimmten progressiv messbaren Prozess, den wir $\int F dX$ (oder $\int F_s dX_s$) nennen, der

$$\left(\int F dX \right)^{\tau_n} = \left(\int F d(X^{\tau_n}) \right)^{\tau_n} = \int F d(X^{\tau_n})$$

für jedes $n \in \mathbb{N}$ erfüllt. Diese Eigenschaft zeigt auch $\int F dX \in \mathfrak{M}_0$. Die gleiche Konstruktion mit einer anderen reduzierenden Folge $\sigma_n \uparrow \infty$

führt auf den selben Prozess $\int F dX$. Denn der soeben gewonnene Prozess $\int F dX$ erfüllt für $k, n \in \mathbb{N}$ nach Lemma 5.15:

$$\left(\int F dX \right)^{\sigma_k \wedge \tau_n} = \left(\left(\int F dX \right)^{\tau_n} \right)^{\sigma_k} = \left(\int F d(X^{\tau_n}) \right)^{\sigma_k}$$

$$= \int F d(X^{\tau_n \wedge \sigma_k}) = \left(\int F d(X^{\sigma_k}) \right)^{\tau_n}.$$

Mit $n \to \infty$ erkennt man $(\int F dX)^{\sigma_k} = \int F d(X^{\sigma_k})$ für jedes $k \in \mathbb{N}$. Nach Satz 1.28 definiert diese Eigenschaft einen Prozess eindeutig bis auf Nicht-Unterscheidbarkeit.

Mit dieser Betrachtung können wir nun folgende Definition treffen.

Definition 5.16. *Der für $X \in \mathfrak{M}$ und $F \in L^2_{loc}(X)$ konstruierte Prozess $\int F dX := \int F_s dX_s \in \mathfrak{M}_0$ heißt das unbestimmte stochastische Integral von F zum Integrator X. Für endliche Stoppzeiten $\sigma \leq \tau$ sei*

$$\int\limits_{\sigma}^{\tau} F dX := \left(\int F dX \right)_{\tau} - \left(\int F dX \right)_{\sigma}.$$

Proposition 5.17.

1. *Definition 5.16 ist konsistent mit Definition 5.13.*

2. *$\mathfrak{B} \subset L^2_{loc}(X)$ für jedes $X \in \mathfrak{M}$.*

3. *Sei $X \in \mathfrak{M}$. Ändert man $F \in L^2_{loc}(X)$ auf einer μ_X-Nullmenge ab, so hat dies keinen Einfluss auf das Integral $\int F dX$.*

4. *Sei $X \in \mathfrak{M}$ und $F \in L^2_{loc}(X)$. Dann gilt:*

$$\int F d(X - X_0) = \int F dX = \int (F 1_{]0, \infty[}) dX.$$

Beweis.

1. Ist $X \in \mathfrak{M}^2$ und $F \in L^2(\mu_X)$ previsibel, dann kann man die konstante Folge von Stoppzeiten $\tau_n := \infty$ wählen um zu sehen, dass $F \in L^2_{loc}(X)$ gilt und $\int F dX$ mit dem aus Definition 5.13 übereinstimmt.

2. Sei $X \in \mathfrak{M}$, $F \in \mathfrak{B}$ und dazu F' derjenige Prozess, der aus F entsteht, wenn man F auf $\{0\} \times \Omega$ gleich 0 setzt. Dann liegt auch F' in $\mathfrak{B}$ und nach Satz 5.2 sind F und F' previsibel.

   Wir betrachten dann die (nach Satz 1.16/2.) Stoppzeitenfolge $\rho_n :=$ $\inf\{t \in \mathbb{R}_+ \mid [X]_t \geq n\} \uparrow \infty$. Für diese gilt $[X^{\rho_n}] = [X]^{\rho_n} \leq n$. Also liegt $X^{\rho_n} \in \mathfrak{M}^2$. Nach Satz 3.3/2. gibt es eine Folge $\sigma_n \uparrow \infty$ von Stoppzeiten, so dass $(F')^{\sigma_n}$ für jedes $n \in \mathbb{N}$ beschränkt ist. Damit erkennt man $\tau_n := \rho_n \wedge \sigma_n \uparrow \infty$ als eine reduzierende Folge von Stoppzeiten für F' bezüglich X.

   Also liegt F' in $L^2_{loc}(X)$. (Man beachte hierbei Proposition 5.5/7.) Nach Proposition 5.5/1. werfen Doléansmaße aber keine Masse auf $\{0\} \times \Omega$. Somit spielen die Werte von F auf $\{0\} \times \Omega$ für die Zugehörigkeit zu einem $L^2(\mu_{X^\tau})$ keine Rolle und schließlich gilt auch $F \in L^2_{loc}(X)$.

3. Seien $X \in \mathfrak{M}$, $F \in L^2_{loc}(X)$ und F' ein previsibler Prozess, welcher μ_X-fast überall mit F übereinstimmt. Weiterhin sei $\tau_n \uparrow \infty$ eine Folge reduzierender Stoppzeiten für F bezüglich X. Nach Proposition 5.5/7. ist die Stoppzeitenfolge $(\tau_n)_{n \in \mathbb{N}}$ auch reduzierend für F' bezüglich X, denn F und F' sind beide Repräsentanten des selben Elements in $L^2(\mu_{X^{\tau_n}})$ für jedes $n \in \mathbb{N}$. Insbesondere gilt $F' \in L^2_{loc}(X)$. Außerdem stimmen für jedes $n \in \mathbb{N}$ und $Y \in \mathfrak{M}^2_0$ auch die Funktionale $I_{X^{\tau_n}, Y}(F) = I_{X^{\tau_n}, Y}(F')$ überein. Dies hat $\int F dX^{\tau_n} = \int F' dX^{\tau_n}$ und schließlich $\int F dX = \int F' dX$ zur Folge.

4. Sei $X \in \mathfrak{M}$, $F \in L^2_{loc}(X)$ und $\tau_n \uparrow \infty$ eine Folge reduzierender Stoppzeiten für F bezüglich X. Natürlich gilt dann auch $(X - X_0)^{\tau_n} \in \mathfrak{M}^2$ für jedes $n \in \mathbb{N}$. Nach Proposition 5.8/5. und /6. gilt $\mu_{X^{\tau_n}} = \mu_{(X-X_0)^{\tau_n}}$ für alle $n \in \mathbb{N}$. Damit ist $(\tau_n)_{n \in \mathbb{N}}$ auch eine reduzierende Stoppzeitenfolge für F bezüglich $X - X_0$ und

$F \in L^2_{loc}(X - X_0)$. Weiterhin gilt wieder mit Proposition 5.8/5. und /6. $\mu_{X^{\tau_n},Y} = \mu_{(X-X_0)^{\tau_n},Y}$ für jedes $Y \in \mathfrak{M}_0^2$ und alle $n \in \mathbb{N}$. Dies hat $I_{X^{\tau_n},Y}(F) = I_{(X-X_0)^{\tau_n},Y}(F)$ für jedes n und damit $\int F dX = \int F d(X - X_0)$ zur Folge, was die erste Gleichung zeigt. Die zweite Gleichung folgt mit Punkt 3., denn nach Proposition 5.5/1. ist $\{0\} \times \Omega$ eine Nullmenge bezüglich μ_X.

□

6 Eigenschaften des stochastischen Integrals

Der Integralbegriff für lokale Martingale wurde auf einem sehr abstrakten Weg eingeführt. Wir werden ihn in diesem Kapitel durch einige Rechenregeln greifbarer machen. Außerdem wird in diesem Abschnitt klar werden, dass der Name "stochastisches Integral" überhaupt gerechtfertigt ist. Denn einerseits werden wir anhand eines Beispiels sehen, dass für die Elementarprozesse das Integral nach einem lokalen Martingal mit dem pfadweisen Stieltjes-Integral übereinstimmt. Andererseits wird sich am Ende zeigen, dass jedes Integral eines Prozesses aus $\mathfrak{B}$ über ein Element von $\mathfrak{M}$ lokal gleichmäßig stochastisch durch pfadweise Stieltjes-Integrale approximiert werden kann. Zuerst behandeln wir das folgende nützliche Lemma.

Lemma 6.1. *Ein stetiger, integrierbarer und adaptierter Prozess X ist genau dann ein Martingal, wenn $\mathbb{E}X_\tau = \mathbb{E}X_0$ für jede beschränkte Stoppzeit τ gilt.*

Beweis. Nach dem Optional Sampling Theorem (Satz 1.31) erfüllt jedes stetige Martingal die Bedingung.

Gelte für einen stetigen, integrierbaren und adaptierten Prozess X für jede beschränkte Stoppzeit die Gleichung des Lemmas. Seien dann $s \leq t$ und $A \in \mathcal{F}_s$. Man betrachte die Stoppzeit

$$\tau(\omega) := \begin{cases} s & \text{für } \omega \in A \\ t & \text{für } \omega \in A^C. \end{cases}$$

Dann gilt nach Voraussetzung:

$$\int\limits_A X_s dP + \int\limits_{A^C} X_t dP = \mathbb{E}X_\tau = \mathbb{E}X_0 = \mathbb{E}X_t = \int\limits_A X_t dP + \int\limits_{A^C} X_t dP.$$

Also haben wir $\int_A X_s dP = \int_A X_t dP$ für alle $A \in \mathcal{F}_s$. Dies zeigt $\mathbb{E}^{\mathcal{F}_s} X_t = X_s$. $\qquad\square$

6.1 Rechenregeln stochastischer Integration

Der nächste Satz gibt Rechenregeln für das stochastische Integral nach lokalen Martingalen.

Satz 6.2.

1. *Stoppregel:*
   Seien $X \in \mathfrak{M}$, $F \in L^2_{loc}(X)$ und τ eine Stoppzeit. Dann gilt:

$$\left(\int F dX \right)^\tau = \int F d(X^\tau) = \int (F\mathbb{1}_{[0,\tau]}) dX = \int F^\tau dX^\tau.$$

2. *Die Abbildung $(F, X) \mapsto \int F dX$ von $\mathfrak{B} \times \mathfrak{M}$ nach $\mathfrak{M}_0$ ist bilinear.*

3. *Für jedes $X \in \mathfrak{M}$ liegt $\mathfrak{B} \cap L^2(X)$ dicht in $L^2(X)$.*

4. *Assoziativitätsregeln:*
   Für $X, Y \in \mathfrak{M}$ und $F, G \in \mathfrak{B}$ gelten:

$$\left[\int F dX, Y \right] = \int F d[X, Y] = \left[X, \int F dY \right]$$

und

$$\int F d\left(\int G dX \right) = \int (FG) dX.$$

Beweis.

1. Zunächst sieht man sehr leicht, dass für eine Stoppzeit τ die Menge

$$\mathcal{A}_\tau := \left\{ M \subset \mathbb{R}_+ \times \Omega \mid 1_M^\tau \text{ previsibel} \right\}$$

eine σ-Algebra bildet. Weiterhin liegt für jeden stetigen adaptierten Prozess Y und jedes $B \in \mathbb{B}$ die Menge $Y^{-1}(B)$ in $\mathcal{A}_\tau$. Daher ist für jede Treppenfunktion F aus previsiblen Mengen auch F^τ previsibel. Weil aber die punktweise Grenzwertbildung mit der Stoppung vertauscht, ist auch F^τ previsibel für jedes previsible F. Sei nun $\sigma_n \uparrow \infty$ eine Folge reduzierender Stoppzeiten für F bezüglich X. Also gilt $X^{\sigma_n} \in \mathfrak{M}^2$ und $F \in L^2(X^{\sigma_n})$. Offensichtlich ist dann auch $X^{\sigma_n \wedge \tau} \in \mathfrak{M}^2$. Außerdem folgt mit Proposition 5.5/7., dass $F, F^\tau \in L^2(X^{\sigma_n \wedge \tau})$ und $F1_{[0,\tau]} \in L^2(X^{\sigma_n})$ gilt. Also ist σ_n auch eine Folge reduzierender Stoppzeiten für F und F^τ bezüglich X^τ. Insgesamt sieht man, dass alle Integrale der Stoppformel wohldefiniert sind.

Wir zeigen zunächst die ersten beiden Gleichungen im Spezialfall $X \in \mathfrak{M}^2$ und $F \in L^2(X)$. Sei dann $Y \in \mathfrak{M}_0^2$, so gilt mit Lemma 5.15:

$$\left\langle \left(\int F dX \right)^\tau, Y \right\rangle_{\mathfrak{M}_0^2} = \left\langle \int F d(X^\tau), Y \right\rangle_{\mathfrak{M}_0^2} = I_{X^\tau, Y}(F)$$

$$= I_{X,Y}(F1_{[0,\tau]}). \tag{6.1}$$

Nach Proposition 5.8/5. sind mit einem einfachen Approximationsargument die Funktionale $f \mapsto \int f 1_{[0,\tau]} d\mu_{X,Y}$ und $f \mapsto \int f d\mu_{X^\tau, Y}$ auf der Menge der beschränkten $\mathbb{B}(\mathbb{R}_+) \otimes \mathcal{F}_\infty$-messbaren Funktionen gleich. Daraus folgt nach einer weiteren Approximation die Letzte der obigen Gleichungen. (6.1) zeigt mit Definition 5.13 in diesem Spezialfall die ersten beiden Gleichungen:

$$\left(\int F dX \right)^\tau = \int F d(X^\tau) = \int (F1_{[0,\tau]}) dX.$$

Nun behandeln wir den allgemeinen Fall. Sei dazu $\tau_n \uparrow \infty$ eine Folge reduzierender Stoppzeiten für F bezüglich X. Dann ist τ_n natürlich auch reduzierend für $F1_{[0,\tau]}$ bezüglich X und nach der Ausführung zu Beginn des Beweises auch für F bezüglich X^τ. Nach dem eben diskutierten Spezialfall und der Definition 5.16 gelten für beliebiges $n \in \mathbb{N}$ folgende Gleichungen:

$$\left(\int Fd(X^\tau) \right)^{\tau_n} = \int Fd((X^{\tau_n})^\tau) = \left(\int Fd(X^{\tau_n}) \right)^\tau$$

$$= \left(\int FdX \right)^{\tau_n \wedge \tau} = \left(\left(\int FdX \right)^\tau \right)^{\tau_n}$$

$$\left(\int Fd(X^\tau) \right)^{\tau_n} = \int Fd((X^{\tau_n})^\tau) = \int (F1_{[0,\tau]})d(X^{\tau_n})$$

$$= \left(\int (F1_{[0,\tau]})dX \right)^{\tau_n}$$

Lässt man n gegen ∞ gehen, so folgen die ersten beiden Gleichungen der Aussage. Aus ihnen ergibt sich die Dritte wie folgt:

$$\int Fd(X^\tau) = \int (F1_{[0,\tau]})dX = \int (F^\tau 1_{[0,\tau]})dX = \int F^\tau d(X^\tau).$$

2. Mit Hilfe von Proposition 5.8/7. sieht man, dass bei festem $Y \in \mathfrak{M}_0^2$ der Ausdruck $I_{X,Y}(F)$ bilinear von den beschränkten F aus $\mathfrak{B}$ und $X \in \mathfrak{M}^2$ abhängt. Daher ist $\int FdX$ nach Definition 5.13 bilinear in den beschränkten $F \in \mathfrak{B}$ und den $X \in \mathfrak{M}^2$.

Seien nun allgemein $F, G \in \mathfrak{B}$, $\lambda \in \mathbb{R}$ und $X \in \mathfrak{M}$. Gemäß Proposition 5.17/4. können wir ohne Einschränkung annehmen, dass $F_0 = G_0 = 0$ gilt. Dann gibt es mit Satz 3.3/2. eine Folge $\tau_n \uparrow \infty$ von Stoppzeiten, so dass F^{τ_n} und G^{τ_n} beschränkt sind und $X^{\tau_n} \in \mathfrak{M}^2$ gilt. Nach 1. und dem, was wir bereits erkannt haben, folgt dann für jedes $n \in \mathbb{N}$:

$$\left(\int (F + \lambda G) dX \right)^{\tau_n} = \int (F^{\tau_n} + \lambda G^{\tau_n}) d(X^{\tau_n})$$

$$= \int F^{\tau_n} d(X^{\tau_n}) + \lambda \left(\int G^{\tau_n} d(X^{\tau_n}) \right)$$

$$= \left(\int F dX \right)^{\tau_n} + \lambda \left(\int G dX \right)^{\tau_n}.$$

Mit $n \to \infty$ folgt die Behauptung. Analog zeigt man für $F \in \mathfrak{B}$, $\lambda \in \mathbb{R}$ und $X, Y \in \mathfrak{M}$ die fehlende Linearität im zweiten Argument.

3. Sei zunächst $X \in \mathfrak{M}^2$. Offensichtlich ist $\mathfrak{B} \cap L^2(X)$ ein Untervektorraum von $L^2(X)$, der nach Proposition 5.5/1. jede Indikatorvariable eines adaptierten Rechtecks $]s, t] \times A$ mit $A \in \mathcal{F}_s$ enthält. Nach dem Satz über die Orthogonalprojektion ([19], Theorem V.3.4) genügt es zu zeigen, dass aus $F \in L^2(X)$ orthogonal zu $\mathfrak{B} \cap L^2(X)$ schon $F = 0$ folgt. Sei also $F \in L^2(X)$ orthogonal zu $\mathfrak{B} \cap L^2(X)$. Nimmt man das Skalarprodukt von F mit den Indikatorvariablen adaptierter Rechtecke, so sieht man, dass die endlichen Maße $F_+ \cdot \mu_X$ und $F_- \cdot \mu_X$ auf dem schnittstabilen Erzeuger $\mathfrak{R}$ von $\sigma(\mathfrak{C})$ übereinstimmen. In $\mathfrak{R}$ gibt es eine Folge $(R_n)_{n \in \mathbb{N}}$ von Mengen mit $\bigcup_{n \in \mathbb{N}} R_n = \mathbb{R}_+ \times \Omega$ auf denen die Maße natürlich endlich sind. Daher sind $F_+ \cdot \mu_X$ und $F_- \cdot \mu_X$ nach dem Eindeutigkeitssatz für Maße ([1], Satz 5.4) auf ganz $\sigma(\mathfrak{C})$ gleich. Damit ist aber F orthogonal zum gesamten $L^2(X)$ und es gilt $F = 0$.

Sei jetzt $X \in \mathfrak{M}$ beliebig, $F \in L^2(X)$ und $\tau_n \uparrow \infty$ eine Folge von Stoppzeiten mit $X^{\tau_n} \in \mathfrak{M}^2$. Mit Proposition 5.5/7. erkennt man, dass F auch in $L^2(X^{\tau_n})$ liegt für jedes $n \in \mathbb{N}$. Sei $\epsilon > 0$ beliebig. Man wähle nach dem ersten Beweisteil

$$f_k \in L^2(X^{\tau_k}) \cap \mathfrak{B} \quad \text{mit} \quad \int (F - f_k)^2 d\mu_{X^{\tau_k}} < \frac{\epsilon}{2^k}$$

für jedes $k \in \mathbb{N}$ und setze

$$f := \sum_{k=0}^{\infty} f_{k+1} 1_{]\tau_k, \tau_{k+1}]} \quad \text{mit } \tau_0 := 0.$$

Das ist wohldefiniert, denn die einzelnen stochastischen Intervalle, auf denen f definiert wird, sind disjunkt. Außerdem sieht man auch sofort, dass $f \in \mathfrak{B}$ gilt und damit f insbesondere previsibel ist. Nun gilt:

$$\begin{aligned}
\int (f - F)^2 d\mu_X &= \lim_{k \to \infty} \int 1_{[0,\tau_k]}(f - F)^2 d\mu_X \\
&= \lim_{k \to \infty} \int \sum_{l=0}^{k-1} 1_{]\tau_l, \tau_{l+1}]}(f - F)^2 d\mu_X \\
&= \lim_{k \to \infty} \sum_{l=0}^{k-1} \int 1_{]\tau_l, \tau_{l+1}]}(f_{l+1} - F)^2 d\mu_X \\
&\leq \limsup_{k \to \infty} \sum_{l=0}^{k-1} \int 1_{[0,\tau_{l+1}]}(f_{l+1} - F)^2 d\mu_X \\
&= \limsup_{k \to \infty} \sum_{l=0}^{k-1} \int (f_{l+1} - F)^2 d\mu_{X^{\tau_{l+1}}} < \epsilon
\end{aligned}$$

Die erste Gleichung ergibt sich dabei mit dem Satz von der monotonen Konvergenz. Die Zweite folgt, da nach Proposition 5.5/1. die Menge $\{0\} \times \Omega$ keine Masse unter dem Maß μ_X erhält. Bei der letzten Gleichung wurde Proposition 5.5/7. verwendet. Dies zeigt, dass $f \in L^2(X)$ ist und schließlich $\mathfrak{B} \cap L^2(X)$ dicht in $L^2(X)$ liegt.

4. Um die erste Assoziativitätsregel nachzuweisen genügt es wegen der Symmetrie des Klammerprozesses die erste Gleichung zu zeigen. Diese weisen wir zunächst im Spezialfall $X, Y \in \mathfrak{M}_0^2$ und $F \in \mathfrak{B}$ durch $c > 0$ beschränkt nach. Wir werden zeigen, dass $(\int F dX)Y - \int F d[X,Y]$ ein Martingal ist, denn dann gilt nach Satz 4.19

$$\int F d[X,Y] = [\int F dX, Y].$$

Zunächst gilt für $t \in \mathbb{R}_+$

$$\left| \left(\int F d[X,Y] \right)_t \right| = \left| \int_0^t F d[X,Y] \right| \leq c(V_{[X,Y]})_t \leq c\left([X]_\infty^{\frac{1}{2}} [Y]_\infty^{\frac{1}{2}} \right).$$

Die letzte Ungleichung ist richtig, denn für eine Zerlegung $\mathfrak{Z} = \{t_0 = 0, \ldots, t_r\}$ gilt nach Lemma 5.9, der Cauchy-Schwarz-Ungleichung und der Monotonie der quadratischen Variation

$$\sum_{k=1}^r \left| [X,Y]_{t_k} - [X,Y]_{t_{k-1}} \right| \leq \sum_{k=1}^r ([X]_{t_k} - [X]_{t_{k-1}})^{\frac{1}{2}} \times$$
$$\times ([Y]_{t_k} - [Y]_{t_{k-1}})^{\frac{1}{2}}$$
$$\leq \left(\sum_{k=1}^r ([X]_{t_k} - [X]_{t_{k-1}}) \right)^{\frac{1}{2}} \left(\sum_{k=1}^r ([Y]_{t_k} - [Y]_{t_{k-1}}) \right)^{\frac{1}{2}}$$
$$\leq [X]_\infty^{\frac{1}{2}} [Y]_\infty^{\frac{1}{2}}.$$

Mit der Hölder-Ungleichung sieht man nun, dass $\int F d[X,Y]$ integrierbar ist. Da Y und $\int F dX$ L^2-beschränkte Martingale sind, ist also

$$\left(\int F dX \right) Y - \int F d[X,Y]$$

stetig, adaptiert und integrierbar. Damit genügt es nach Lemma 6.1 zu zeigen, dass

$$\mathbb{E}\left(\left(\int F dX \right) Y \right)_\tau = \mathbb{E}\left(\int F d[X,Y] \right)_\tau$$

für jede beschränkte Stoppzeit τ gilt, denn mit Satz 3.5/2. verschwindet $(\int F dX)Y - \int F d[X,Y]$ für $t = 0$. Wählt man $t > \tau$ in (5.11) in Proposition 5.8, so erhält man mit der Stoppformel aus 1. und Satz 3.5/3.:

$$\mathbb{E}\left(\left(\int FdX\right)_\tau Y_\tau\right) = \left\langle\left(\int FdX\right)^\tau, Y^\tau\right\rangle_{\mathfrak{M}_0^2} = \left\langle\int Fd(X^\tau), Y^\tau\right\rangle_{\mathfrak{M}_0^2}$$

$$= \int Fd\mu_{X^\tau, Y^\tau} = \mathbb{E}\left(\int Fd[X, Y]\right)_\tau$$

Damit ist die erste Regel in diesem Fall gezeigt.

Seien jetzt $F \in \mathfrak{B}$ und $X, Y \in \mathfrak{M}$ beliebig. Dann können wir ohne Einschränkung annehmen, dass $X_0 = Y_0 = F_0 = 0$ gilt, denn nach Proposition 5.17 und der Konstruktion des Klammerprozesses könnten wir zu $X - X_0, Y - Y_0$ und $1_{]0,\infty[}F$ übergehen ohne etwas an der Gleichung zu ändern. Konstruiert man Stoppzeiten wie im Beweis von Proposition 5.5/6. und Satz 3.3/2. und geht zum Minimum über, so erhält man eine Folge $\tau_n \uparrow \infty$ von Stoppzeiten, so dass $X^{\tau_n}, Y^{\tau_n} \in \mathfrak{M}_0^2$ gilt und $F^{\tau_n} \in \mathfrak{B}$ beschränkt ist für jedes $n \in \mathbb{N}$. Dann folgt mit der Stoppformel aus 1. und Satz 3.5/3. und dem, was wir bisher gezeigt haben:

$$\left[\int FdX, Y\right]^{\tau_n} = \left[\int F^{\tau_n}d(X^{\tau_n}), Y^{\tau_n}\right] = \int F^{\tau_n}d[X^{\tau_n}, Y^{\tau_n}]$$

$$= \left(\int Fd[X, Y]\right)^{\tau_n}.$$

Lässt man n gegen ∞ gehen, so folgt die Behauptung.

Nun zeigen wir die zweite Assoziativitätsregel. Haben wir die Gleichung für beschränkte $F, G \in \mathfrak{B}$ und $X \in \mathfrak{M}_0^2$ nachgewiesen, dann können wir analog zum Beweis der ersten Assoziativitätsregel zunächst annehmen, dass $F_0 = G_0 = X_0 = 0$ gilt und dann genauso mit einer Stoppung den allgemeinen Fall aus dem Spezialfall folgern. Daher zeigen wir die Regel jetzt noch für $X \in \mathfrak{M}_0^2$ und beschränkte $F, G \in \mathfrak{B}$. Ist $Y \in \mathfrak{M}_0^2$ beliebig, so folgt mit der ersten Assoziativitätsregel und Satz 3.5/4.

$$\left\langle \int Fd\left(\int GdX\right), Y\right\rangle_{\mathfrak{M}_0^2} = \mathbb{E}\left([\int Fd\left(\int GdX\right), Y]_\infty\right)$$

$$= \mathbb{E}\left(\int Fd[\int GdX, Y]\right)_\infty$$

$$= \mathbb{E}\left(\int (FG)d[X, Y]\right)_\infty$$

$$= \mathbb{E}[\int (FG)dX, Y]_\infty$$

$$= \left\langle \int (FG)dX, Y\right\rangle_{\mathfrak{M}_0^2}.$$

$\square$

Als Nächstes diskutieren wir das angesprochene Beispiel, welches den Namen "stochastisches Integral" rechtfertigt.

Beispiel 6.3. *Wie in Beispiel 3.6 betrachten wir einen Elementarprozess*

$$F = f_0 1_{\{0\}\times\Omega} + \sum_{k=1}^r f_k 1_{]\sigma_k, \tau_k]}$$

mit Stoppzeiten $\sigma_k \leq \tau_k$, f_0 $\mathcal{F}_0$-messbar und f_k $\mathcal{F}_{\sigma_k}$-messbar für $k = 1, \ldots, r$. Sei $X \in \mathfrak{M}$. In Beispiel 3.6 haben wir gesehen, dass $F \in \mathfrak{B}$ ist, also gilt auch $F \in L^2_{loc}(X)$. Weiterhin gilt analog zum pfadweisen Integral

$$\int FdX = \sum_{k=1}^r f_k(X^{\tau_k} - X^{\sigma_k}).$$

Beweis. Um die Integralgleichung zu zeigen, können wir einerseits nach Proposition 5.17/4. $F_0 = f_0 = 0$ annehmen und andererseits uns wegen der Linearität nach Satz 6.2/2. auf einen Summanden $F = f 1_{]\sigma, \tau]}$ mit Stoppzeiten $\sigma \leq \tau$ und f $\mathcal{F}_\sigma$-messbar beschränken.

Außerdem sei zunächst f beschränkt und $X \in \mathfrak{M}^2$. Dafür sei

$$Z := f(X^\tau - X^\sigma) = f((X - X_0)^\tau - (X - X_0)^\sigma).$$

Wegen $X \in \mathfrak{M}^2$ ist $(X - X_0)$, wie vor Lemma 5.7 beschrieben, ein L^2-beschränktes, stetiges Martingal und konvergiert für $t \to \infty$ im L^2 gegen ein $X_\infty \in L^2$. Nach Satz 1.37/3. gilt dann für $t \in \mathbb{R}_+$:

$$(X - X_0)_t^\tau = \mathbb{E}^{\mathcal{F}_{\tau \wedge t}} X_\infty.$$

Da dasselbe für σ an Stelle von τ gilt ist Z integrierbar und stetig. Eine kurze Überlegung mit Satz 1.20/1. zeigt auch die Adaptiertheit von Z. Mit einer Anwendung der Jensenschen Ungleichung sieht man darüber hinaus die L^2-Beschränktheit von Z. Ist daher ρ eine Stoppzeit, so erkennt man wieder mit Satz 1.37/3. und Satz 1.20/3.

$$\mathbb{E}^{\mathcal{F}_\sigma}(X - X_0)_\rho^\tau = \mathbb{E}^{\mathcal{F}_\sigma}(\mathbb{E}^{\mathcal{F}_{\tau \wedge \rho}} X_\infty) = \mathbb{E}^{\mathcal{F}_\sigma}(X - X_0)_\rho^\sigma.$$

Damit gilt:

$$\mathbb{E} Z_\rho = \mathbb{E}(\mathbb{E}^{\mathcal{F}_\sigma}(Z_\rho)) = \mathbb{E}(f\mathbb{E}^{\mathcal{F}_\sigma}((X - X_0)^\tau - (X - X_0)^\sigma)_\rho) = 0.$$

Wegen $Z_0 = 0$ ist nach Lemma 6.1, Z auch ein Martingal und damit $Z \in \mathfrak{M}_0^2$.

Sei nun $Y \in \mathfrak{M}_0^2$ beliebig. Wegen der Approximation des Klammerprozesses durch Zerlegungssummen, nach Satz 4.19, folgt sofort $[Z, Y] = f[X^\tau - X^\sigma, Y]$. Folglich zeigen Lemma 5.7, Beispiel 3.6, Satz 4.19, der Satz von der dominierten Konvergenz und (5.11):

$$\begin{aligned}
\langle Z, Y \rangle_{\mathfrak{M}_0^2} &= \mathbb{E}[Z, Y]_\infty = \mathbb{E}(f[X^\tau - X^\sigma, Y]_\infty) \\
&= \lim_{t \to \infty} \mathbb{E}(f([X, Y]_t^\tau - [X, Y]_t^\sigma)) \\
&= \lim_{t \to \infty} \mathbb{E}\left(\int F d[X, Y] \right)_t \\
&= \int F d\mu_{X,Y}.
\end{aligned}$$

Also ist Z in diesem Fall das stochastische Integral $\int F dX$.

Sei nun $F = f1_{]\sigma,\tau]}$ mit einer beliebigen reellwertigen $\mathcal{F}_\sigma$-messbaren Funktion f und $X \in \mathfrak{M}$. Dann betrachten wir die Stoppzeiten-folge $\tau_n := \inf\{t \in \mathbb{R}_+ \mid |F_t| > n\} \uparrow \infty$. Für diese gilt $F^{\tau_n} = (f1_{\{|f|\leq n\}})1_{]\sigma,\tau]}$ und damit ist F^{τ_n} beschränkt, denn: Für $\omega \in \Omega$ mit $|f(\omega)| \leq n$, ist $\tau_n(\omega) = \infty$ und die Gleichung offensichtlich. Für $|f(\omega)| > n$, ist für $\sigma(\omega) = \tau(\omega)$ die Gleichheit auch klar. Im anderen Fall $\sigma(\omega) < \tau(\omega)$ gilt $\tau_n(\omega) = \sigma(\omega)$ und daher $F^{\tau_n}(t,\omega) = 0$, wie auch die rechte Seite.

Des Weiteren sei $\sigma_n := \inf\{t \in \mathbb{R}_+ \mid [X]_t > n\}$, so dass $X^{\sigma_n} \in \mathfrak{M}^2$ ist. Dann gilt mit der Stoppformel (Satz 6.2/1.) und dem, was wir bereits gezeigt haben:

$$\left(\int F dX\right)^{\tau_n \wedge \sigma_n} = \int F^{\tau_n} d(X^{\tau_n \wedge \sigma_n})$$

$$= (f1_{\{|f|\leq n\}})(X^{\tau_n \wedge \sigma_n \wedge \tau} - X^{\tau_n \wedge \sigma_n \wedge \sigma}).$$

Dies zeigt die Behauptung, wenn man n gegen ∞ gehen lässt. $\square$

6.2 Itô-Isometrie

Mit der folgenden Isometrie werden wir die Aussage von Beispiel 6.3 noch verallgemeinern. Allerdings stellt sie schon für sich ein interessantes Resultat dar.

Satz 6.4. *Seien $X \in \mathfrak{M}$ und $F \in L^2_{loc}(X)$. F liegt genau dann in $L^2(X)$, wenn $\int F dX \in \mathfrak{M}^2_0$ gilt. In diesem Fall gilt außerdem folgende Isometrie:*

$$\| \int F dX \|_{\mathfrak{M}^2_0} = \|F\|_{L^2(X)}.$$

Beweis. Als Erstes sei $X \in \mathfrak{M}^2$. Für $F \in L^2(X)$ gilt $\int F dX \in \mathfrak{M}^2_0$ nach Definition 5.13. Für $F \in \mathfrak{B} \cap L^2(X)$ haben wir nach den Assoziativitätsregeln Satz 6.2/4. und Satz 3.5/4.:

$$[\int F dX] = \int F d([X, \int F dX]) = \int F d\left(\int F d[X]\right) = \int F^2 d[X].$$

Mit dem Satz von der dominierten Konvergenz, Lemma 5.7, Proposition 5.5/3. und dem Satz von der monotonen Konvergenz ergibt sich dann die Isometrie wie folgt:

$$\| \int FdX \|_{\mathfrak{M}_0^2}^2 = \mathbb{E}[\int FdX]_\infty = \mathbb{E}\left(\left(\int F^2 d[X]\right)_\infty\right)$$

$$= \lim_{t\to\infty} \mathbb{E} \int_0^t F^2 d[X] = \int F^2 d\mu_X$$

$$= \|F\|_{L^2(X)}^2.$$

Ist $F \in L^2(X)$ beliebig, so folgt aus Lemma 5.11 und der anschließenden Konstruktion des Integrals zunächst

$$\| \int FdX \|_{\mathfrak{M}_0^2}^2 = I_{X,\int FdX}(F) \leq \|F\|_{L^2(X)} \| \int FdX \|_{\mathfrak{M}_0^2}.$$

Damit sieht man, dass die Abbildung $F \mapsto \int FdX$ von $L^2(X)$ nach $\mathfrak{M}_0^2$ linear und stetig ist. Weil aber nach Satz 6.2/3. $\mathfrak{B} \cap L^2(X)$ dicht in $L^2(X)$ liegt, gilt die Isometrie für alle $F \in L^2(X)$.

Sei nun $X \in \mathfrak{M}$ beliebig und $F \in L^2(X)$. Wählt man dann, wie zum Beispiel im Beweis von Proposition 5.5/6., eine Folge von Stoppzeiten $\sigma_n \uparrow \infty$ mit $X^{\sigma_n} \in \mathfrak{M}^2$ für jedes $n \in \mathbb{N}$, so folgt aus dem bisherigen Beweis, Proposition 5.5/7. und der Stoppregel für jedes n

$$\mathbb{E}[\int FdX]_{\sigma_n} = \mathbb{E}[\int FdX]_\infty^{\sigma_n} = \| \int Fd(X^{\sigma_n}) \|_{\mathfrak{M}_0^2}^2$$

$$= \|F\|_{L^2(X^{\sigma_n})}^2 = \|F\mathbf{1}_{[0,\sigma_n]}\|_{L^2(X)}^2. \qquad (6.2)$$

Nach dem Satz von der monotonen Konvergenz konvergiert der erste Term mit $n \to \infty$ gegen $\mathbb{E}[\int FdX]_\infty = \| \int FdX \|_{\mathfrak{M}_0^2}^2$ und der letzte Term gegen $\|F\|_{L^2(X)}^2 < \infty$. Dies zeigt, dass $\int FdX \in \mathfrak{M}_0^2$ ist und dass die Isometrie in diesem Fall gilt.

Jetzt bleibt nur noch zu zeigen, dass für $X \in \mathfrak{M}$ und $F \in L^2_{loc}(X)$ mit $\int F dX \in \mathfrak{M}^2_0$ auch $F \in L^2(X)$ richtig ist. Seien also diese Voraussetzungen gegeben. Dann gibt es eine Folge $\tau_n \uparrow \infty$ von Stoppzeiten mit $X^{\tau_n} \in \mathfrak{M}^2$ und $F \in L^2(X^{\tau_n})$. Daraus erkennt man genau wie in (6.2)

$$\mathbb{E}[\int F dX]_{\tau_n} = \|F\mathbf{1}_{[0,\tau_n]}\|^2_{L^2(X)},$$

für jedes $n \in \mathbb{N}$, woraus wieder mit monotoner Konvergenz $\|F\|^2_{L^2(X)} = \|\int F dX\|^2_{\mathfrak{M}^2_0} < \infty$ folgt. Dies zieht natürlich $F \in L^2(X)$ nach sich. $\square$

6.3 Klammerprozess stochastischer Integrale

Vor allem im Abschnitt über Finanzmathematik werden wir ein "desintegriertes" Analogon der eben diskutierten Isometrie brauchen. Dieses Analogon wird uns auch zur Berechnung des Klammerprozesses stochastischer Integrale dienen. Für dessen Herleitung müssen wir zunächst das pfadweise Stieltjes-Integral nach einem Klammerprozess geeignet verallgemeinern.

In Anlehnung an Proposition 5.8/1. sei $K^t_{X,Y}(\omega, \cdot)$ für $X, Y \in \mathfrak{S}$, $t \geq 0$ und $\omega \in \Omega$, wie in Satz 2.3, das signierte Maß auf $\mathbb{B}([0,t])$ mit der Verteilungsfunktion $[X,Y]_\bullet(\omega)$. Mit einem ähnlichen Dynkin-Argument wie vor Definition 5.4 sieht man, dass dadurch ein signierter Übergangskern von $(\Omega, \mathcal{F}_\infty)$ nach $([0,t], \mathbb{B}([0,t]))$ definiert wird. Für $X, Y \in \mathfrak{S}$, $t \geq 0$, $\omega \in \Omega$ und F $\mathbb{B}(\mathbb{R}_+) \otimes \mathcal{F}_\infty$-messbar schreiben wir, falls existent:

$$\left(\int_0^t F d[X,Y]\right)(\omega) := \int_0^t F(s,\omega) K^t_{X,Y}(\omega, ds).$$

Entsprechend sei (falls existent) für eine beschränkte Stoppzeit τ:

$$\left(\int\limits_0^\tau F d[X, Y] \right)(\omega) := \int\limits_0^t F(s, \omega) 1_{[0,\tau]} K_{X,Y}^t(\omega, ds)$$

$$= \int\limits_0^t F(s, \omega) K_{X^\tau, Y}^t(\omega, ds) = \int\limits_0^t F(s, \omega) K_{X, Y^\tau}^t(\omega, ds),$$

für $\omega \in \Omega$ und ein $t \geq \tau$. Haben wir $X, Y \in \mathfrak{M}^2$ und ein beschränktes, $\mathbb{B}(\mathbb{R}_+) \otimes \mathcal{F}_\infty$-messbares F, so ist die Existenz der eben definierten Integrale gesichert. Ebenso bereitet der Ausdruck $\int_0^t F d[X]$ für ein $\mathbb{B}(\mathbb{R}_+) \otimes \mathcal{F}_\infty$-messbares $F \geq 0$ keine Schwierigkeiten, denn er existiert stets uneigentlich, d.h. in $\overline{\mathbb{R}}_+$. Im Fall $F \in \mathfrak{B}$ ist obige Definition nach Satz 2.3 konsistent mit Definition 3.4. Das nächste Lemma zeigt, dass die Verallgemeinerung des pfadweisen Stieltjes-Integrals nach Klammerprozessen für eine große Klasse von Prozessen gegeben ist.

Lemma 6.5. *Seien* $X, Y \in \mathfrak{M}_0^2$ *und* $F \in L^2(X)$, *sowie* $G \in L^2(Y)$. *Dann gilt für* $t \in \mathbb{R}_+$:

$$\left| \int\limits_0^t FG d[X, Y] \right| \leq \left| \int\limits_0^t F^2 d[X] \right|^{\frac{1}{2}} \cdot \left| \int\limits_0^t G^2 d[Y] \right|^{\frac{1}{2}}$$

$$\leq \left| \int\limits_0^\infty F^2 d[X] \right|^{\frac{1}{2}} \cdot \left| \int\limits_0^\infty G^2 d[Y] \right|^{\frac{1}{2}} < \infty$$

P-fast sicher und der Ausdruck $\int\limits_0^t FG d[X, Y]$ *existiert.*

Beweis. Die fast sichere Endlichkeit des rechten Terms folgt nach Bildung des Erwartungswerts und Anwendung der Hölder-Ungleichung. Man hat nur zu beachten, dass nach Proposition 5.5/2.

$$\mathbb{E} \int\limits_0^\infty F^2 d[X] = \int F^2 d\mu_X < \infty$$

gilt. Die zweite Ungleichung in der Behauptung folgt aus der Monotonie des Integrals. Lediglich die erste Ungleichung erfordert etwas größeren Aufwand.

Sei dazu N die Nullmenge außerhalb der die Aussage von Lemma 5.9 gilt. Dann genügt es für im Folgenden fixiertes $\omega_0 \in N^C$, $t \geq 0$ und Funktionen $f \in L^2(K_X^t(\omega_0, \cdot))$, $g \in L^2(K_Y^t(\omega_0, \cdot))$ zu zeigen:

$$\left| \int_0^t f(s)g(s)K_{X,Y}^t(\omega_0, ds) \right|$$

$$\leq \left| \int_0^t f^2(s)K_X^t(\omega_0, ds) \right|^{\frac{1}{2}} \cdot \left| \int_0^t g^2(s)K_Y^t(\omega_0, ds) \right|^{\frac{1}{2}} \quad (6.3)$$

und $\int_0^t f(s)g(s)K_{X,Y}^t(\omega_0, ds)$ existiert.
Dazu seien zunächst f und g in der Form

$$f = a_0 1_{\{0\}} + \sum_{j=1}^r a_j 1_{]t_{j-1}, t_j]} \quad \text{und} \quad g = b_0 1_{\{0\}} + \sum_{j=1}^r b_j 1_{]t_{j-1}, t_j]}$$

$$(6.4)$$

mit (ohne Einschränkung) der selben Zerlegung $\mathfrak{Z} = \{t_0 := 0, t_1, \ldots, t_r := t\}$ für $r \in \mathbb{N}$ und $a_0, a_1, \ldots, a_r, b_0, b_1, \ldots, b_r \in \mathbb{R}$. Dann gilt:

$$\left| \int_0^t f(s)g(s)K_{X,Y}^t(\omega_0, ds) \right| = \left| \sum_{j=1}^r a_j b_j ([X,Y]_{t_j}(\omega_0) - \right.$$

$$\left. - [X,Y]_{t_{j-1}}(\omega_0)) \right|$$

$$\overset{(1)}{\leq} \sum_{j=1}^r |a_j b_j| ([X]_{t_j}(\omega_0) - [X]_{t_{j-1}}(\omega_0))^{\frac{1}{2}} \times$$

$$\times ([Y]_{t_j}(\omega_0) - [Y]_{t_{j-1}}(\omega_0))^{\frac{1}{2}}.$$

Dabei folgt (1) aus Lemma 5.9. Weiterhin können wir abschätzen:

$$\left| \int_0^t f(s)g(s)K_{X,Y}^t(\omega_0, ds) \right| \overset{(2)}{\leq} \left(\sum_{j=1}^r a_j^2([X]_{t_j}(\omega_0) - [X]_{t_{j-1}}(\omega_0)) \right)^{\frac{1}{2}} \times$$

$$\times \left(\sum_{j=1}^r b_j^2([Y]_{t_j}(\omega_0) - [Y]_{t_{j-1}}(\omega_0)) \right)^{\frac{1}{2}}$$

$$= \left| \int_0^t f^2(s)K_X^t(\omega_0, ds) \right|^{\frac{1}{2}} \left| \int_0^t g^2(s)K_Y^t(\omega_0, ds) \right|^{\frac{1}{2}}.$$

(2) ergibt sich aus der Cauchy-Schwarz-Ungleichung. D.h. Funktionen in der Form (6.4) erfüllen bereits (6.3). Mit einem analogen Approximationsargument wie im Beweis von Lemma 5.10 sieht man, dass alle Treppenfunktionen von Borelmengen auf $[0, t]$ (6.3) erfüllen.

Seien nun $f \in L^2(K_X^t(\omega_0, \cdot))$ und $g \in L^2(K_Y^t(\omega_0, \cdot))$ beliebig. Nach Zerlegung von f und g in Positiv- und Negativteil, sowie Zerlegung des signierten Maßes $K_{X,Y}^t(\omega_0, \cdot)$ in seine positive und negative Variation erkennt man mit Hilfe des Satzes von der monotonen Konvergenz und dem, was wir bisher gezeigt haben, dass $|fg| \in L^1(\|K_{X,Y}^t(\omega_0, \cdot)\|)$ gilt (wobei $\|\cdot\|$ die Totalvariation bezeichnet). Damit existiert der Ausdruck $\int_0^t FG d[X, Y]$. Weiterhin folgt daraus (6.3) für beliebige $f \in L^2(K_X^t(\omega_0, \cdot))$ und $g \in L^2(K_Y^t(\omega_0, \cdot))$ mit dem Satz von der dominierten Konvergenz. $\qquad \square$

Der folgende Satz verallgemeinert das eben gewonnene Ergebnis noch weiter und charakterisiert den lokalen L^2.

Satz 6.6. *Seien $X \in \mathfrak{M}$ und F previsibel. Dann ist $F \in L^2_{loc}(X)$ genau dann, wenn*

$$\int_0^t F^2 d[X] < \infty$$

fast sicher für jedes $t \in \mathbb{R}_+$ gilt. Sind $X, Y \in \mathfrak{M}$ und $F \in L^2_{loc}(X)$,
$G \in L^2_{loc}(Y)$, so existiert und gilt für $t \geq 0$:

$$[\int F dX, \int G dY]_t = \int\limits_0^t FG\, d[X, Y] \qquad (6.5)$$

P-fast sicher.

Beweis. Sei $X \in \mathfrak{M}$, F previsibel und dafür zunächst $\int_0^t F^2 d[X] < \infty$
fast sicher für beliebiges $t \geq 0$. Dafür sei

$$N := \bigcup_{n \in \mathbb{N}} \Big\{ \omega \colon \Big(\int\limits_0^n F^2 d[X] \Big)(\omega) = \infty \Big\}.$$

Offensichtlich ist N eine Nullmenge und wir definieren

$$A_t(\omega) := \begin{cases} \Big(\int\limits_0^t F^2 d[X] \Big)(\omega), & \text{für } \omega \notin N \\ 0, & \text{für } \omega \in N. \end{cases}$$

Dieser Prozess ist natürlich pfadweise monoton steigend und nach dem
Satz von der dominierten Konvergenz auch stetig. Also gilt $A \in \mathfrak{A}$.
Seien nun die Abbildungen $\tau_n, \sigma_n, \rho_n \colon \Omega \to \overline{\mathbb{R}}_+$ gegeben durch $\tau_n :=$
$\inf\{t \in \mathbb{R}_+ \colon A_t > n\}$, $\sigma_n := \inf\{t \in \mathbb{R}_+ \colon [X]_t > n\}$ und $\rho_n := \tau_n \wedge$
$\sigma_n \wedge n$. Da der zugrunde liegende Wahrscheinlichkeitsraum standard-
filtriert ist, sind diese Abbildungen nach Satz 1.16/3., Bemerkung
1.13/2. und Satz 1.17/1. Stoppzeiten. Offensichtlich gilt $\rho_n \uparrow \infty$ und
$X^{\rho_n} \in \mathfrak{M}^2$, sowie $A^{\rho_n} \leq n$. Also folgt aus der Tatsache, dass für
$\omega \in \Omega$ der Kern $K_{X^{\rho_n}}(\omega, \cdot)$ nur Masse auf $[0, \rho_n(\omega)]$ wirft und dort
mit $K_X(\omega, \cdot)$ übereinstimmt:

$$n \geq \mathbb{E} A_{\rho_n} = \mathbb{E} \int\limits_0^{\rho_n} F^2 d[X] = \mathbb{E}\Big(\int F^2(s, \omega) K_{X^{\rho_n}}(\omega, ds) \Big)$$

$$= \|F\|^2_{L^2(X^{\rho_n})}.$$

Folglich ist $F \in L^2(X^{\rho_n})$ und damit insgesamt $F \in L^2_{loc}(X)$.

Um den Beweis zu vervollständigen müssen wir nur noch für $X, Y \in \mathfrak{M}$ und $F \in L^2_{loc}(X)$, $G \in L^2_{loc}(Y)$ (6.5) nachweisen. Da wir aber nach Proposition 5.17 und der Konstruktion des Klammerprozesses zu $X - X_0$ und $Y - Y_0$ übergehen können ohne an den Ausdrücken in (6.5) etwas zu ändern, nehmen wir $X, Y \in \mathfrak{M}_0$ an. Wegen der Definition des lokalen L^2 sowie der Stoppregeln des Klammerprozesses und des stochastischen Integrals reicht es sogar (6.5) für $X, Y \in \mathfrak{M}_0^2$ und $F \in L^2(X)$, sowie $G \in L^2(Y)$ zu zeigen. Mit einer Folge reduzierender Stoppzeiten ergibt sich weiterhin die Existenz des Ausdrucks $\int_0^t FG d[X, Y]$ in (6.5) mit Lemma 6.5.

Seien also $X, Y \in \mathfrak{M}_0^2$. Für $F \in \mathfrak{B} \cap L^2(X)$ und $G \in \mathfrak{B} \cap L^2(Y)$ folgt (6.5) direkt aus den Regeln in Satz 3.5/4. und Satz 6.2/4. Seien daher jetzt $F \in L^2(X)$ und $G \in L^2(Y)$ beliebig und dazu gemäß Satz 6.2/3. $F^{(n)}$ eine Folge in $\mathfrak{B} \cap L^2(X)$, sowie $G^{(n)}$ eine Folge in $\mathfrak{B} \cap L^2(Y)$, so dass

$$\|F^{(n)} - F\|_{L^2(X)} \to 0 \quad \text{und} \quad \|G^{(n)} - G\|_{L^2(Y)} \to 0$$

für $n \to \infty$ gilt. Weil nach Bemerkung 4.3 lokal gleichmäßige stochastische Limiten ein und derselben Folge von Prozessen nichtunterscheidbar sind und (6.5) bereits für $F^{(n)}$ und $G^{(n)}$ gilt, genügt es die Konvergenzen:

$$\int_0^t F^{(n)} G^{(n)} d[X, Y] \to \int_0^t FG d[X, Y] \qquad (6.6)$$

ünd

$$[\int F^{(n)} dX, \int G^{(n)} dY]_t \to [\int F dX, \int G dY]_t \qquad (6.7)$$

als lokal gleichmäßig stochastisch in t nachzuweisen. Jedoch gilt:

$$\mathbb{E}\Big(\sup_{t\in\mathbb{R}_+} \Big| \int_0^t F^{(n)}G^{(n)}d[X,Y] - \int_0^t FGd[X,Y] \Big| \Big)$$

$$\overset{(1)}{\leq} \mathbb{E}\Big(\sup_{t\in\mathbb{R}_+} \Big| \int_0^t F^{(n)}(G - G^{(n)})d[X,Y] \Big| \Big) +$$

$$+ \mathbb{E}\Big(\sup_{t\in\mathbb{R}_+} \Big| \int_0^t G(F - F^{(n)})d[X,Y] \Big| \Big)$$

$$\overset{(2)}{\leq} \mathbb{E}\Big(\Big(\int_0^\infty (F^{(n)})^2 d[X] \Big)^{\frac{1}{2}} \Big(\int_0^\infty (G - G^{(n)})^2 d[Y] \Big)^{\frac{1}{2}} \Big) +$$

$$+ \mathbb{E}\Big(\Big(\int_0^\infty (F - F^{(n)})^2 d[X] \Big)^{\frac{1}{2}} \Big(\int_0^\infty G^2 d[Y] \Big)^{\frac{1}{2}} \Big)$$

$$\overset{(3)}{\leq} \|F^{(n)}\|_{L^2(X)} \|G - G^{(n)}\|_{L^2(Y)} + \|F - F^{(n)}\|_{L^2(X)} \|G\|_{L^2(Y)} \to 0$$

für $n \to \infty$. Dabei folgt (1) aus der Dreiecks-Ungleichung. (2) ergibt sich mit Lemma 6.5 und (3) ist eine Konsequenz aus der Hölder-Ungleichung. Damit ist die Konvergenz (6.6) als gleichmäßig im L^1 gezeigt und folglich erst recht als lokal gleichmäßig stochastisch nachgewiesen.

Folgende Gleichung ist offensichtlich:

$$\mathbb{E}\Big(\sup_{t\in\mathbb{R}_+} \Big| [\int F^{(n)}dX, \int G^{(n)}dY]_t - [\int FdX, \int GdY]_t \Big| \Big)$$

$$= \mathbb{E}\Big(\sup_{t\in\mathbb{R}_+} \Big| [\int F - F^{(n)}dX, \int GdY]_t +$$

$$+ [\int F^{(n)}dX, \int G - G^{(n)}dY]_t \Big| \Big).$$

Damit betrachten wir für die Konvergenz (6.7) folgende Ungleichung:

$$\mathbb{E}\Big(\sup_{t\in\mathbb{R}_+} \big| [\int F^{(n)}dX, \int G^{(n)}dY]_t - [\int FdX, \int GdY]_t \big| \Big)$$

$$\overset{(4)}{\leq} \mathbb{E}\Big(\big([\int F - F^{(n)}dX]_\infty \big)^{\frac{1}{2}} \big([\int GdY]_\infty \big)^{\frac{1}{2}} \Big) +$$

$$+ \mathbb{E}\Big(\big([\int F^{(n)}dX]_\infty \big)^{\frac{1}{2}} \big([\int G - G^{(n)}dY]_\infty \big)^{\frac{1}{2}} \Big)$$

$$\overset{(5)}{\leq} \big(\mathbb{E}[\int F - F^{(n)}dX]_\infty \big)^{\frac{1}{2}} \big(\mathbb{E}[\int GdY]_\infty \big)^{\frac{1}{2}} +$$

$$+ \big(\mathbb{E}[\int F^{(n)}dX]_\infty \big)^{\frac{1}{2}} \big(\mathbb{E}[\int G - G^{(n)}dY]_\infty \big)^{\frac{1}{2}}$$

$$= \| \int F - F^{(n)}dX \|_{\mathfrak{M}_0^2} \cdot \| \int GdY \|_{\mathfrak{M}_0^2} +$$

$$+ \| \int F^{(n)}dX \|_{\mathfrak{M}_0^2} \cdot \| \int G - G^{(n)}dY \|_{\mathfrak{M}_0^2}$$

$$\overset{(6)}{=} \| F - F^{(n)} \|_{L^2(X)} \| G \|_{L^2(Y)} + \| F^{(n)} \|_{L^2(X)} \| G - G^{(n)} \|_{L^2(Y)} \to 0$$

für $n \to \infty$. Dabei folgt (4) aus Lemma 5.9. (5) ist die Hölder-Ungleichung und (6) ergibt sich aus der Isometrie in Satz 6.4. Also ist die Konvergenz (6.7) ebenso als lokal gleichmäßig stochastisch nachgewiesen. $\qquad\square$

6.4 Approximation stochastischer Integrale

Als Nächstes verallgemeinern wir die Isometrie aus Satz 6.4 zu einem Satz von der dominierten Konvergenz für das stochastische Integral nach lokalen Martingalen. Dieser Satz wird eine Möglichkeit ergeben stochastische Integrale zu approximieren. Für dessen Formulierung benötigen wir einen Konvergenzbegriff in $L^2_{loc}(X)$.

Definition 6.7. *Für* $X \in \mathfrak{M}$ *heißt eine Folge* $(F^{(n)})_{n \in \mathbb{N}} \subset L^2_{loc}(X)$ *konvergent gegen* $F \in L^2_{loc}(X)$, *wenn eine Folge* $\tau_l \uparrow \infty$ *von Stoppzeiten existiert, so dass*

$$F^{(n)}, F \in L^2(X^{\tau_l}) \quad und \quad \lim_{n \to \infty} \|F^{(n)} - F\|_{L^2(X^{\tau_l})} = 0$$

für alle $l, n \in \mathbb{N}$ *gilt.*

Satz 6.8. *Seien* $X \in \mathfrak{M}$ *und* $F^{(n)}, F \in L^2_{loc}(X)$ *für* $n \in \mathbb{N}$. *Konvergiert* $(F^{(n)})_{n \in \mathbb{N}}$ *gegen* F *in* $L^2_{loc}(X)$, *dann konvergiert* $\int F^{(n)} dX \to \int F dX$ *lokal gleichmäßig stochastisch. Diese Voraussetzung ist insbesondere dann erfüllt, wenn* $F^{(n)} \to F$ *punktweise und durch ein* $H \in L^2_{loc}(X)$ *dominiert konvergiert.*

Beweis. Wegen der gegebenen Konvergenz in $L^2_{loc}(X)$ gilt für eine Folge $\tau_l \uparrow \infty$ von Stoppzeiten:

$$F^{(n)} - F \in L^2(X^{\tau_l}) \quad und \quad \lim_{n \to \infty} \|F^{(n)} - F\|_{L^2(X^{\tau_l})} = 0$$

für jedes $l \in \mathbb{N}$. Nach der Isometrie aus Satz 6.4 folgt, dass

$$\int (F^{(n)} - F) d(X^{\tau_l}) \in \mathfrak{M}^2_0$$

und

$$\lim_{n \to \infty} \| \int (F^{(n)} - F) d(X^{\tau_l}) \|_{\mathfrak{M}^2_0} = 0,$$

für alle $l, n \in \mathbb{N}$ gilt. In Lemma 5.7 haben wir gesehen, dass auf $\mathfrak{M}^2_0$ die Normen $\| \cdot \|_{\mathfrak{M}^2_0}$ und $\| \cdot \|_{2,\infty}$ äquivalent sind. Daher konvergiert nach der Stoppregel

$$\left(\int F^{(n)} dX \right)^{\tau_l} \to \left(\int F dX \right)^{\tau_l},$$

mit $n \to \infty$ für jedes $l \in \mathbb{N}$ gleichmäßig im $L^2(P)$. Sind nun $t \in \mathbb{R}_+$ und $\delta > 0$ beliebig, so gilt

$$\left\{\left(\int (F^{(n)} - F)dX\right)_t^* > \delta\right\} \subset$$

$$\subset \left\{\left(\left(\int (F^{(n)} - F)dX\right)^{\tau_l}\right)_t^* > \delta\right\} \cup \left\{t > \tau_l\right\}$$

für jedes $l \in \mathbb{N}$. Wegen $\tau_l \uparrow \infty$ folgt daraus die lokal gleichmäßige stochastische Konvergenz von $\int F^{(n)}dX$ gegen $\int FdX$.

Dass die Voraussetzung bei punktweiser und dominierter Konvergenz erfüllt ist, sieht man wie folgt. Man wähle eine Folge $\sigma_m \uparrow \infty$ von Stoppzeiten mit $X^{\sigma_m} \in \mathfrak{M}^2$ und $H \in L^2(X^{\sigma_m})$ für jedes $m \in \mathbb{N}$. Wegen der Domination sind dann auch $F^{(n)}, F \in L^2(X^{\sigma_m})$ für alle $m, n \in \mathbb{N}$. Außerdem folgt daraus und aus der punktweisen Konvergenz in Verbindung mit dem klassischen Satz von der dominierten Konvergenz

$$\lim_{n \to \infty} \|F^{(n)} - F\|_{L^2(X^{\sigma_m})} = 0$$

für jedes $m \in \mathbb{N}$. $\square$

Zum Schluss dieses Kapitel machen wir, wie angekündigt, ein weiteres Mal deutlich, dass der Name "stochastisches Integral" für die Integration nach lokalen Martingalen gerechtfertigt ist. Der nächste Satz zeigt nämlich, dass jedes Integral eines Elementes aus $\mathfrak{B}$ über einen Prozess aus $\mathfrak{M}$ durch pfadweise Stieltjes-Integrale geeigneter Elementarprozesse approximiert werden kann. Für eine Zerlegung $\mathfrak{Z} = \{t_0 = 0, \ldots, t_r\}$ und einen Prozess $F \in \mathfrak{B}$ sei der zugehörige Elementarprozess

$$F_{\mathfrak{Z}} := \sum_{k=1}^{r} F_{t_{k-1}} 1_{]t_{k-1}, t_k]}.$$

Satz 6.9. *Seien* $X \in \mathfrak{M}$, $F \in \mathfrak{B}$ *und* $\mathfrak{Z}_n = \{t_0^{(n)}, \dots t_{r_n}^{(n)}\}$ *eine Zerlegungsfolge mit* $t_{r_n}^{(n)} \uparrow \infty$ *und* $|\mathfrak{Z}_n| \to 0$ *für* $n \to \infty$. *Dann konvergiert*

$$\int F_{\mathfrak{Z}_n} dX = \sum_{k=1}^{r_n} F_{t_{k-1}^{(n)}} \left(X^{t_k^{(n)}} - X^{t_{k-1}^{(n)}} \right) \to \int F dX$$

lokal gleichmäßig stochastisch.

Beweis. Nach Satz 6.8 genügt es zu zeigen, dass $F_{\mathfrak{Z}_n} \to F$ in $L_{loc}^2(X)$ konvergiert. Aufgrund der Linksstetigkeit von F und der Voraussetzung an die Zerlegungsfolge $\mathfrak{Z}_n$ konvergiert $F_{\mathfrak{Z}_n} \to F$ punktweise auf $\mathbb{R}_+ \times \Omega$. Weiterhin können wir nach Proposition 5.17/4. annehmen, dass $F_0 = 0$ gilt. Kombiniert man die Stoppzeiten aus dem Beweis von Satz 3.3/2. und Proposition 5.5/6., so erhält man eine Folge $\tau_m \uparrow \infty$ von Stoppzeiten, so dass $|F^{\tau_m}| \le m$ und $X^{\tau_m} \in \mathfrak{M}^2$ erfüllt ist. Offensichtlich gilt die Stoppregel

$$(F_{\mathfrak{Z}_n})^{\tau_m} = ((F^{\tau_m})_{\mathfrak{Z}_n})^{\tau_m},$$

und damit auch

$$|(F_{\mathfrak{Z}_n})^{\tau_m}| \le m.$$

Also sind

$$F \in L^2(X^{\tau_m}) \quad \text{und} \quad F_{\mathfrak{Z}_n} \in L^2(X^{\tau_m})$$

für alle $n \in \mathbb{N}$ und es konvergiert

$$(F_{\mathfrak{Z}_n})^{\tau_m} \to F^{\tau_m}$$

für $n \to \infty$ punktweise und dominiert durch die Konstante m. Weil nach Proposition 5.5/7. $\mu_{X^{\tau_m}}$ für jedes $m \in \mathbb{N}$ ein endliches auf $[0, \tau_m]$ konzentriertes Maß ist, folgt nach dem klassischen Satz von der dominierten Konvergenz $F_{\mathfrak{Z}_n} \to F$ in $L^2(X^{\tau_m})$. Daher gilt $F_{\mathfrak{Z}_n} \to F$ in $L_{loc}^2(X)$. $\square$

7 Der Itô-Kalkül

In diesem Kapitel werden wir Itô-Differentiale einführen und für diese den Itô-Kalkül beweisen.

7.1 Stochastisches Integral nach Semimartingalen

Wir führen nun die beiden gewonnenen Integralbegriffe zu einem stochastischen Integral nach Semimartingalen zusammen.

Definition 7.1. *Sei $X = A + M \in \mathfrak{S}$ ein Semimartingal und $F \in \mathfrak{B}$. Dann heißt der Prozess $\int F dX$, gegeben durch*

$$\left(\int F dX \right)_t := \left(\int F dA \right)_t + \left(\int F dM \right)_t,$$

für $t \in \mathbb{R}_+$, das unbestimmte stochastische Integral mit Integrand F und Integrator X.

Bemerkung 7.2.
1. *Der in Definition 7.1 gewonnene Integralbegriff ist wohldefiniert. Denn sei $Y \in \mathfrak{M} \cap \mathfrak{A}$. So zeigt Satz 3.7, dass Y zeitlich konstant ist, d.h. dass $Y - Y_0 = 0$ gilt. Nach der Approximation durch Zerlegungssummen mit Satz 6.9, bzw. Definition 3.4, folgt dann für jeden der beiden Integrationsbegriffe $\int F dY = 0$ für jedes $F \in \mathfrak{B}$ bis auf Nicht-Unterscheidbarkeit . Ist nun $X \in \mathfrak{S}$ und sind $X = A_1 + M_1 = A_2 + M_2$ zwei Doob-Meyer-Zerlegungen von X, so gilt offensichtlich $M_1 - M_2 = A_2 - A_1 \in \mathfrak{M} \cap \mathfrak{A}$. Folglich haben wir $\int F dM_1 = \int F dM_2$ und $\int F dA_1 = \int F dA_2$ für jedes $F \in \mathfrak{B}$ nach Satz 6.2/2., bzw. nach Satz 3.5/1.*

2. *Nach Satz 6.9 mit Bemerkung 4.3 und Definition 3.4 gibt es zu*
   $X \in \mathfrak{S}$, $F \in \mathfrak{B}$ *und einer Zerlegungsfolge* $\mathfrak{Z}_n = \{t_0^{(n)} = 0, \ldots, t_{r_n}^{(n)}\}$
   mit $t_{r_n}^{(n)} \uparrow \infty$ *und* $|\mathfrak{Z}_n| \to 0$ *eine Teilfolge* $(n_k)_{k \in \mathbb{N}}$ *und eine Null-*
   menge N, *so dass die zugehörige Zerlegungssumme* $\sum_{\mathfrak{Z}_{n_k}(t)} F dX$
   für jedes $\omega \notin N$ *und jedes* $t \in \mathbb{R}_+$ *gegen* $(\int F dX)_t$ *konvergiert.*
   (Dabei sei unter $\sum_{\mathfrak{Z}} F dX$ *für Prozesse* F *und* X *die pfadweise*
   gebildete Zerlegungssumme, analog zu den Festlegungen zu Beginn
   von Kapitel 2, zu verstehen.)

7.2 Itô-Differentiale

Nun führen wir die sogenannten Itô-Differentiale ein.

Definition 7.3. *Für einen Prozess* $(X_t)_{t \in \mathcal{T}}$ *mit* $\mathcal{T} = \mathbb{R}_+$ *oder* $= [0, T]$
oder $= \mathbb{N}_0$ *ist das Itô-Differential* $dX := dX_s$ *die Intervallfunktion,*
welche einem Intervall in $\mathcal{T}$ *mit den Endpunkten* $0 \leq s \leq t < \infty$,
$s, t \in \mathcal{T}$ *die Zufallsvariable* $X_t - X_s$ *zuordnet. Dafür betrachten wir*
folgende Verknüpfungen:

1. *Prozess mit Differential:*

$$FdX := F_s dX_s := d\left(\int F dX\right)$$

für beliebige Prozesse F *und* X, *für die der Ausdruck* $\int F dX$
gegeben ist.

2. *Differential mit Differential:*

$$dXdY := dX_s dY_s := d[X, Y]$$

für Prozesse X, Y, *für die ein Klammerprozess* $[X, Y]$ *existiert.*

Bemerkung 7.4. *Ist μ ein Maß auf $\mathbb{B}(\mathbb{R}_+)$, bzw. auf $\mathbb{B}([0,T])$, so schreiben wir auch gelegentlich für einen Prozess F mit der Zeitmenge $\mathbb{R}_+$, bzw. $[0,T]$, für den jeder Pfad nach μ integrierbar ist,*

$$Fd\mu \quad oder \quad F_s d\mu.$$

Damit meinen wir stets das Differential des Prozesses, welcher sich durch pfadweise Integration nach μ ergibt. dt steht dabei für Integration nach dem Lebesgue-Maß.

Die folgende Proposition stellt einige Rechenregeln für das Itô-Differential zusammen, welche uns großteils schon aus den vorangegangenen Kapiteln bekannt sind.

Proposition 7.5. *Seien $F, G \in \mathfrak{B}$ und $X, Y \in \mathfrak{S}$. Dann gilt:*

1. $(F+G)dX = FdX + GdX$ und $Fd(X+Y) = FdX + FdY$

2. $F(GdX) = (FG)dX$

3. $(FdX)(GdY) = (FG)dXdY$

4. $dXdY = dYdX$ und $d(X+Y)dZ = dXdZ + dYdZ$

5. $dXdY = 0$, falls $X \in \mathfrak{A}$ oder $Y \in \mathfrak{A}$

6. $dX(dYdZ) = (dXdY)dZ = 0$

7. Produktregel/Partielle Integration:

$$d(XY) = XdY + YdX + dXdY. \qquad (7.1)$$

D.h. außerhalb einer Nullmenge gilt

$$\int\limits_0^t XdY + \int\limits_0^t YdX = X_tY_t - X_0Y_0 - [X,Y]_t \qquad (7.2)$$

für jedes $t \in \mathbb{R}_+$. XY ist ebenso ein Element von $\mathfrak{S}$. Der Prozess XY gehört sogar zu $\mathfrak{A}$, falls $X \in \mathfrak{A}$ und $Y \in \mathfrak{A}$.

Beweis. Die Punkte 1. bis 3. folgen sofort aus den Sätzen 3.5 und 6.2. 4. bis 6. wurde in Satz 4.19 gezeigt. Nur 7. erfordert eine genauere Betrachtung.

Die Regel in (7.1) für die Differentiale folgt aus der Formel der partiellen Integration in (7.2). Außerdem folgt auch die zusätzliche Bemerkung aus (7.2), denn der Klammerprozess liegt stets in $\mathfrak{A}$ und für $F \in \mathfrak{B}$ und $X \in \mathfrak{A}$ bzw. $\mathfrak{M}$ liegt auch $\int F dX$ in $\mathfrak{A}$ bzw. $\mathfrak{M}$ (Satz 3.5, Definition 5.16). D.h. es genügt (7.2) zu zeigen.

Sei daher $t \in \mathbb{R}_+$ und $\mathfrak{Z} = \{t_0 = 0, \ldots, t_r = t\}$ eine beliebige Zerlegung von $[0, t]$. Dann gilt mit den Festlegungen am Anfang von Kapitel 2:

$$X_t Y_t - X_0 Y_0 - \sum_{\mathfrak{Z}} dX dY$$

$$= X_t Y_t - X_0 Y_0 - \sum_{k=1}^{r} (X_{t_k} - X_{t_{k-1}})(Y_{t_k} - Y_{t_{k-1}})$$

$$= X_t Y_t - X_0 Y_0 + \sum_{k=1}^{r} (-X_{t_k} Y_{t_k} + X_{t_k} Y_{t_{k-1}}$$

$$+ X_{t_{k-1}} Y_{t_k} - X_{t_{k-1}} Y_{t_{k-1}})$$

$$= \sum_{k=1}^{r} (-X_{t_{k-1}} Y_{t_{k-1}} + X_{t_k} Y_{t_{k-1}} + X_{t_{k-1}} Y_{t_k} - X_{t_{k-1}} Y_{t_{k-1}})$$

$$= \sum_{k=1}^{r} X_{t_{k-1}} (Y_{t_k} - Y_{t_{k-1}}) + \sum_{k=1}^{r} Y_{t_{k-1}} (X_{t_k} - X_{t_{k-1}})$$

$$= \sum_{\mathfrak{Z}} X dY + \sum_{\mathfrak{Z}} Y dX$$

Ersetzt man in dieser Gleichung die Zerlegung $\mathfrak{Z}$ durch eine Zerlegungsfolge $\mathfrak{Z}_n$ wie in Bemerkung 7.2/2., so gibt es nach Bemerkung 7.2/2. und Satz 4.19 mit Bemerkung 4.3 eine Teilfolge und eine Nullmenge N außerhalb derer die linke Seite der Gleichung gegen $X_t Y_t - X_0 Y_0 - [X, Y]_t$ und die rechte Seite gegen $(\int X dY)_t + (\int Y dX)_t$ jeweils für jedes $t \in \mathbb{R}_+$ konvergiert. $\qquad\square$

Es folgen einige Festlegungen, die dem Itô-Kalkül dienen. Für $X, Y \in$
$\mathfrak{S}$, $F \in \mathfrak{B}$ und eine Zerlegung $\mathfrak{Z} = \{t_0 = 0, \ldots, t_r\}$ sei folgende
Zerlegungssumme gegeben:

$$\sum_{\mathfrak{Z}} F dX dY := \sum_{k=1}^{r} F_{t_{k-1}} (X_{t_k} - X_{t_{k-1}})(Y_{t_k} - Y_{t_{k-1}}).$$

Bemerkung 7.6. *Damit erhalten wir die Gleichung:*

$$\sum_{\mathfrak{Z}} F dX dY = \sum_{k=1}^{r} F_{t_{k-1}} \{ X_{t_k} Y_{t_k} - X_{t_{k-1}}(Y_{t_k} - Y_{t_{k-1}})$$
$$- Y_{t_{k-1}}(X_{t_k} - X_{t_{k-1}}) - X_{t_{k-1}} Y_{t_{k-1}} \}$$
$$= \sum_{\mathfrak{Z}} F d(XY) - \sum_{\mathfrak{Z}} (FX) dY - \sum_{\mathfrak{Z}} (FY) dX. \qquad (7.3)$$

*Offensichtlich ist aber $FX, FY \in \mathfrak{B}$ und nach Proposition 7.5/7. gilt
$XY \in \mathfrak{S}$. Ersetzt man daher in (7.3) genau wie in Proposition 7.5/7.
$\mathfrak{Z}$ durch eine Zerlegungsfolge $\mathfrak{Z}_n$, so sieht man mit Bemerkung 7.2
nach eventuellem Übergang zu einer Teilfolge, dass*

$$\sum_{\mathfrak{Z}_n(t)} F dX dY \to \int_0^t F d(XY) - \int_0^t (FX) dY - \int_0^t (FY) dX$$

*für jedes ω außerhalb einer Nullmenge und jedes $t \geq 0$ konvergiert.
Nach den Rechenregeln für Itô-Differentiale gilt aber:*

$$F d(XY) = F(X dY + Y dX + dX dY)$$
$$= (FX) dY + (FY) dX + F dX dY.$$

Damit gibt es eine Zerlegungsfolge, so dass

$$\sum_{\mathfrak{Z}_n(t)} F dX dY \to \int_0^t F d[X, Y]$$

für alle $t \in \mathbb{R}_+$ und fast sicher alle ω konvergiert.

7.3 Mehrdimensionale stochastische Integration

Bevor wir die Itô-Formel formulieren und beweisen, soll nun ein Weg dargestellt werden mit dem man vektorwertige Prozesse integrieren kann. Besonders wichtig ist dies für Stochastische Analysis auf Mannigfaltigkeiten.

Seien dazu E, G, H endlich-dimensionale $\mathbb{R}$-Vektorräume versehen mit der Normtopologie. Weiterhin sei $\{a_1, \ldots, a_n\}$ eine Basis von E, $U \subset E$ sei eine offene Teilmenge und $X = \sum_{k=1}^{n} X^k a_k$ sei ein E-wertiger Prozess mit Zeitbereich $\mathbb{R}_+$ in der zugehörigen Basisdarstellung. Dann schreiben wir $X \in \mathfrak{A}(U)$ (bzw. $\mathfrak{B}(U), \mathfrak{C}(U), \mathfrak{M}(U), \mathfrak{S}(U)$) genau dann, wenn $X^k \in \mathfrak{A}$ (bzw. $\mathfrak{B}, \mathfrak{C}, \mathfrak{M}, \mathfrak{S}$) für alle $k = 1, \ldots, n$ und es eine Nullmenge N gibt, so dass $X_t(\omega) \in U$ gilt für jede Wahl von $\omega \notin N$ und $t \in \mathbb{R}_+$. Haben wir $0 \in U$, so bedeute $X \in \mathfrak{A}_0(U)$ (bzw. $\mathfrak{B}_0(U), \mathfrak{C}_0(U), \mathfrak{M}_0(U), \mathfrak{S}_0(U)$), dass zusätzlich zu obigen Bedingungen noch $X_0 = 0$ fast sicher gilt. Nun sei

$$E \times G \to H, \quad (x, y) \mapsto \langle x, y \rangle$$

eine bilineare Abbildung und $\{b_1, \ldots, b_m\}$ eine Basis von G. Dann ist für

$$F = \sum_{k=1}^{n} F^k a_k \in \mathfrak{B}(E),$$

$$X = \sum_{k=1}^{n} X^k a_k \in \mathfrak{S}(E)$$

und

$$Y = \sum_{l=1}^{m} Y^l b_l \in \mathfrak{S}(G) \tag{7.4}$$

die mehrdimensionale Kovariation und das mehrdimensionale stochastische Integral gegeben durch

$$\int F dY := \int F_s dY_s := \sum_{k=1}^{n} \sum_{l=1}^{m} \left(\int F^k d(Y^l) \right) \langle a_k, b_l \rangle \in \mathfrak{S}(H) \quad (7.5)$$

$$[X, Y] := \sum_{k=1}^{n} \sum_{l=1}^{m} [X^k, Y^l] \langle a_k, b_l \rangle \in \mathfrak{A}_0(H) \quad (7.6)$$

Bemerkung 7.7. *Aufgrund der Vektorraumeigenschaft von $\mathfrak{A}$, $\mathfrak{B}$, $\mathfrak{C}$, $\mathfrak{M}$ und $\mathfrak{S}$ ist die Definition der Relation $X \in \mathfrak{A}(U)$ (bzw. $\mathfrak{B}(U)$, $\mathfrak{C}(U)$, $\mathfrak{M}(U)$, $\mathfrak{S}(U)$) unabhängig von der gewählten Basis $\{a_1, \ldots, a_n\}$.*

Wegen der Bilinearität des Klammerprozesses und des stochastischen Integrals spielt die Wahl der Basen $\{a_1, \ldots, a_n\}$ und $\{b_1, \ldots, b_m\}$ keine Rolle für die Definitionen in (7.5) und (7.6).

Entsprechend zu Definition 7.3 sind die Itô-Differentiale für vektorwertige Prozesse gegeben:

$$F dY := F_s dY_s := d\left(\int F dY \right)$$

und

$$dX dY := d[X, Y].$$

Häufig wählt man $E = G = \mathbb{R}^n$, $\{a_1, \ldots a_n\} = \{b_1, \ldots, b_m\}$ die Standard-Orthonormalbasis des $\mathbb{R}^n$, $H = \mathbb{R}$ und $\langle \cdot, \cdot \rangle$ das Standard-Skalarprodukt. Sind F, X und Y dann wie in (7.4) gegeben, so erhält man die mehrdimensionale Kovariation bzw. das mehrdimensionale stochastische Integral als Summe der komponentenweisen Kovariationen bzw. Integrale:

$$\int F dY = \sum_{k=1}^{n} \int F^k d(Y^k)$$

und

$$[X, Y] = \sum_{k=1}^{n} [X^k, Y^k].$$

7.4 Die Itô-Formel

Jetzt können wir das Theorem formulieren, das den Itô-Kalkül angibt. Es wird auch Hauptsatz der Differential- und Integralrechnung der stochastischen Analysis genannt.

Theorem 7.8. *Sei $U \subset \mathbb{R}^n$ eine offene Teilmenge, $X = (X^1, \ldots, X^n)$ $\in \mathfrak{S}(U)$ und $r \in \mathbb{N}$ mit $1 \le r \le n+1$. Weiterhin seien $X^1, \ldots, X^{r-1} \in \mathfrak{A}$ und $f \colon U \to \mathbb{R}$ eine stetig differenzierbare Funktion, welche in den letzten $n - r + 1$ Variablen $(x_r, \ldots, x_n)$ auch zweimal stetig partiell differenzierbar sei. Dann ist $f(X) = (f \circ X_t)_{t \in \mathbb{R}_+}$ ein Semimartingal und es gilt:*

$$d(f(X)) = \sum_{k=1}^{n} \frac{\partial f}{\partial x_k}(X) dX^k + \frac{1}{2} \sum_{k,l=r}^{n} \frac{\partial^2 f}{\partial x_k \partial x_l}(X) dX^k dX^l.$$

(Dabei entfällt für $r = 1$ die Bedingung $X^1, \ldots, X^{r-1} \in \mathfrak{A}$ und für $r = n + 1$ entfällt die Voraussetzung der zweifachen partiellen Differenzierbarkeit in den letzten Variablen und der zweite Summand in der Formel.)

Beweis. Für $x, \zeta \in \mathbb{R}^n$ mit $x, x + \zeta \in U$ sei

$$r(x, \zeta) := f(x + \zeta) - f(x) -$$

$$- \sum_{k=1}^{n} \frac{\partial f}{\partial x_k}(x) \zeta_k - \frac{1}{2} \sum_{k,l=r}^{n} \frac{\partial^2 f}{\partial x_k \partial x_l}(x) \zeta_k \zeta_l$$

das Taylor-Restglied. Dafür sei die Funktion ϵ gegeben durch:

$$\begin{cases} r(x, \zeta) = \epsilon(x, \zeta) \Big(\sum_{k=1}^{r-1} |\zeta_k| + \sum_{k=r}^{n} \zeta_k^2 \Big), & \text{für } x, x + \zeta \in U, \zeta \ne 0 \\ \epsilon(x, \zeta) = 0, & \text{für } x \in U, \zeta = 0. \end{cases}$$

Wir zeigen nun im Folgenden, dass für jedes kompakte $K \subset U$

$$\lim_{\zeta \to 0} \sup_{x \in K} |\epsilon(x, \zeta)| = 0$$

gilt. Dies verwenden wir dann am Schluss des Beweises um ihn zu
Ende zu führen. Sei dazu für ein kompaktes $K \subset U$, $\delta > 0$ so gewählt,
dass

$$V(K; \delta) := \{z \in \mathbb{R}^n \colon \operatorname{dist}(K; z) < \delta\} \subset U.$$

Weiterhin sei $\zeta = (\zeta', \zeta'') \in \mathbb{R}^n$ mit $\zeta' = (\zeta_1, \ldots, \zeta_{r-1})$, $\zeta'' = (\zeta_r, \ldots, \zeta_n)$ und $|\zeta| < \delta$. Dann gilt nach obiger Wahl von δ:

$$[x, x + \zeta] \subset V(K; \delta) \subset U$$

für jedes $x \in K$. Fast man zuerst f als konstant in den letzten
$n - r + 1$ Variablen auf und macht eine Taylorentwicklung um den
Punkt $x + (0, \zeta'')$ in den ersten $r - 1$ Variablen bis zur 0-ten Ordnung
und danach eine Entwicklung in den letzten $n - r + 1$ Variablen, bei
Fixierung der ersten $r - 1$ Koordinaten, um den Punkt x bis zur 1-ten
Ordnung, so gibt es nach der bekannten Taylor-Restgliedformel im
$\mathbb{R}^n$ für $x \in K$ und $|\zeta| < \delta$ ein $\hat{x}(x, \zeta) \in [x + (0, \zeta''), x + \zeta]$, sowie ein
$\tilde{x}(x, \zeta) \in [x, x + (0, \zeta'')]$, so dass gilt:

$$f(x + \zeta) - f(x) = f(x + \zeta) - f(x + (0, \zeta'')) + f(x + (0, \zeta'')) - f(x)$$

$$= \sum_{k=1}^{r-1} \frac{\partial f}{\partial x_k}(\hat{x}(x, \zeta))\zeta_k + \sum_{k=r}^{n} \frac{\partial f}{\partial x_k}(x)\zeta_k +$$

$$+ \frac{1}{2} \sum_{k,l=r}^{n} \frac{\partial^2 f}{\partial x_k \partial x_l}(\tilde{x}(x, \zeta))\zeta_k \zeta_l.$$

Aufgrund der Definition von $r(x, \zeta)$ folgt nun:

$$|r(x, \zeta)| = \left| \sum_{k=1}^{r-1} \left(\frac{\partial f}{\partial x_k}(\hat{x}(x, \zeta)) - \frac{\partial f}{\partial x_k}(x) \right)\zeta_k + \right.$$

$$\left. + \frac{1}{2} \sum_{k,l=r}^{n} \left(\frac{\partial^2 f}{\partial x_k \partial x_l}(\tilde{x}(x, \zeta)) - \frac{\partial^2 f}{\partial x_k \partial x_l}(x) \right)\zeta_k \zeta_l \right|.$$

Damit können wir abschätzen:

$$|r(x,\zeta)| \le \varphi(x,\zeta)\Big(\sum_{k=1}^{r-1}|\zeta_k| + \frac{1}{n-r+1}\sum_{k,l=r}^{n}|\zeta_k|\,|\zeta_l|\Big)$$

$$\le \varphi(x,\zeta)\Big(\sum_{k=1}^{r-1}|\zeta_k| + \sum_{k=r}^{n}\zeta_k^2\Big),$$

mit

$$\varphi(x,\zeta) := \max_{1\le k\le r-1}\Big|\frac{\partial f}{\partial x_k}(\hat{x}(x,\zeta)) - \frac{\partial f}{\partial x_k}(x)\Big| +$$

$$+ (n-r+1)\max_{r\le k,l\le n}\frac{1}{2}\Big|\frac{\partial^2 f}{\partial x_k \partial x_l}(\tilde{x}(x,\zeta)) - \frac{\partial^2 f}{\partial x_k \partial x_l}(x)\Big|.$$

(Man beachte, dass für $r = n + 1$ die Taylorentwicklung bis zur 1-ten Ordnung entfällt. Daher fällt in diesem Fall auch der Term mit $\frac{1}{n-r+1}$ weg.) Dabei folgt die letzte Ungleichung mit

$$\frac{1}{n-r+1}\sum_{k,l=r}^{n}|\zeta_k|\,|\zeta_l| = \frac{1}{n-r+1}\Big(\sum_{k=r}^{n}|\zeta_k|\Big)^2 \le \sum_{k=r}^{n}\zeta_k^2$$

aus der Cauchy-Schwarz-Ungleichung. Damit ist also für $x \in K$ und $|\zeta| < \delta$

$$|\epsilon(x,\zeta)| \le \varphi(x,\zeta)$$

nachgewiesen. Nach Voraussetzung sind alle partiellen Ableitungen, die in der Definition von φ vorkommen, stetig, also auf der relativ kompakten Menge $V(K;\delta)$ gleichmäßig stetig. Weil aber nach der Taylorentwicklung $\hat{x}(x,\zeta)$ und $\tilde{x}(x,\zeta)$ beide in $[x, x + \zeta] \subset V(K;\delta)$ liegen, folgt:

$$\lim_{|\zeta|\to 0}\sup_{x\in K}\varphi(x,\zeta) = 0.$$

Gleiches gilt natürlich für $|\epsilon|$.

Um nun die Aussage des Satzes zu zeigen, müssen wir für im Folgenden fixiertes $t \in \mathbb{R}_+$ nachweisen, dass

$$f \circ X_t - f \circ X_0 = \sum_{k=1}^{n} \int_0^t \frac{\partial f}{\partial x_k}(X)dX^k +$$

$$+ \frac{1}{2} \sum_{k,l=r}^{n} \int_0^t \frac{\partial^2 f}{\partial x_k \partial x_l}(X)d[X^k, X^l]$$

fast sicher gilt. Sei dafür $\mathfrak{Z} = \{t_0 = 0, \ldots, t_s = t\}$ eine Zerlegung des Intervalls $[0, t]$. Dann gilt nach der Definition von $r(x, \zeta)$ zunächst:

$$f \circ X_t - f \circ X_0 = \sum_{j=1}^{s} f(X_{t_j}) - f(X_{t_{j-1}})$$

$$= \sum_{j=1}^{s} \sum_{k=1}^{n} \frac{\partial f}{\partial x_k}(X_{t_{j-1}})(X_{t_j}^k - X_{t_{j-1}}^k) +$$

$$+ \frac{1}{2} \sum_{j=1}^{s} \sum_{k,l=r}^{n} \frac{\partial^2 f}{\partial x_k \partial x_l}(X_{t_{j-1}})(X_{t_j}^k - X_{t_{j-1}}^k)(X_{t_j}^l - X_{t_{j-1}}^l) +$$

$$+ \sum_{j=1}^{s} r(X_{t_{j-1}}, X_{t_j} - X_{t_{j-1}}).$$

Daraus folgt mit der Definition der Zerlegungssummen:

$$f \circ X_t - f \circ X_0 = \sum_{k=1}^{n} \sum_{\mathfrak{Z}} \frac{\partial f}{\partial x_k}(X)dX^k +$$

$$+ \frac{1}{2} \sum_{k,l=r}^{n} \sum_{\mathfrak{Z}} \frac{\partial^2 f}{\partial x_k \partial x_l}(X)dX^k dX^l +$$

$$+ \sum_{j=1}^{s} r(X_{t_{j-1}}, X_{t_j} - X_{t_{j-1}}).$$

Nach den Bemerkungen 7.2/2. und 7.6 gibt es eine Zerlegungsfolge $\mathfrak{Z}_n$, so dass für jedes k, l und $\mathfrak{Z} = \mathfrak{Z}_n(t)$:

$$\sum_{\mathfrak{Z}} \frac{\partial f}{\partial x_k}(X)dX^k \rightarrow \int_0^t \frac{\partial f}{\partial x_k}(X)dX^k$$

und

$$\sum_{\mathfrak{Z}} \frac{\partial^2 f}{\partial x_k \partial x_l}(X)dX^k dX^l \rightarrow \int_0^t \frac{\partial^2 f}{\partial x_k \partial x_l}(X)d[X^k, X^l]$$

jeweils für jedes $t \in \mathbb{R}_+$ und alle ω außerhalb einer Nullmenge gilt. Da aber stochastische Limiten fast sicher eindeutig bestimmt sind, ist der Beweis vollständig, wenn wir zeigen können, dass $\sum_{j=1}^s r(X_{t_{j-1}}, X_{t_j} - X_{t_{j-1}})$ für $|\mathfrak{Z}| \rightarrow 0$ stochastisch gegen 0 konvergiert. Ist daher $\omega \in \Omega$ ein Element des zugrunde liegenden Wahrscheinlichkeitsraums, so folgt aus der Definition von ϵ:

$$\left| \sum_{j=1}^s r(X_{t_{j-1}}(\omega), X_{t_j}(\omega) - X_{t_{j-1}}(\omega)) \right|$$

$$\leq \max_{1 \leq j \leq s} |\epsilon(X_{t_{j-1}}(\omega), X_{t_j}(\omega) - X_{t_{j-1}}(\omega))| \times$$

$$\times \left(\sum_{j=1}^s \left(\sum_{k=1}^{r-1} \left| X_{t_j}^k(\omega) - X_{t_{j-1}}^k(\omega) \right| + \sum_{k=r}^n \left(X_{t_j}^k(\omega) - X_{t_{j-1}}^k(\omega) \right)^2 \right) \right)$$

$$= \max_{1 \leq j \leq s} |\epsilon(X_{t_{j-1}}(\omega), X_{t_j}(\omega) - X_{t_{j-1}}(\omega))| \times$$

$$\times \left(\sum_{k=1}^{r-1} \sum_{\mathfrak{Z}} |dX^k|(\omega) + \sum_{k=r}^n \sum_{\mathfrak{Z}} dX^k dX^k(\omega) \right)$$

Für festes ω ist die Menge $K := \{X_u(\omega) \colon 0 \leq u \leq t\} \subset U$ kompakt. Daher zeigt der erste Teil des Beweises, dass der erste Term auf der rechten Seite in obiger Ungleichung punktweise, also insbesondere stochastisch, gegen 0 konvergiert für $|\mathfrak{Z}| \rightarrow 0$. Ist $1 \leq k \leq r - 1$, so konvergiert

$$\sum_3 |dX^k|(\omega) \to (V_{X^k})_t(\omega)$$

punktweise, was nach Voraussetzung endlich ist. Nach Satz 4.13 konvergiert

$$\sum_3 dX^k dX^k \to [X^k]_t$$

stochastisch. Also folgt insgesamt die stochastische Konvergenz von $\sum_{j=1}^{s} r(X_{t_{j-1}}, X_{t_j} - X_{t_{j-1}})$ gegen 0, was den Beweis beendet. □

Bemerkung 7.9. *Sind die gleichen Voraussetzungen wie in Theorem 7.8 gegeben, so gibt der Itô-Kalkül auch eine Doob-Meyer-Zerlegung des Prozesses $f(X)$ an. Für $r \le k \le n$ sei $X^k = A^k + M^k$ eine Doob-Meyer-Zerlegung von X^k. Dann ist*

$$\sum_{k=r}^{n} \int \frac{\partial f}{\partial x_k}(X) dM^k$$

der Martingalteil von $f(X) - f(X_0)$ und

$$\sum_{k=1}^{r-1} \int \frac{\partial f}{\partial x_k}(X) dX^k + \sum_{k=r}^{n} \int \frac{\partial f}{\partial x_k}(X) dA^k +$$

$$+ \frac{1}{2} \sum_{k,l=r}^{n} \int \frac{\partial^2 f}{\partial x_k \partial x_l}(X) d[X^k, X^l]$$

der rektifizierbare Teil von $f(X) - f(X_0)$.

7.5 Anwendungen der Itô-Formel

Eine schöne Form nimmt die Itô-Formel für eine Brownsche Bewegung an.

Beispiel 7.10. *Sei $B = (B^1, \ldots, B^n)$ eine n-dimensionale $\mathcal{F}_t$-Brownsche Bewegung und $f \colon \mathbb{R}^n \to \mathbb{R}$ eine $\mathcal{C}^2$-Funktion. Dann gilt:*

$$d(f(B)) = \sum_{k=1}^{n} \frac{\partial f}{\partial x_k}(B)dB^k + \frac{1}{2}\Delta f(B)dt.$$

Dies folgt sofort aus dem Itô-Kalkül, wenn man beachtet, dass $[B^k, B^l]_t = \delta_{k,l}t$ nach Beispiel 4.22 gilt.   □

Die soeben gewonnene Aussage können wir etwas spezialisieren. Das nächste Beispiel beschreibt ein stetiges gleichgradig integrierbares lokales Martingal, welches kein Martingal ist.

Beispiel 7.11. *Sei $B = (B_t)_{t \in \mathbb{R}_+}$ eine 3-dimensionale Brownsche Bewegung und $x \in \mathbb{R}^3 \setminus \{0\}$. Dazu sei $W = (W_t)_{t \in \mathbb{R}_+}$ die in x startende Brownsche Bewegung $W := x + B$. Außerdem betrachten wir die $\mathcal{C}^\infty$ Funktion $f \colon \mathbb{R}^3 \setminus \{0\} \to \mathbb{R}$, die gegeben ist durch*

$$f(x) := \frac{1}{\|x\|}.$$

($\| \cdot \|$ bezeichnet die euklidische Norm.) Dann bildet der Prozess $(M_t)_{t \in \mathbb{R}_+}$ mit $M_t := f(W_t)$ ein stetiges gleichgradig integrierbares lokales Martingal, welches kein Martingal ist.

Beweis. Zunächst kann man in [13], Theorem 25.41 nachlesen, dass fast sicher jeder Pfad von W nicht durch den Punkt $0 \in \mathbb{R}^3$ läuft. Damit ist der Prozess $(M_t)_{t \in \mathbb{R}_+}$ ein wohldefinierter stetiger Prozess und die Itô-Formel ist anwendbar. Sie liefert analog zu Beispiel 7.10 mit Beispiel 4.22:

$$dM_t = df(W_t) = \sum_{l=1}^{3} \frac{\partial f}{\partial x_l}(W_t)dW_t^l,$$

denn bekanntlich ist f harmonisch, d.h. es gilt $\Delta f = 0$. Somit haben wir $(M_t)_{t\in\mathbb{R}_+}$ als stetiges lokales Martingal erkannt. Für die nächsten Betrachtungen berechnen wir erst für $N > 0$ und λ dem 3-dimensionalen Lebesgue-Maß das Integral:

$$\int\limits_{\{\|z\|\leq N\}} \frac{1}{\|z\|}\lambda(dz) \overset{(\star)}{=} \int\limits_0^N \int\limits_0^{2\pi} \int\limits_0^\pi \frac{1}{r}r^2\sin\theta \, d\theta \, d\varphi \, dr$$

$$= 4\pi \int\limits_0^N r \, dr = 2\pi N^2. \tag{7.7}$$

In $(\star)$ wurde der $\mathcal{C}^1$-Diffeomorphismus

$$\Psi : \begin{cases}]0,\infty[\times]0,2\pi[\times]0,\pi[&\to \mathbb{R}^3 \setminus A, \\ (r,\varphi,\theta) &\mapsto r(\sin(\theta)\cos(\varphi),\sin(\theta)\sin(\varphi),\cos(\theta)) \end{cases}$$

für Kugelkoordinaten verwendet. A bezeichnet die abgeschlossene Lebesgue-Nullmenge

$$A := \{(x,y,z) \in \mathbb{R}^3 \mid x \geq 0, y = 0\}.$$

Die Gleichung $(\star)$ folgt damit aus der Transformationsformel für $\mathcal{C}^1$-Diffeomorphismen ([1], Satz 19.4) und dem Satz von Fubini, denn der Betrag der Determinante der Jacobi-Matrix $D\Psi$ ist gegeben durch

$$|\det D\Psi|\,(r,\varphi,\theta) = r^2\sin(\theta).$$

Nun zeigen wir die gleichgradige Integrierbarkeit von $(M_t)_{t\in\mathbb{R}_+}$:

$$\lim_{K\uparrow\infty}\sup_{t\in\mathbb{R}_+}\int\limits_{\{M_t\geq K\}} M_t \, dP \overset{(1)}{=} \lim_{K\uparrow\infty}\left(\sup_{t>0}\int\limits_{\{\|x+B_t\|\leq\frac{1}{K}\}} \frac{1}{\|x+B_t\|} \, dP\right)$$

$$\overset{(2)}{=} \lim_{K\uparrow\infty}\left(\sup_{t>0}\frac{1}{(\sqrt{2\pi t})^3}\int\limits_{\{\|x+y\|\leq\frac{1}{K}\}} \frac{1}{\|x+y\|}\exp(-\frac{\|y\|^2}{2t})\lambda(dy)\right)$$

(1) folgt aus der Definition von M und für $K > \frac{1}{\|x\|}$ spielt der Term für $t = 0$ keine Rolle. In (2) wurde die Transformationsformel und die Dichte der 3-dimensionalen Normalverteilung verwendet. Damit folgt weiterhin:

$$\lim_{K\uparrow\infty} \sup_{t\in\mathbb{R}_+} \int\limits_{\{M_t \geq K\}} M_t dP =$$

$$\overset{(3)}{=} \lim_{K\uparrow\infty} \left(\sup_{t>0} \frac{1}{(\sqrt{2\pi t})^3} \int\limits_{\{\|z\|\leq\frac{1}{K}\}} \frac{1}{\|z\|}\exp(-\frac{\|z-x\|^2}{2t})\lambda(dz) \right)$$

$$\overset{(4)}{\leq} \limsup_{K\uparrow\infty} \left(\sup_{t>0} \frac{1}{(\sqrt{2\pi t})^3} \int\limits_{\{\|z\|\leq\frac{1}{K}\}} \frac{1}{\|z\|}\exp(-\frac{\|x\|^2}{8t})\lambda(dz) \right)$$

$$\overset{(5)}{=} \limsup_{K\uparrow\infty} \left(\sup_{t>0} \frac{1}{(\sqrt{2\pi t})^3}\exp(-\frac{\|x\|^2}{8t})2\pi\frac{1}{K^2} \right)$$

$$\overset{(6)}{\leq} \limsup_{K\uparrow\infty} \left(2\pi L_0 \frac{1}{K^2} \right) = 0.$$

(3) ist eine erneute Anwendung der Transformationsformel mit $T(y) := x + y$ unter Beachtung, dass das Lebesgue-Maß translationsinvariant ist. Bei (4) wurde für $\frac{1}{K} < \frac{\|x\|}{2}$

$$\|z-x\|^2 \geq (\|x\| - \|z\|)^2 \geq \left(\frac{\|x\|}{2}\right)^2 = \frac{\|x\|^2}{4}$$

abgeschätzt. (5) folgt aus (7.7) und (6) ist eine Konsequenz daraus, dass die stetige Funktion

$$g(t) := \frac{1}{(\sqrt{2\pi t})^3}\exp\left(-\frac{\|x\|^2}{8t}\right) \quad \text{für } t > 0$$

die Grenzwerte $\lim_{t\downarrow 0} g(t) = 0 = \lim_{t\to\infty} g(t)$ hat, also ein Maximum L_0 auf $\{t \in \mathbb{R}: t > 0\}$ annimmt.

Zum Abschluss zeigen wir $\lim_{t\to\infty} \mathbb{E}M_t = 0$, dann kann M wegen $\mathbb{E}M_0 = 1/\|x\| > 0$ kein Martingal sein. Sei dazu $N > 0$, so dass $\|z - x\| \geq \|z\|/2$ für jedes z mit $\|z\| > N$ gilt. Dann folgt:

$$0 \leq \lim_{t\to\infty} \mathbb{E}M_t \overset{(7)}{=} \lim_{t\to\infty} \frac{1}{(\sqrt{2\pi t})^3} \int \frac{1}{\|z\|} \exp\left(-\frac{\|z-x\|^2}{2t}\right) \lambda(dz)$$

$$\overset{(8)}{\leq} \limsup_{t\to\infty} \frac{1}{(\sqrt{2\pi t})^3} \left(\int\limits_{\{\|z\|\leq N\}} \frac{1}{\|z\|} \lambda(dz) + \right.$$

$$\left. + \int\limits_{\{\|z\|>N\}} \frac{1}{\|z\|} \exp\left(-\frac{\|z\|^2}{8t}\right) \lambda(dz) \right)$$

$$\overset{(9)}{=} \limsup_{t\to\infty} \frac{1}{(\sqrt{2\pi t})^3} \left(2\pi N^2 + \right.$$

$$\left. + \lim_{L\uparrow\infty} \int\limits_N^L \int\limits_0^{2\pi} \int\limits_0^\pi \frac{1}{r} \exp\left(-\frac{r^2}{8t}\right) r^2 \sin(\theta) \, d\theta \, d\varphi \, dr \right)$$

$$= \limsup_{t\to\infty} \frac{1}{(\sqrt{2\pi t})^3} \left(2\pi N^2 + \lim_{L\uparrow\infty} 4\pi \int\limits_N^L r \left(\exp\left(-\frac{r^2}{8t}\right) \right) dr \right).$$

Dabei folgt (7) aufgrund der multivariaten Normalverteilung der Brownschen Bewegung B. (8) ergibt sich wegen $\exp(-\|z-x\|^2/2t) \leq 1$ und $\|z - x\| \geq \|z\|/2$. (9) ist analog zu $(\star)$ in (7.7) eine Anwendung der Transformationsformel für $\mathcal{C}^1$-Diffeomorphismen ([1], Satz 19.4) mit einem ähnlichen Ψ, zusammen mit dem Satz von Fubini und dem Satz von der monotonen Konvergenz. Mit dieser Rechnung folgt das gewünschte Ergebnis nun wie folgt:

$$0 \le \lim_{t \to \infty} \mathbb{E} M_t$$

$$\overset{(10)}{\le} \limsup_{t \to \infty} \frac{1}{(\sqrt{2\pi t})^3} \left(2\pi N^2 + \lim_{L \uparrow \infty} 2\pi \int\limits_{N^2}^{L^2} \exp\left(-\frac{u}{8t} \right) du \right)$$

$$= \limsup_{t \to \infty} \frac{1}{(\sqrt{2\pi t})^3} \Big(2\pi N^2 +$$

$$+ \lim_{L \uparrow \infty} 2\pi \left[-8t \left(\exp\left(-\frac{L^2}{8t} \right) \right) + 8t \left(\exp\left(-\frac{N^2}{8t} \right) \right) \right] \Big)$$

$$= \limsup_{t \to \infty} \frac{1}{(\sqrt{2\pi t})^3} \left(2\pi N^2 + 16\pi t \left(\exp\left(-\frac{N^2}{8t} \right) \right) \right) = 0.$$

Bei (10) wurde die Transformationsformel für $\mathcal{C}^1$-Diffeomorphismen mit dem Diffeomorphismus

$$\bar{\Psi} : \begin{cases}]N^2, L^2[& \to]N, L[\\ u & \mapsto \sqrt{u} \end{cases}$$

verwendet. Für diesen gilt $|\det D\bar{\Psi}| = 1/2\sqrt{u}$. $\square$

Im nächsten Beispiel lösen wir eine einfache stochastische Differentialgleichung mit Hilfe von Theorem 7.8.

Beispiel 7.12. *Für $X \in \mathfrak{M}$ und $\lambda \in \mathbb{R}$ ist auch das sogenannte exponentielle lokale Martingal (oder: Doléans-Exponential)*

$$\mathcal{E}(X, \lambda) := e^{\lambda X - \frac{\lambda^2}{2}[X]}$$

aus $\mathfrak{M}$. Außerdem ist $\mathcal{E}(X, \lambda)$ die eindeutige Lösung in $\mathfrak{S}$ der stochastischen Differentialgleichung

$$dY = \lambda Y dX$$

mit Anfangswert $Y_0 = e^{\lambda X_0}$. Es gelte $\mathcal{E}(X) := \mathcal{E}(X, 1)$.

Beweis. Wendet man die Itô-Formel für $r = 1$ und $U = \mathbb{R}^2$ auf die Funktion $f(x,y) := \exp(\lambda x - \frac{\lambda^2}{2} y)$ und das 2-dimensionale Semimartingal $(X, [X])$ an, so folgt unter Beachtung von Definition 7.3/2.:

$$d\mathcal{E}(X, \lambda) = \lambda\mathcal{E}(X, \lambda)dX - \frac{\lambda^2}{2}\mathcal{E}(X, \lambda)d[X] + \frac{\lambda^2}{2}(\mathcal{E}(X, \lambda)dXdX)$$

$$= \lambda\mathcal{E}(X, \lambda)dX.$$

Also ist $\mathcal{E}(X, \lambda)$ eine Lösung der stochastischen Differentialgleichung $dY = \lambda Y dX$ in $\mathfrak{S}$ mit Anfangswert $\mathcal{E}(X, \lambda)_0 = e^{\lambda X_0}$. Sei nun $Y \in \mathfrak{S}$ eine weitere solche Lösung. Zunächst zeigt eine Anwendung von Theorem 7.8 mit der Funktion $\frac{1}{f}$, dass auch $\frac{1}{\mathcal{E}(X, \lambda)} \in \mathfrak{S}$ gilt:

$$d\left(\frac{1}{\mathcal{E}(X, \lambda)}\right) = d\left(e^{-\lambda X + \frac{\lambda^2}{2}[X]}\right)$$

$$= -\left(\frac{1}{\mathcal{E}(X, \lambda)}\right)\lambda dX + \frac{\lambda^2}{2}\left(\frac{1}{\mathcal{E}(X, \lambda)}\right)d[X] + \frac{\lambda^2}{2}\left(\frac{1}{\mathcal{E}(X, \lambda)}\right)dXdX$$

$$= \left(\frac{1}{\mathcal{E}(X, \lambda)}\right)(-\lambda dX + \lambda^2 d[X]).$$

Dabei wurde wieder Definition 7.3/2. verwendet. Jetzt benutzen wir die Produktregel für das Itô-Differential (Proposition 7.5/7.) um die Eindeutigkeit zu zeigen:

$$d\left(\frac{Y}{\mathcal{E}(X, \lambda)}\right) = Y d\left(\frac{1}{\mathcal{E}(X, \lambda)}\right) + \frac{1}{\mathcal{E}(X, \lambda)}dY + dY d\left(\frac{1}{\mathcal{E}(X, \lambda)}\right)$$

$$= \left(\frac{1}{\mathcal{E}(X, \lambda)}\right)(-\lambda Y dX + \lambda^2 Y d[X] + dY - \lambda dY dX + \lambda^2 dY d[X])$$

$$= \left(\frac{1}{\mathcal{E}(X, \lambda)}\right)(-\lambda Y dX + \lambda^2 Y d[X] +$$

$$+ \lambda Y dX - \lambda^2 Y dX dX + \lambda^2 dY d[X])$$

$$= 0$$

Die vorletzte Gleichung folgt aus $dY = \lambda Y \, dX$ und die Letzte aus Definition 7.3/2. und Proposition 7.5/5. Mit der Anfangsbedingung sieht man:

$$Y_t\Big(\frac{1}{\mathcal{E}(X,\lambda)}\Big)_t = Y_0\Big(\frac{1}{\mathcal{E}(X,\lambda)}\Big)_0 = 1$$

für beliebiges $t \geq 0$. Dies zeigt $Y = \mathcal{E}(X, \lambda)$.   □

Mit dem Itô-Kalkül kann man auch den Klammerprozess zurückgewinnen. D.h. das folgende Beispiel zeigt, dass die Itô-Formel (7.2) verallgemeinert.

Beispiel 7.13. *Sind $X, Y \in \mathfrak{S}$. Dann betrachten wir die Funktion $f\colon \mathbb{R}^2 \to \mathbb{R}$, die gegeben ist durch $f(x, y) = xy$ und wenden Theorem 7.8 mit $r = 1$ an:*

$$d(XY) = Y \, dX + X \, dY + \frac{1}{2}(dX \, dY + dY \, dX).$$

Definition 7.3 liefert daraus:

$$[X, Y]_t = X_t Y_t - X_0 Y_0 - \int_0^t Y \, dX - \int_0^t X \, dY \qquad (7.8)$$

für $t \in \mathbb{R}_+$.

Bemerkung 7.14. *Bei der Konstruktion des stochastischen Integrals, wie es in dieser Arbeit dargestellt wurde, ist das wesentliche Hilfsmittel der Klammerprozess, der über die Konvergenz von Zerlegungssummen definiert wird. Es gibt noch andere Wege zum stochastischen Integral (siehe z.B. [11], Abschnitt I.4d). Skizzenhaft werden wir zwei dieser Konstruktionsmöglichkeiten in Kapitel 12 kennenlernen. Charakteristisch ist auch dort, dass eine L^2-Isometrie ausgenutzt wird. Den Klammerprozess definiert man sich bei diesen Herangehensweisen dann im nachhinein durch (7.8) und man kann dann mit Hilfe der Konstruktion des Integrals die Konvergenz der Zerlegungssummen zeigen.*

8 Lévy-Charakterisierung der Brownschen Bewegung

Die nächsten zwei Kapitel verdeutlichen die zentrale Rolle der Brownschen Bewegung innerhalb der Stochastischen Analysis. Ziel dieses Kapitels ist es eine hinreichende und notwendige Bedingung dafür anzugeben, wann ein Prozess aus $\mathfrak{M}_0$ eine Brownsche Bewegung ist. Diese sogenannte Lévy-Charakterisierung wird sich aus der Umkehrung von Beispiel 4.22 ergeben und wir werden sie durch eine Anwendung des Itô-Kalküls herleiten. Wir beginnen mit dem folgenden einfachen Lemma aus der Fourieranalysis.

Lemma 8.1. *Sei $(\Omega, \mathcal{F}, P)$ ein Wahrscheinlichkeitsraum und $\mathcal{D} \subset \mathcal{F}$ eine Unter-σ-Algebra, sowie $f \colon \Omega \to \mathbb{R}^d$ eine $\mathcal{F}$-messbare Abbildung. f ist genau dann unabhängig von $\mathcal{D}$, wenn für jedes $\xi \in \mathbb{R}^d$*

$$\mathbb{E}^{\mathcal{D}} e^{i\langle \xi, f \rangle} = \mathbb{E} e^{i\langle \xi, f \rangle}$$

gilt.

Beweis. Aus der Unabhängigkeit von f und $\mathcal{D}$ folgt die genannte Bedingung. Das ist eine bekannte Eigenschaft des bedingten Erwartungswerts.

Sei daher umgekehrt die Bedingung für jedes $\xi \in \mathbb{R}^d$ erfüllt und sei weiterhin $g \colon \Omega \to \mathbb{R}$ eine $\mathcal{D}$-messbare Abbildung. Dann genügt es die Unabhängigkeit von f und g nachzuweisen.

Für beliebige $\xi \in \mathbb{R}^d$ und $\eta \in \mathbb{R}$ gilt für die charakteristischen Funktionen:

$$\varphi_{(f,g)(P)}(\xi, \eta) = \mathbb{E}e^{i(\langle \xi, f \rangle + \eta g)} = \mathbb{E}(\mathbb{E}^{\mathcal{D}}(e^{i\langle \xi, f \rangle} e^{i\eta g}))$$

$$= \mathbb{E}(e^{i\eta g} \cdot \mathbb{E}^{\mathcal{D}} e^{i\langle \xi, f \rangle}) = (\mathbb{E}e^{i\eta g})(\mathbb{E}e^{i\langle \xi, f \rangle})$$

$$= \varphi_{g(P)}(\eta)\varphi_{f(P)}(\xi) = \varphi_{f(P) \otimes g(P)}(\xi, \eta).$$

Nach dem Eindeutigkeitssatz bedeutet dies gerade

$$(f, g)(P) = f(P) \otimes g(P).$$

Das ist aber bekanntlich äquivalent zur stochastischen Unabhängigkeit von f und g. $\qquad\square$

Als Konsequenz daraus erhalten wir eine erste Charakterisierung der Brownschen Bewegung.

Satz 8.2. *Ein stetiger adaptierter Prozess $X_t \colon (\Omega, \mathcal{F}, P, (\mathcal{F}_t)_{t \in \mathbb{R}_+}) \to \mathbb{R}^d$ mit $t \in \mathbb{R}_+$ ist genau dann eine $\mathcal{F}_t$-Brownsche Bewegung, wenn fast sicher $X_0 = 0$, sowie für beliebige $0 \le s < t$ aus $\mathbb{R}_+$ und $\xi \in \mathbb{R}^d$*

$$\mathbb{E}^{\mathcal{F}_s} e^{i\langle \xi, X_t - X_s \rangle} = e^{-(t-s)\frac{1}{2}|\xi|^2} \tag{8.1}$$

gilt, oder äquivalent dazu die Bedingung:

$$\left(e^{i\langle \xi, X_t \rangle + \frac{1}{2}|\xi|^2 t} \right)_{t \in \mathbb{R}_+}$$

ist ein komplexwertiges Martingal für jedes $\xi \in \mathbb{R}^d$.

Beweis. Die Äquivalenz der beiden Bedingungen ist offensichtlich. Ist X eine d-dimensionale $\mathcal{F}_t$-Brownsche Bewegung, dann gilt per Definition $X_0 = 0$ fast sicher. Weiterhin ist $X_t - X_s$ für $0 \le s < t$ unabhängig von $\mathcal{F}_s$ und nach $\mathcal{N}(0, (t-s)I_d)$ verteilt. Daher folgt (8.1) sofort aus der Definition 1.54 der d-dimensionalen Normalverteilung. Ist umgekehrt X ein stetiger adaptierter reellwertiger Prozess mit $X_0 = 0$ fast sicher und gilt (8.1) für alle $0 \le s < t$, $\xi \in \mathbb{R}^d$. Dann folgt aus (8.1) durch Erwartungswertbildung und der Definition der d-dimensionalen Normalverteilung, dass $X_t - X_s$ gemäß $\mathcal{N}(0, (t-s)I_d)$ verteilt ist. Lemma 8.1 zeigt die Unabhängigkeit von $X_t - X_s$ und $\mathcal{F}_s$. Damit ist nach den Definitionen 1.56 und 1.57 X als $\mathcal{F}_t$-Brownsche Bewegung erkannt. $\qquad\square$

Aufgrund des vorangegangenen Satzes können wir ohne Einschränkung annehmen, dass einer Brownschen Bewegung stets ein standard-filtrierter Wahrscheinlichkeitsraum zugrunde liegt.

Korollar 8.3. *Ist $(\Omega, \mathcal{F}, P, (\mathcal{F}_t)_{t \in \mathbb{R}_+})$ ein beliebiger filtrierter Wahr-scheinlichkeitsraum und darauf X eine d-dimensionale $(\mathcal{F}_t)$-Brownsche Bewegung. Dann ist X auch eine Brownsche Bewegung bezüglich der Standard-Erweiterung*

$$(\Omega, \tilde{\mathcal{F}}, \tilde{P}, (\tilde{\mathcal{F}}_{t+})_{t \in \mathbb{R}_+}).$$

Beweis. Ist zunächst $\tilde{A} \in \tilde{\mathcal{F}}_s$ für ein $s \geq 0$. Dann gibt es nach Satz 1.4 $A, B \in \mathcal{F}_s$ mit $A \subset \tilde{A} \subset B$, $P(B \setminus A) = 0$ und es gilt $\tilde{P}(\tilde{A}) = P(A)$. Folglich haben wir für $t \geq s$ und $\xi \in \mathbb{R}^d$:

$$1_{\tilde{A}} e^{i\langle \xi, X_t - X_s \rangle} = 1_A e^{i\langle \xi, X_t - X_s \rangle}$$

$\tilde{P}$-fast sicher. Damit ergibt sich:

$$\int_{\tilde{A}} e^{i\langle \xi, X_t - X_s \rangle} d\tilde{P} = \int_A e^{i\langle \xi, X_t - X_s \rangle} d\tilde{P} = \int_A e^{i\langle \xi, X_t - X_s \rangle} dP$$

$$= P(A) e^{-\frac{t-s}{2}|\xi|^2} = \tilde{P}(\tilde{A}) e^{-\frac{t-s}{2}|\xi|^2}.$$

Die zweite Gleichung folgt aus Lemma 1.5 und die Dritte aus Satz 8.2. Wir haben also nachgerechnet, dass für die bedingte Erwartung bezüglich $\tilde{P}$

$$\mathbb{E}^{\tilde{\mathcal{F}}_s} e^{i\langle \xi, X_t - X_s \rangle} = e^{-\frac{t-s}{2}|\xi|^2}$$

gilt. Nach Satz 8.2 ist X eine d-dimensionale Brownsche Bewegung auf $(\Omega, \tilde{\mathcal{F}}, \tilde{P}, (\tilde{\mathcal{F}}_t)_{t \in \mathbb{R}_+})$. Um diese Aussage auf die Standard-Erweiterung auszudehnen, sei $A' \in \tilde{\mathcal{F}}_{s+}$ für ein $s \geq 0$. Für $t \in \mathbb{R}_+$ und $\epsilon > 0$ mit $s+\epsilon \leq t$ gilt wegen dem, was wir bisher gezeigt haben, und $A' \in \tilde{\mathcal{F}}_{s+\epsilon}$:

$$\int_{A'} e^{i\langle \xi, X_t - X_{s+\epsilon} \rangle} d\tilde{P} = \tilde{P}(A') e^{-\frac{t-(s+\epsilon)}{2}|\xi|^2}.$$

Wegen der pfadweisen Stetigkeit von X folgt mit dem Satz von der dominierten Konvergenz im Limes $\epsilon \to 0$:

$$\int_{A'} e^{i\langle \xi, X_t - X_s \rangle} d\tilde{P} = \tilde{P}(A') e^{-\frac{t-s}{2}|\xi|^2}.$$

Daher ist X nach Satz 8.2 eine d-dimensionale Brownsche Bewegung bezüglich der Standard-Erweiterung.   □

Wir kommen nun zur angekündigten Lévy-Charakterisierung. Ein wesentliches Hilfsmittel zu ihrer Herleitung ist die Itô-Formel.

Theorem 8.4. *Sei* $X = (X^1, \ldots, X^d) \in \mathfrak{M}_0(\mathbb{R}^d)$. *X ist genau dann eine d-dimensionale $\mathcal{F}_t$-Brownsche Bewegung, wenn für die quadratische Kovariation*

$$[X^k, X^l]_t = \delta_{kl} \cdot t \tag{8.2}$$

für $t \in \mathbb{R}_+$ *und* $1 \leq k, l \leq d$ *gilt.*

Beweis. Dass jede Brownsche Bewegung die genannte Bedingung erfüllt, haben wir bereits in Beispiel 4.22 gesehen.

Sei daher $X \in \mathfrak{M}_0(\mathbb{R}^d)$ ein Prozess dessen quadratische Kovariation (8.2) erfüllt. Da Adaptiertheit, Stetigkeit und $X_0 = 0$ gegeben sind, bleibt nach Satz 8.2 nur noch zu zeigen, dass für jedes $\xi \in \mathbb{R}^d$ der Prozess

$$M(\xi)_t = e^{i\langle \xi, X_t \rangle + \frac{1}{2}t\|\xi\|^2}$$

ein komplexwertiges Martingal ist. Wir werden die äquivalente Aussage, dass Real- und Imaginärteil reelle Martingale sind, zeigen. Sei nun $\xi \in \mathbb{R}^d$ fixiert. Zur einfacheren Schreibweise führen wir den Prozess

$$Z_t := \langle \xi, X_t \rangle = \sum_{k=1}^{d} \xi_k X_t^k \in \mathfrak{M}_0$$

ein. Für die quadratische Variation von Z gilt wegen der Voraussetzung an X und der Bilinearität des Klammerprozesses:

$$[Z]_t = \sum_{k,l=1}^{d} \xi_k \xi_l [X^k, X^l]_t = \sum_{k=1}^{d} (\xi_k)^2 t = \|\xi\|^2 t.$$

Betrachten wir nun die C^∞-Funktion $f \colon \mathbb{R}^2 \to \mathbb{R}$, die gegeben ist durch

$$f(x, y) = \cos(y) e^{\frac{1}{2} x \|\xi\|^2}.$$

Dann gilt:

$$\mathrm{Re}(M(\xi)_t) = f(t, Z_t).$$

Mit der Itô-Formel (Theorem 7.8) für $r = 2$ und der Berechnung von $[Z]$ folgt nun:

$$f(t, Z_t) - f(0, Z_0) = \int_0^t \cos(Z) \frac{1}{2} \|\xi\|^2 e^{\frac{1}{2} t \|\xi\|^2} dt - \int_0^t \sin(Z) e^{\frac{1}{2} t \|\xi\|^2} dZ -$$

$$- \frac{1}{2} \int_0^t \cos(Z) e^{\frac{1}{2} t \|\xi\|^2} \|\xi\|^2 dt$$

$$= - \int_0^t \sin(Z) e^{\frac{1}{2} t \|\xi\|^2} dZ \in \mathfrak{M}_0$$

Wegen $\sup_{0 \leq s \leq t} |f(s, Z_s)| \leq \exp\{(1/2)t\|\xi\|^2\}$ und Satz 4.5/2. ist der Realteil von $M(\xi)$ bereits ein Martingal. Mit den analogen Beweis-schritten, angewendet auf die Funktion $g \colon \mathbb{R}^2 \to \mathbb{R}$ mit $g(x, y) = \sin(y)\exp((1/2)x\|\xi\|^2)$, erkennen wir auch den Imaginärteil als Mar-tingal. $\qquad\square$

9 Stochastische Integraldarstellung

In diesem Abschnitt wollen wir uns mit der Frage beschäftigen unter welchen Voraussetzungen sich ein lokales Martingal als ein stochastisches Integral nach einer Brownschen Bewegung darstellen lässt, also als $\int F dB$ mit einem $F \in L^2_{loc}(B)$. Für den Rest dieses Abschnitts sei B eine d-dimensionale Brownsche Bewegung. Dazu sei $\mathcal{F}^B_t = \sigma(B_s \colon s \leq t)$ die zugehörige Filtrierung und $\tilde{\mathcal{F}}^B_{t+}$ ihre Standard-Erweiterung. Wir setzen den zugrunde liegenden Wahrscheinlichkeitsraum als mit dieser Standard-Erweiterung versehen voraus, was nach Korollar 8.3 keine Einschränkung an die Situation darstellt. Die Komponenten der Brownschen Bewegung seien mit B^k für $1 \leq k \leq d$ bezeichnet. Weiterhin sei $L^2(B)$ der Raum aller $\mathbb{R}^d$-wertigen Prozesse $F = (F^1, \ldots, F^d)$ mit $F^k \in L^2(B^k)$ für jedes $1 \leq k \leq d$. Da $\lambda \otimes P$ nach Beispiel 5.6 das Doléansmaß der eindimensionalen Brownschen Bewegung B^k ist, kann man leicht nachprüfen, dass $L^2(B)$ mit dem Skalarprodukt

$$\langle F, G \rangle := \sum_{k=1}^{d} \int F^k G^k d(\lambda \otimes P)$$

zu einem Hilbertraum wird. Entsprechend sei $L^2_{loc}(B)$ der Raum aller $\mathbb{R}^d$-wertigen Prozesse $F = (F^1, \ldots, F^d)$ mit $F^k \in L^2_{loc}(B^k)$ für alle $1 \leq k \leq d$. Analog zu der in Abschnitt 7.3 eingeführten mehrdimensionalen Integration sei

$$\int F dB := \sum_{k=1}^{d} \int F^k dB^k \in \mathfrak{M}_0$$

für $F \in L^2_{loc}(B)$. Nach Satz 6.4 ist für $F \in L^2(B)$ sogar $\int FdB \in \mathfrak{M}^2_0$ und es existiert $(\int FdB)_\infty$ im $L^2(P)$ wie vor Lemma 5.7 ausgeführt. Als Erstes betrachten wir $F \in \mathfrak{B}(\mathbb{R}^d) \cap L^2(B)$. Gemäß Lemma 5.7 und den Assoziativitätsregeln Satz 6.2/4. und Satz 3.5/4. folgt:

$$\left\| \left(\int FdB \right)_\infty \right\|_{L^2(P)} = \left\| \int FdB \right\|_{\mathfrak{M}^2_0}$$

$$= \left(\sum_{k,l=1}^{d} \langle \int F^k dB^k, \int F^l dB^l \rangle_{\mathfrak{M}^2_0} \right)^{\frac{1}{2}}$$

$$= \left(\sum_{k,l=1}^{d} \mathbb{E}[\int F^k dB^k, \int F^l dB^l]_\infty \right)^{\frac{1}{2}}$$

$$= \left(\sum_{k,l=1}^{d} \mathbb{E}\left(\int (F^k F^l) d[B^k, B^l] \right)_\infty \right)^{\frac{1}{2}}$$

$$= \left(\sum_{k,l=1}^{d} \delta_{kl} \cdot \mathbb{E} \int_0^\infty (F^k)^2_t dt \right)^{\frac{1}{2}} = \left(\sum_{k=1}^{d} \|F^k\|^2_{L^2(\lambda \otimes P)} \right)^{\frac{1}{2}}$$

$$= \|F\|_{L^2(B)}.$$

Wegen Satz 6.2/3. und der Isometrie in Satz 6.4 setzt sich die Gleichung

$$\left\| \left(\int FdB \right)_\infty \right\|_{L^2(P)} = \left\| \int FdB \right\|_{\mathfrak{M}^2_0} = \|F\|_{L^2(B)} \qquad (9.1)$$

auf alle $F \in L^2(B)$ stetig fort. Somit erhalten wir eine lineare Isometrie $\Psi_B : L^2(B) \to L^2(P)$ durch

$$\Psi_B(F) := \left(\int FdB \right)_\infty.$$

Für den Darstellungssatz, den wir beweisen wollen, ist es wichtig das Bild $\mathrm{Im}(\Psi_B)$ dieser Isometrie genauer zu kennen. Die anschließenden Lemmata geben dafür eine Hilfestellung. Im Folgenden sei $X = (B^k_s)_{1 \le k \le d; s \in \mathbb{R}_+}$ der zur Brownschen Bewegung B gehörige reelle Gaußprozess über der Indexmenge $T := \{1, \ldots, d\} \times \mathbb{R}_+$. Außerdem sei ein deterministischer elementarer Prozess eine Abbildung $F : \mathbb{R}_+ \to \mathbb{R}^d$ der Form:

$$F = \sum_{k=1}^{r} y_k 1_{]t_{k-1}, t_k]}$$

mit $r \in \mathbb{N}$, $0 = t_0 < \ldots < t_r$ und $y_1, \ldots, y_r \in \mathbb{R}^d$, also ein $\mathbb{R}^d$-wertiger, deterministischer Elementarprozess, analog wie er in Beispiel 3.6 eingeführt wurde.

Lemma 9.1. *Jedes $Y \in \lin\{X_t : t \in T\}$ lässt sich als stochastisches Integral $Y = \int_0^\infty F dB$ darstellen mit einem deterministischen elementaren Prozess F. Bezeichnet $\mathcal{E}(\int F dB)$ das in Beispiel 7.12 eingeführte exponentielle lokale Martingal, so gilt:*

$$\overline{\lin}\left\{\mathcal{E}\left(\int F dB\right)_\infty : F \in \mathfrak{F}\right\} = L^2(P \mid \mathcal{F}_\infty),$$

wobei $\mathfrak{F}$ die Menge aller deterministischen Elementarprozesse bezeichnet.

Beweis. Da die Integraldarstellung linear in F und Y ist und jede Linearkombination deterministischer elementarer Prozesse wieder einen deterministischen elementaren Prozess ergibt, genügt es zu zeigen, dass B_s^k für jedes $1 \leq k \leq d$ und $s \in \mathbb{R}_+$ solch eine Darstellung besitzt. Für $1 \leq k \leq d$ und $s \in \mathbb{R}_+$ setzt man $r = 1$, $t_1 = s$ und $y_1 \in \mathbb{R}^d$ mit den Komponenten $y_1^l = \delta_{lk}$. Für den deterministischen elementaren Prozess $F = y_1 1_{]0,s]}$, den man auf diese Weise erhält, gilt nach der Auswertung des Integrals in Beispiel 6.3

$$B_s^k = \int_0^\infty F dB.$$

Sei nun $F = \sum_{k=1}^{r} y_k 1_{]t_{k-1}, t_k]}$ deterministisch und elementar. Dann gilt zunächst für die quadratische Variation von $\int F dB$ mit Satz 6.2/4., Satz 3.5/4. und Beispiel 4.22 für jedes $t > t_r$:

$$[\int FdB]_t = \sum_{k,l=1}^{d} [\int F^l dB^l, \int F^k dB^k]_t = \sum_{k,l=1}^{d} \left(\int (F^l F^k) d[B^l, B^k] \right)_t$$

$$= \sum_{k=1}^{d} \int_0^t (F_s^k)^2 ds = \sum_{k=1}^{d} \int_0^t \sum_{j=1}^{r} (y_j^k)^2 1_{]t_{j-1}, t_j]}(s) ds$$

$$= \sum_{j=1}^{r} \sum_{k=1}^{d} (y_j^k)^2 (t_j - t_{j-1})$$

$$= \sum_{j=1}^{r} \|y_j\|^2 (t_j - t_{j-1}).$$

Mit Beispiel 6.3 sieht man, dass $(\int FdB)_\infty$ in $\lim\{X_t : t \in T\}$ liegt. Lemma 1.53/1. zeigt daher

$$e^{(\int FdB)_\infty} \in L^2(P).$$

Natürlich gilt dann auch $\mathcal{E}(\int FdB)_\infty \in L^2(P \mid \mathcal{F}_\infty)$. Sei umgekehrt $Y \in \lim\{X_t : t \in T\}$ und $F = \sum_{k=1}^{r} y_k 1_{]t_{k-1}, t_k]}$ mit $Y = \int_0^\infty FdB$, so gilt:

$$\left(\mathcal{E} \left(\int FdB \right) \right)_\infty = \exp\left(Y - \frac{1}{2} \sum_{k=1}^{r} |y_k|^2 (t_k - t_{k-1}) \right) = \text{const} \cdot e^Y.$$

Lemma 1.53/2. liefert damit:

$$\overline{\lim}\left\{ \mathcal{E} \left(\int FdB \right)_\infty : F \in \mathfrak{F} \right\} = L^2(P \mid \mathcal{F}_\infty),$$

denn der zugrunde liegende Wahrscheinlichkeitsraum wurde als mit der von der Brownsche Bewegung erzeugten Standard-Filtrierung versehen vorausgesetzt.   □

Lemma 9.2. *Sei F ein deterministischer elementarer Prozess. Dann gilt*

$$\mathcal{E} \left(\int FdB \right) \in \mathfrak{M}^2 \quad \text{und} \quad \mathcal{E} \left(\int FdB \right)_\infty - 1 \in \text{Im}(\Psi_B).$$

Beweis. Nach Korollar 1.32 ist die Eigenschaft ein rechtsstetiges Martingal zu sein stopp-invariant. Wertet man $\int F dB$ wie in Beispiel 6.3 aus, so ergibt sich, dass $\int F dB$ eine Linearkombination von gestoppten Brownschen Bewegungen ist. Folglich ist $\int F dB$ ein Martingal und mit der Jensenschen Ungleichung für bedingte Erwartungen, sowie Lemma 1.53/1. sieht man, dass $\exp(\int F dB)$ und $(\exp(\int F dB))^2$ Submartingale sind.

Sei $c \in \mathbb{R}_+$ mit $\{F \neq 0\} \subset [0, c]$ und $\tau \leq c$ eine Stoppzeit. Dann gilt:

$$\left\| \mathcal{E}\left(\int F dB \right)_\tau \right\|_2 \leq \left\| \max_{t \leq c} e^{(\int F dB)_t} \right\|_2$$

$$\leq 2 \sup_{t \leq c} \left\| e^{(\int F dB)_t} \right\|_2$$

$$= 2 \left\| e^{(\int F dB)_c} \right\|_2 = 2 \left\| e^{(\int F dB)_\infty} \right\|_2 < \infty. \qquad (9.2)$$

Die erste Ungleichung folgt dabei aus

$$\left(\int F dB \right)_\tau - \frac{1}{2} \left[\int F dB \right]_\tau \leq \max_{t \leq c} \left(\int F dB \right)_t.$$

Die zweite Ungleichung in (9.2) ist die Doobsche Maximal-Ungleichung (Satz 1.33/2.). Die erste Gleichung in (9.2) ergibt sich aus der Tatsache, dass $(\exp(\int F dB))^2$ ein Submartingal ist und daher steigenden Erwartungswert besitzt. Schließlich folgt aus Lemma 1.53/1., dass die in (9.2) betrachteten Größen endlich sind, wenn man beachtet, dass, wie anfangs beschrieben, $(\int F dB)_\infty$ eine Linearkombination von Zufallsvariablen aus dem Prozess B ist. Damit folgt für jedes $c > 0$ die L^2-Beschränktheit der Menge

$$\left\{ \mathcal{E}\left(\int F dB \right)_\tau \,\middle|\, \tau \text{ Stoppzeit mit } \tau \leq c \right\}$$

und daher ihre gleichgradige Integrierbarkeit. Nach Satz 4.5/1. haben wir also $\mathcal{E}(\int F dB)$ als ein Martingal erkannt. Weiterhin ist $\mathcal{E}(\int F dB)$ L^2-beschränkt aufgrund von (9.2). Also folgt aus Satz 4.16:

$$\mathcal{E}\left(\int F dB \right) \in \mathfrak{M}^2.$$

Die Rechenregeln für Itô-Differentiale aus Proposition 7.5/1.,2. und
Beispiel 7.12 zeigen:

$$d\mathcal{E}\left(\int FdB\right) = \sum_{k=1}^{d}\left(\mathcal{E}\left(\int FdB\right)F^{k}\right)dB^{k}.$$

D.h. für $t \in \mathbb{R}_+$ gilt:

$$\mathcal{E}\left(\int FdB\right)_{t} - 1 = \left(\int \left(\mathcal{E}\left(\int FdB\right)F\right)dB\right)_{t}.$$

Die Definition des Skalarprodukts auf $L^2(B)$ ergibt:

$$\left\|\mathcal{E}\left(\int FdB\right)F\right\|_{L^2(B)}^2 = \int_0^c \|F(t)\|^2 \mathbb{E}\left(\mathcal{E}\left(\int FdB\right)_t\right)^2 dt < \infty.$$

Daher gilt:

$$\mathcal{E}\left(\int FdB\right)_{\infty} - 1 = \left(\int \left(\mathcal{E}\left(\int FdB\right)F\right)dB\right)_{\infty}$$

$$= \Psi_B\left(\mathcal{E}\left(\int FdB\right)F\right)$$

und wir haben bewiesen:

$$\mathcal{E}\left(\int FdB\right)_{\infty} - 1 \in \mathrm{Im}(\Psi_B).$$

$\square$

Lemma 9.3. $\mathrm{Im}(\Psi_B)$ *ist ein abgeschlossener Unterraum im* $L^2(P)$
und es gilt:

$$\mathrm{Im}(\Psi_B) = \{h \in L^2(P)\colon h \text{ ist } \mathcal{F}_{\infty}\text{-messbar mit } \mathbb{E}h = 0\}. \qquad (9.3)$$

Beweis. Um zunächst die Abgeschlossenheit von $\mathrm{Im}(\Psi_B)$ zu zeigen
sei $g \in L^2(P)$ und $(F_n)_{n\in\mathbb{N}} \subset L^2(B)$ eine Folge für die gilt:

$$\|g - \Psi_B(F_n)\|_{L^2(P)} \to 0$$

für $n \to \infty$. Dann ist aber $(\Psi_B(F_n))_{n \in \mathbb{N}}$ eine Cauchy-Folge in $L^2(P)$. Also haben wir:

$$\left\| \left(\int (F_n - F_m) dB \right)_\infty \right\|_{L^2(P)} \to 0$$

für $n, m \to \infty$. Nach der Definition der Norm, bzw. des Skalarproduktes in $\mathfrak{M}_0^2$ in Lemma 5.7 gilt daher:

$$\left\| \int (F_n - F_m) dB \right\|_{\mathfrak{M}_0^2} \to 0$$

für $n, m \to \infty$, also ist $(\int F_n dB)_{n \in \mathbb{N}}$ eine Cauchy-Folge in $\mathfrak{M}_0^2$. Mit der Isometrie aus (9.1) erkennt man $(F_n)_{n \in \mathbb{N}}$ als eine Cauchy-Folge im vollständigen $L^2(B)$. Somit gibt es ein $F_0 \in L^2(B)$ mit $\|F_n - F_0\|_{L^2(B)} \to 0$ für $n \to \infty$. Die Isometrie Ψ_B liefert daraus:

$$\Psi_B(F_n) \to \Psi(F_0)$$

im $L^2(P)$ für $n \to \infty$. Also gilt $g = \Psi_B(F_0) \in \mathrm{Im}(\Psi_B)$.

Wir beweisen zunächst die Inklusion " $\subset$ " in (9.3). Sei dazu $F \in L^2(B)$, so dass $\Psi_B(F) = (\int F dB)_\infty \in \mathrm{Im}(\Psi_B)$ gilt. Natürlich ist $\Psi_B(F)$ $\mathcal{F}_\infty$-messbar und wie bereits erörtert liegt $\int F dB \in \mathfrak{M}_0^2$, d.h. dieser Prozess ist ein stetiges L^2-beschränktes Martingal. Daher gilt für beliebiges $t \in \mathbb{R}_+$:

$$\mathbb{E}\left(\int F dB \right)_t = \mathbb{E}\left(\int F dB \right)_0 = 0.$$

Vor Lemma 5.7 haben wir gesehen, dass $(\int F dB)_t \to (\int F dB)_\infty$ für $t \to \infty$ im $L^2(P)$ konvergiert. Damit überträgt sich auch der Erwartungswert und es gilt $\mathbb{E}(\int F dB)_\infty = 0$.

Für die umgekehrte Inklusion in (9.3) sei $h \in L^2(P \mid \mathcal{F}_\infty)$ mit $\mathbb{E}h = 0$. Nach Lemma 9.1 gibt es zunächst für $n \in \mathbb{N}$ ein $m_n \in \mathbb{N}$ und F_n^k deterministische und elementare Prozesse für $1 \leq k \leq m_n$, sowie $a_n^k \in \mathbb{R}$ für $1 \leq k \leq m_n$, so dass:

$$f_n := \sum_{k=1}^{m_n} a_n^k \mathcal{E}\left(\int F_n^k dB \right)_\infty \to h$$

im $L^2(P)$ konvergiert. Genauso wie oben beschrieben konvergieren auch die Erwartungswerte, d.h. $\mathbb{E}f_n \to \mathbb{E}h = 0$ für $n \to \infty$. Aus diesem Grund konvergiert auch $f_n - \mathbb{E}f_n$ gegen h im $L^2(P)$. Im Beweis von Lemma 9.2 haben wir gesehen, dass die $\mathcal{E}(\int F_n^k dB)$ stetige L^2-beschränkte Martingale sind und es gilt $\mathbb{E}\mathcal{E}(\int F_n^k dB)_t = 1$ für $t \in \mathbb{R}_+$. Dies überträgt sich analog wie oben beschrieben auf $\mathbb{E}\mathcal{E}(\int F_n^k dB)_\infty = 1$. Also gilt

$$f_n - \mathbb{E}f_n = \sum_{k=1}^{m_n} a_n^k \left(\mathcal{E}\left(\int F_n^k dB \right)_\infty - 1 \right).$$

Nach Lemma 9.2 sind aber die Terme $\mathcal{E}(\int F_n^k dB)_\infty - 1$ aus dem Untervektorraum $\mathrm{Im}(\Psi_B)$. Folglich gilt $f_n - \mathbb{E}f_n \in \mathrm{Im}(\Psi_B)$ und die eingangs gezeigte Abgeschlossenheit von $\mathrm{Im}(\Psi_B)$ ergibt $h \in \mathrm{Im}(\Psi_B)$.
$\square$

Jetzt können wir den Darstellungssatz beweisen, der ebenso auf Itô zurückgeht.

Theorem 9.4. *Sei B eine d-dimensionale Brownsche Bewegung und der zugrunde liegende Wahrscheinlichkeitsraum sei mit der zugehörigen Standard-Filtrierung $(\mathcal{F}_t)_{t \in \mathbb{R}_+}$ versehen. Ist Y ein rechtsstetiges lokales Martingal bezüglich dieser Filtrierung, so ist Y stetig und es gibt ein bezüglich des Doléansmaßes $\lambda \otimes P$ fast überall eindeutig bestimmtes $F \in L^2_{loc}(B)$, so dass*

$$Y - Y_0 = \int F dB$$

bis auf Nicht-Unterscheidbarkeit gilt.

Beweis. Da wir ohne Weiteres zu $Y - Y_0$ übergehen können, nehmen wir ohne Einschränkung $Y_0 = 0$ an.

Zunächst sei Y sogar ein beschränktes Martingal. Dann liefern Satz 1.36 und Satz 1.37

$$Y_t \to Y_\infty \in L^2(P)$$

in der $\| \cdot \|_2$-Norm für $t \to \infty$. Daher ist $Y_\infty \in L^2(P \mid \mathcal{F}_\infty)$ und da auch die Erwartungswerte bei L^2-Konvergenz mitkonvergieren gilt $\mathbb{E}Y_\infty = \mathbb{E}Y_0 = 0$, d.h. $Y_\infty \in \mathrm{Im}(\Psi_B)$ nach Lemma 9.3. Somit gibt es ein

$$F \in L^2(B) \subset L^2_{loc}(B) \quad \text{mit} \quad Y_\infty = \Psi_B(F) = \left(\int F dB \right)_\infty.$$

Einerseits gilt die gleichgradige Integrierbarkeit von Y und andererseits ist $\int F dB$ als Element von $\mathfrak{M}_0^2$ ein L^2-beschränktes Martingal, also auch gleichgradig integrierbar. Daher liefert Satz 1.37:

$$Y_t = \mathbb{E}^{\mathcal{F}_t} Y_\infty = \mathbb{E}^{\mathcal{F}_t} \left(\int F dB \right)_\infty = \left(\int F dB \right)_t = \int_0^t F dB,$$

P-fast sicher für jedes $t \in \mathbb{R}_+$. Da sowohl Y als auch $\int F dB$ rechtsstetig ist, folgt deren Nicht-Unterscheidbarkeit mit Bemerkung 1.27 und damit ist die Existenzaussage in diesem Fall gezeigt.

Um nun den allgemeinen Fall auf diesen zurückzuführen, zeigen wir zunächst die Stetigkeit von Y. Nach Voraussetzung gibt es eine Folge von Stoppzeiten $\tau_n \uparrow \infty$, so dass Y^{τ_n} rechtsstetige Martingale sind. Das Optional Sampling Theorem (Satz 1.31) zeigt uns, dass für jedes $n \in \mathbb{N}$ die Mengen $\{ Y_{\tau_n \wedge n \wedge t} : t \in \mathbb{R}_+ \}$ gleichgradig integrierbar sind.

Daher sind die $Y^{\tau_n \wedge n}$ gleichgradig integrierbare Martingale. Somit
können wir im weiteren Beweis der Stetigkeit annehmen, dass Y ein
gleichgradig integrierbares Martingal ist. Denn falls wir die Stetigkeit
in diesem Fall nachgewiesen haben, so folgt die Stetigkeit der $Y^{\tau_n \wedge n}$
und daraus wegen $\tau_n \wedge n \uparrow \infty$ die Stetigkeit von Y.

Sei also Y ein rechtsstetiges gleichgradig integrierbares Martingal
bezüglich der Filtrierung $(\mathcal{F}_t)_{t \in \mathbb{R}_+}$ mit $Y_0 = 0$. Da Y damit auch
L^1-beschränkt ist, liefern die Sätze 1.36 und 1.37 ein $Y_\infty \in L^1(P)$
mit $Y_t \to Y_\infty$ in der L^1-Norm für $t \to \infty$. Aus der Maßtheorie
wissen wir, dass es zu der L^1-Funktion Y_∞ eine Folge $(G^{(n)})_{n \in \mathbb{N}}$
in $L^2(P \mid \mathcal{F}_\infty)$ gibt, die in der $\| \cdot \|_1$-Norm gegen Y_∞ konvergiert.
Man kann dazu beispielsweise Treppenfunktionen hernehmen. Dann
konvergieren natürlich auch die Erwartungswerte, d.h.

$$\mathbb{E}G^{(n)} \to \mathbb{E}Y_\infty = \lim_{t \to \infty} \mathbb{E}Y_t = \mathbb{E}Y_0 = 0.$$

Folglich ändert der Übergang von $G^{(n)}$ zu $G^{(n)} - \mathbb{E}G^{(n)}$ nichts an der
Konvergenz und wir können ohne Einschränkung $\mathbb{E}G^{(n)} = 0$ annehmen. Nach Lemma 9.3 gibt es also für $n \in \mathbb{N}$ ein $F^{(n)} \in L^2(B)$ mit
$G^{(n)} = (\int F^{(n)} dB)_\infty$. Weiterhin ist nach der Jensenschen Ungleichung
$(|(\int F^{(n)} dB)_t - Y_t|)_{t \in \mathbb{R}_+}$ ein rechtsstetiges Submartingal. Damit gilt
zunächst für $c > 0$

$$c \cdot P\left(\left\{ \sup_{t \in \mathbb{R}_+} \left|\left(\int F^{(n)} dB\right)_t - Y_t\right| \geq c\right\}\right) =$$
$$= c \cdot P\left(\left\{ \sup_{t \in \mathbb{Q}_+} \left|\left(\int F^{(n)} dB\right)_t - Y_t\right| \geq c\right\}\right).$$

Nun liefert die Doobsche Maximal-Ungleichung (Satz 1.33/1.) für
jedes $c > 0$:

$$c \cdot P\left(\left\{ \sup_{t \in \mathbb{R}_+} \left| \left(\int F^{(n)} dB \right)_t - Y_t \right| \geq c \right\}\right) \leq$$

$$\leq \sup_{t \in \mathbb{Q}_+} \mathbb{E} \left| \left(\int F^{(n)} dB \right)_t - Y_t \right|$$

$$= \lim_{t \to \infty} \mathbb{E} \left| \left(\int F^{(n)} dB \right)_t - Y_t \right|$$

$$= \| G^{(n)} - Y_\infty \|_1. \tag{9.4}$$

Die erste Gleichung in (9.4) folgt aus der Rechtsstetigkeit der Prozesse. Der Übergang zum Limes ist zulässig, weil Submartingale steigende Erwartungswerte besitzen. Die letzte Gleichung in (9.4) ist richtig, denn, wie erwähnt, konvergiert Y_t mit $t \to \infty$ gegen Y_∞ im L^1 und dasselbe gilt für $\int F^{(n)} dB$ gegen $G^{(n)}$ als L^2-beschränktes Martingal. Die $G^{(n)}$ wurden aber gerade so gewählt, dass $\| G^{(n)} - Y_\infty \|_1 \to 0$ für $n \to \infty$ konvergiert. Also konvergiert $\int F^{(n)} dB \to Y$ gleichmäßig stochastisch. Direkt aus der Definition der gleichmäßigen Konvergenz folgt, dass dann eine Teilfolge der $\int F^{(n)} dB$ gleichmäßig fast sicher gegen Y konvergiert. Daher überträgt sich die pfadweise Stetigkeit der $\int F^{(n)} dB$ auf Y.

Jetzt können wir für den Rest des Beweises $Y \in \mathfrak{M}_0$ annehmen. Wählen wir dann die Folge von Stoppzeiten $\tau_n := \inf\{t \in \mathbb{R}_+ \colon |Y_t| \geq n\} \wedge n \uparrow \infty$, dann sind die Y^{τ_n} beschränkte lokale Martingale, also nach Satz 4.5 und Bemerkung 4.6 beschränkte Martingale. Nach dem, was wir bisher gezeigt haben, existiert für jedes $n \in \mathbb{N}$ ein $F^{(n)} \in L^2(B)$ mit $Y^{\tau_n} = \int F^{(n)} dB$. Wegen der Stoppregel Satz 6.2/1. folgt für $n \leq m$:

$$\int F^{(n)} dB = Y^{\tau_n} = (Y^{\tau_m})^{\tau_n}$$

$$= \left(\int F^{(m)} dB \right)^{\tau_n}$$

$$= \int (F^{(m)} 1_{[0,\tau_n]}) dB.$$

Dies zieht aber

$$\Psi_B(F^{(n)}) = \left(\int F^{(n)} dB \right)_\infty = \left(\int (F^{(m)} \mathbf{1}_{[0,\tau_n]}) dB \right)_\infty$$
$$= \Psi_B(F^{(m)} \mathbf{1}_{[0,\tau_n]})$$

nach sich, was wegen der Isometrieeigenschaft von Ψ_B auch $F^{(n)} = F^{(m)} \mathbf{1}_{[0,\tau_n]}$ außerhalb einer $\lambda \otimes P$-Nullmenge $N_{n,m}$ zur Folge hat. Außerdem kann $N_{n,m}$ aus $\sigma(\mathfrak{C})$ gewählt werden. Nun definiere man

$$N := \bigcup_{\substack{n,m \in \mathbb{N} \\ n \leq m}} N_{n,m} \in \sigma(\mathfrak{C})$$

und

$$F(t,\omega) := \begin{cases} \lim_{n \to \infty} F^{(n)}(t \wedge \tau_n(\omega), \omega), & \text{falls } \omega \notin N \\ 0, & \text{falls } \omega \in N. \end{cases}$$

Dann gilt natürlich $F^{\tau_n} = (F^{(n)})^{\tau_n}$ $\lambda \otimes P$-fast überall und die Previsibilität dieses F ist offensichtlich. Sei weiterhin $1 \leq k \leq d$ eine ganze Zahl. So gilt nach der Definition der Stoppzeiten τ_n, Beispiel 4.22 und Proposition 5.5/7. für die k-te Komponente des jeweils betrachteten Prozesses:

$$[(B^k)^{\tau_n}] = [B^k]^{\tau_n} \leq n,$$

also $(B^k)^{\tau_n} \in \mathfrak{M}^2$ und

$$\|F^k\|_{L^2((B^k)^{\tau_n})} = \|(F^k)^{\tau_n}\|_{L^2((B^k)^{\tau_n})} = \|((F^{(n)})^k)^{\tau_n}\|_{L^2((B^k)^{\tau_n})}$$
$$\leq \|(F^{(n)})^k\|_{L^2(B^k)} < \infty.$$

Somit ist auch $F^k \in L^2((B^k)^{\tau_n})$ und daher $F \in L^2_{loc}(B)$ nachgewiesen. Wendet man auf diesen Prozess die Stoppregel aus Satz 6.2/1. an, so folgt:

$$\left(\int F dB \right)^{\tau_n} = \int F^{\tau_n} d(B^{\tau_n}) = \int (F^{(n)})^{\tau_n} d(B^{\tau_n})$$
$$= \left(\int F^{(n)} dB \right)^{\tau_n} = Y^{\tau_n} \qquad (9.5)$$

bis auf Nicht-Unterscheidbarkeit. Man hat bei der zweiten Gleichung in (9.5) nur zu beachten, dass nach Proposition 5.17/3. das Abändern des Integranden auf einer $\lambda \otimes P$-Nullmenge das Integral nicht ändert. Wegen $\tau_n \uparrow \infty$ liefert das für $n \to \infty$ nach einer Vereinigung der abzählbar vielen Ausnahmenullmengen:

$$Y = \int FdB$$

bis auf Nicht-Unterscheidbarkeit.

Sei $G \in L^2_{loc}(B)$ ein weiterer Prozess mit $Y = \int GdB$. Dann gibt es nach Bildung des Minimums eine gemeinsame Folge von Stoppzeiten $\sigma_n \uparrow \infty$ mit

$$B^{\sigma_n} \in \mathfrak{M}^2(\mathbb{R}^d)$$

und

$$F, G \in L^2(B^{\sigma_n}) \tag{9.6}$$

für alle $n \in \mathbb{N}$, wobei (9.6) komponentenweise zu verstehen ist. Mit Proposition 5.5/7. folgt

$$F1_{[0,\sigma_n]} \in L^2(B) \quad \text{und} \quad G1_{[0,\sigma_n]} \in L^2(B)$$

und daraus mit der Stoppregel Satz 6.2/1.:

$$\int F1_{[0,\sigma_n]}dB = Y^{\sigma_n} = \int G1_{[0,\sigma_n]}dB.$$

Dies hat natürlich

$$\Psi_B(F1_{[0,\sigma_n]}) = \Psi_B(G1_{[0,\sigma_n]})$$

zur Folge, woraus sich $F1_{[0,\sigma_n]} = G1_{[0,\sigma_n]}$ außerhalb einer $\lambda \otimes P$-Nullmenge M_n ergibt. Wegen $\sigma_n \uparrow \infty$ stimmen F und G außerhalb der $\lambda \otimes P$-Nullmenge $M := \bigcup_{n \in \mathbb{N}} M_n$ überein. $\qquad \square$

10 Maßwechsel und Girsanov-Transformation

In diesem Abschnitt werden wir sehen, wie ein lokales Martingal verändert werden muss, so dass es unter einem äquivalenten Wahrscheinlichkeitsmaß ein lokales Martingal bleibt. Wir behandeln in diesem Kapitel folgende Situation:

Gegeben sei ein standard-filtrierter Wahrscheinlichkeitsraum $(\Omega, \mathcal{F}, P, (\mathcal{F}_t)_{t \in \mathbb{R}_+})$ mit $\mathcal{F} = \mathcal{F}_\infty$. Darin sei $Q \sim P$ ein äquivalentes Wahrscheinlichkeitsmaß auf $\mathcal{F}$, d.h. es habe die selben Nullmengen wie P. Weiterhin sei $(L_t)_{t \in \mathbb{R}_+}$ eine stetige Modifikation des Dichtemartingals, d.h. mit $\frac{dQ}{dP}$ einer ($\mathcal{F}$-messbaren) Version der Dichte von Q bezüglich P gilt

$$L_t = \mathbb{E}_P^{\mathcal{F}_t} \left(\frac{dQ}{dP} \right)$$

P-fast sicher für alle $t \in \mathbb{R}_+$ und L hat stetige Pfade. Diese Situation sprechen wir im Folgenden stets mit "$Q \sim P$ mit Dichte L" an.

Natürlich hängt die Menge von Prozessen $\mathfrak{M}$ wesentlich vom zugrunde liegenden Wahrscheinlichkeitsmaß ab. Daher bezeichnen wir in diesem Abschnitt den Vektorraum $\mathfrak{M}$ bezüglich P, bzw. Q, mit $\mathfrak{M}_P$, bzw. $\mathfrak{M}_Q$. Wir werden später sehen, dass sich die Menge der stetigen Semimartingale $\mathfrak{S}$ bei Übergang zu einem äquivalenten Wahrscheinlichkeitsmaß nicht ändert. Da dies aber a priori nicht klar ist, gelten in der Situation "$Q \sim P$ mit Dichte L" die folgenden Bezeichnungen:

$$\mathfrak{S}_P := \mathfrak{A} + \mathfrak{M}_P \quad \text{und} \quad \mathfrak{S}_Q := \mathfrak{A} + \mathfrak{M}_Q.$$

Bemerkung 10.1. *Man sollte sich beim Lesen dieses Kapitels folgenden Sachverhalt vor Augen führen. Gelte $Q \sim P$ mit Dichte L und seien $X, Y \in \mathfrak{S}_P \cap \mathfrak{S}_Q$, sowie $F \in \mathfrak{B}$, dann sind wegen Satz 4.19 und Satz 6.9 nach Übergang zu einer Teilfolge der approximierenden Zerlegungssummen gemäß Bemerkung 4.3 die Ausdrücke $[X, Y]$ und $\int F dX$ bis auf Nicht-Unterscheidbarkeit (modulo P und modulo Q) unabhängig vom Wahrscheinlichkeitsmaß P bzw. Q.*

Wir werden sehen, dass in der beschriebenen Situation das Dichtemartingal eine Modifikation zu einem exponentiellen (lokalen) Martingal besitzt. Dafür benötigen wir zuerst das nächste Lemma.

Lemma 10.2. *Gelte $Q \sim P$ mit Dichte L und sei τ eine Stoppzeit. Dann gilt*

$$dQ = L_\tau dP$$

auf $\mathcal{F}_\tau \cap \{\tau < \infty\}$.

Beweis. Sei $A \in \mathcal{F}_\tau \cap \{\tau < \infty\}$. So folgt nach Satz 1.20/2. $A_n := A \cap \{\tau \leq n\} \in \mathcal{F}_{\tau \wedge n}$ für jedes $n \in \mathbb{N}$. Das Optional Sampling Theorem (Theorem 1.31) liefert daraus:

$$Q(A_n) = \int\limits_{A_n} L_n dP = \int\limits_{A_n} L_{\tau \wedge n} dP = \int\limits_{A_n} L_\tau dP.$$

Schließlich ergeben die Stetigkeit von unten von Wahrscheinlichkeitsmaßen und der Satz von der monotonen Konvergenz:

$$Q(A) = \lim_{n \to \infty} Q(A_n) = \lim_{n \to \infty} \int\limits_{A_n} L_\tau dP = \int\limits_{A} L_\tau dP.$$

$\square$

Korollar 10.3. *Gelte $Q \sim P$ mit Dichte L, so gilt für jedes $n \in \mathbb{N}$*

$$\inf_{0 \leq t \leq n} L_t > 0 \quad Q\text{-fast sicher.}$$

Beweis. Wegen der Stetigkeit von L ist $\tau := \inf\{t \in \mathbb{R}_+ : L_t = 0\}$ nach Satz 1.16/2. eine Stoppzeit bezüglich der betrachteten Filtrierung und es gilt $L_\tau = 0$ auf $\{\tau < \infty\}$. Damit gilt $Q(\{\tau < \infty\}) = 0$ mit Lemma 10.2. Auf $\{\tau = \infty\}$ gilt $L_t > 0$ für alle $t \in \mathbb{R}_+$. Aus der Stetigkeit der Pfade von L folgt schließlich die Behauptung. $\qquad\square$

Satz 10.4. *Gelte $Q \sim P$ mit Dichte L. Dann gibt es bis auf Nicht-Unterscheidbarkeit genau ein $Z \in \mathfrak{M}_P$, so dass $\mathcal{E}(Z)$ eine Modifikation von L ist. Insbesondere ist $\frac{1}{\mathcal{E}(Z)}$ ein Dichtemartingal für P bezüglich Q.*

Beweis. Setzt man $N_n := \{\inf_{0 \leq t \leq n} L_t = 0\} \in \mathcal{F}_n$ für $n \in \mathbb{N}$. Dann gilt $Q(N_n) = 0$ für jedes n nach Korollar 10.3. Dies hat $P(N) = Q(N) = 0$ für $N := \bigcup_{n \in \mathbb{N}} N_n$ zur Folge. Damit ist

$$\tilde{L}_t(\omega) := \begin{cases} L_t(\omega), & \text{für } \omega \notin N \\ 1, & \text{für } \omega \in N \end{cases}$$

eine Modifikation von L, die nie den Wert 0 annimmt. Für $\tilde{L} = \mathcal{E}(Z)$ ist nach Beispiel 7.12

$$\tilde{L} dZ = d\tilde{L} \quad \text{und} \quad e^{Z_0} = \tilde{L}_0$$

hinreichend und notwendig. Nach Proposition 7.5/2. sind diese Bedingungen äquivalent zu $dZ = \frac{1}{L} d\tilde{L}$ und $e^{Z_0} = \tilde{L}_0$. Folglich setzt man

$$Z_t = \log(\tilde{L}_0) + \int_0^t \frac{1}{\tilde{L}} d\tilde{L}$$

für $t \in \mathbb{R}_+$ und erhält so den (nach Beispiel 7.12) eindeutig bestimmten Prozess in $\mathfrak{M}_P$ mit $\mathcal{E}(Z) = \tilde{L}$. $\qquad\square$

Folgendes Lemma ist essenziell für das Hauptresultat dieses Abschnitts.

Lemma 10.5. *Es gelte $Q \sim P$ mit Dichte L und es sei $X \in \mathfrak{C}$. Genau dann gehört X zu $\mathfrak{M}_Q$, wenn das Produkt $L \cdot X$ ein Element von $\mathfrak{M}_P$ ist.*

Beweis. Wir zeigen zuerst, dass $M_t := L_t X_0 - L_0 X_0$ für $t \in \mathbb{R}_+$ ein stetiges lokales Martingal bezüglich P definiert. Man betrachte dazu die Stoppzeitenfolge (Satz 1.16/2.) $\tau_n := \inf\{t \in \mathbb{R}_+ \colon |M_t| \geq n\} \uparrow \infty$. Dann ist M^{τ_n} für jedes $n \in \mathbb{N}$ ein stetiger, adaptierter und integrierbarer Prozess. Sei σ eine beschränkte Stoppzeit, so zeigt das Optional Sampling Theorem (Theorem 1.31):

$$\mathbb{E}_P^{\mathcal{F}_0} M_{\tau_n \wedge \sigma} = X_0 \mathbb{E}_P^{\mathcal{F}_0}(L_{\tau_n \wedge \sigma}) - L_0 X_0 = 0$$

und nach Erwartungswertbildung folgt aus Lemma 6.1 die Martingaleigenschaft von M^{τ_n} für jedes $n \in \mathbb{N}$. Weil sich die Prozesse $LX - L_0 X_0$ und $L(X - X_0)$ nur um das lokale Martingal M unterscheiden, können wir im weiteren Beweis zu $X - X_0$ übergehen, d.h. $X_0 = 0$ annehmen.

Sei nun $X \in \mathfrak{M}_Q$ mit $X_0 = 0$. Dazu betrachte man die Stoppzeitenfolge $\rho_n := \{t \in \mathbb{R}_+ \colon |X_t| \geq n\} \uparrow \infty$. Für eine beliebige beschränkte Stoppzeit σ gilt nach Lemma 10.2:

$$\int (L \cdot X)_\sigma^{\rho_n} dP = \int X_{\rho_n \wedge \sigma} L_{\rho_n \wedge \sigma} dP = \int X_\sigma^{\rho_n} dQ$$

$$= \int X_0 dQ = 0 = \int (L \cdot X)_0^{\rho_n} dP,$$

denn nach Bemerkung 4.6 ist ein beschränktes lokales Martingal ein Martingal. Lemma 6.1 liefert daraus die Martingaleigenschaft von $(L \cdot X)^{\rho_n}$ bezüglich P. Völlig analog sieht man die umgekehrte Aussage. $\qquad\square$

Nun können wir das Hauptresultat dieses Kapitels, den Satz von Girsanov, beweisen. Es beschreibt wie ein lokales Martingal bei Übergang zu einem äquivalenten Wahrscheinlichkeitsmaß verändert werden muss um die lokale Martingaleigenschaft zu erhalten.

Satz 10.6. *Sei $Q \sim P$ mit Dichte L und wir nehmen $L = \mathcal{E}(Z)$ mit einem eindeutigen $Z \in \mathfrak{M}_P$ an. Für $X \in \mathfrak{M}_P$ ist der Prozess*

$$\overline{X} := X - \int \frac{1}{L} d[X, L] = X - [X, Z] \qquad (10.1)$$

aus $\mathfrak{M}_Q$. Insbesondere gilt

$$[\overline{X}] = [X] \quad und \quad \mathfrak{S}_Q = \mathfrak{S}_P. \qquad (10.2)$$

Beweis. Nach der Itô-Formel (Theorem 7.8) bzw. der Produktregel für Itô-Differentiale (Proposition 7.5/7.) gilt:

$$
\begin{aligned}
d(L \cdot \overline{X}) &= L d\overline{X} + \overline{X} dL + dL d\overline{X} \\
&= L dX - d[X, L] + \overline{X} dL + dL d\overline{X} \\
&= L dX + \overline{X} dL
\end{aligned}
$$

Die zweite Gleichung folgt dabei aus Proposition 7.5/2. und die Letzte ergibt sich mit Proposition 7.5/5. aus $dL d\overline{X} = dL dX = d[L, X]$. Wegen $X \in \mathfrak{M}_P$ zeigt dies $L \cdot \overline{X} \in \mathfrak{M}_P$, also gilt $\overline{X} \in \mathfrak{M}_Q$ nach Lemma 10.5.

Aus Beispiel 7.12 wissen wir $dL = L dZ$ und daher zeigt Proposition 7.5/3. mit

$$\frac{1}{L} d[X, L] = \frac{1}{L} dX dL = dX dZ$$

die zweite Gleichung der Behauptung.

Die erste Aussage von (10.2) folgt aus Satz 4.19. Nach (10.1) gilt $\mathfrak{M}_P \subset \mathfrak{S}_Q$, denn der Vektorraum $\mathfrak{A}$ ist invariant unter Maßwechsel. Vertauscht man die Rollen von P und Q mit der Dichte $\frac{1}{L}$ so folgt auch $\mathfrak{M}_Q \subset \mathfrak{S}_P$. Das zusammen zeigt $\mathfrak{S}_P = \mathfrak{S}_Q$. $\qquad \square$

Die Abbildung

$$\mathcal{G}(Q, P) \colon \mathfrak{S} \to \mathfrak{S}, \quad X \mapsto X - \int \frac{1}{L} d[X, L] \qquad (10.3)$$

heißt die Girsanov-Transformation des Maßwechsels $P \to Q$ für $Q \sim P$ mit Dichte L. Sie besteht in der Addition des sogenannten Driftterms

$$- \int \frac{1}{L} d[X, L] \in \mathfrak{A}_0.$$

Dies ist der eindeutig bestimmte Prozess aus $\mathfrak{A}_0$, so dass die lokale Martingaleigenschaft von X beim Maßwechsel $P \to Q$ erhalten bleibt. Denn seien $A, B \in \mathfrak{A}_0$ mit $X + A \in \mathfrak{M}_Q$ und $X + B \in \mathfrak{M}_Q$, so gilt

$$A - B = (X + A) - (X + B) \in \mathfrak{A}_0 \cap \mathfrak{M}_Q.$$

Damit ist aber $A = B$ bis auf Nicht-Unterscheidbarkeit modulo Q nach Satz 3.7 nachgewiesen, was natürlich dasselbe bedeutet wie Nicht-Unterscheidbarkeit modulo P. Die Girsanov-Transformation ist transitiv im Sinne des folgenden Satzes.

Satz 10.7. *Gelte $Q \sim P$ mit Dichte L und $Q' \sim Q$ mit Dichte L'. Dann gilt auch $Q' \sim P$ mit Dichte $L \cdot L'$. Für $X \in \mathfrak{S}$ haben wir*

$$\int \frac{1}{LL'} d[X, LL'] = \int \frac{1}{L} d[X, L] + \int \frac{1}{L'} d[X, L'] \tag{10.4}$$

und die Girsanov-Transformationen erfüllen

$$\mathcal{G}(Q', P) = \mathcal{G}(Q', Q) \circ \mathcal{G}(Q, P). \tag{10.5}$$

Beweis. Dass auch $Q' \sim P$ mit Dichte LL' gilt, folgt direkt aus der Definition dieser Relation. Für $X \in \mathfrak{S}$ ergibt sich der Reihe nach mit Proposition 7.5/7.,/6. und /3.:

$$\frac{1}{LL'} dX d(LL') = \frac{1}{LL'} dX (L dL' + L' dL + dL' dL)$$
$$= \frac{1}{LL'} dX (L dL' + L' dL)$$
$$= \frac{1}{L} dX dL + \frac{1}{L'} dX dL'.$$

Daraus folgt (10.4). Setzt man $\overline{X} := \mathcal{G}(Q,P)(X)$, so folgt (10.5) mit

$$\mathcal{G}(Q',P)(X) = X - \int \frac{1}{LL'}d[X,LL']$$
$$= X - \int \frac{1}{L}d[X,L] - \int \frac{1}{L'}d[X,L']$$
$$= \overline{X} - \int \frac{1}{L'}d[\overline{X},L'] = \mathcal{G}(Q',Q)(\overline{X}) \qquad (10.6)$$

aus (10.4). Das dritte Gleichheitszeichen in (10.6) ergibt sich aus Satz 4.19, da sich X und $\overline{X}$ nur durch einen Prozess aus $\mathfrak{A}$ unterscheiden. $\square$

Korollar 10.8. *Es gelte $Q \sim P$ mit Dichte L und es sei $\mathcal{G} := \mathcal{G}(Q,P)\colon \mathfrak{S} \to \mathfrak{S}$ die zugehörige Girsanov-Transformation. Dann ist $\mathcal{G}$ eine lineare Bijektion, welche $\mathfrak{M}_P$ auf $\mathfrak{M}_Q$ abbildet und auf $\mathfrak{A}$ die Identität ist. Die Inverse $\mathcal{G}^{-1}$ ist gegeben durch*

$$\mathcal{G}^{-1}(X) = X + \int \frac{1}{L}d[X,L] = X - \int Ld[X,\frac{1}{L}]. \qquad (10.7)$$

Außerdem ist $\mathcal{G}$ verträglich mit stochastischer Integration gemäß

$$\mathcal{G}\left(\int FdX\right) = \int Fd(\mathcal{G}(X))$$

für $X \in \mathfrak{S}$ und $F \in \mathfrak{B}$.

Beweis. Die Linearität von $\mathcal{G}$ folgt direkt aus der Definition in (10.3). Die Bijektivität von $\mathcal{G}$ ergibt sich aus (10.5) mit $P = Q'$ und nach Vertauschung der Rollen, wenn man die Tatsache nutzt, dass $\mathcal{G}(P,P)$ mit Satz 4.19 die Identität auf $\mathfrak{S}$ beschreibt.

Nach Satz 10.6 bildet $\mathcal{G}$ den Vektorraum $\mathfrak{M}_P$ auf $\mathfrak{M}_Q$ ab und ebenso $\mathcal{G}^{-1}$ den Raum $\mathfrak{M}_Q$ auf $\mathfrak{M}_P$. D.h. es gilt $\mathcal{G}(\mathfrak{M}_P) = \mathfrak{M}_Q$ und mit der Definition in (10.3) sieht man, dass $\mathcal{G}$ die Identität auf $\mathfrak{A}$ ist.

Das erste Gleichheitszeichen in (10.7) folgt aus der definierenden Relation (10.3) mit Satz 4.19. Die zweite Gleichung in (10.7) ergibt sich aus $\mathcal{G}^{-1} = \mathcal{G}(P, Q)$ für den Maßwechsel $Q \to P$ mit Dichte $\frac{1}{L}$.

Schließlich sieht man die Verträglichkeit der Girsanov-Transformation mit stochastischer Integration mit

$$\mathcal{G}\left(\int F dX \right) = \int F dX - \int \frac{1}{L} d[\int F dX, L]$$
$$= \int F dX - \int F d\left(\int \frac{1}{L} d[X, L] \right)$$
$$= \int F d(\mathcal{G}(X)).$$

Dabei wurden die Linearität des stochastischen Integrals und die Assoziativitätsregeln (Satz 3.5/4., sowie Satz 6.2/4.) verwendet.   □

Der nächste Satz, der Satz von Novikov, stellt ein Kriterium dar, anhand dessen man entscheiden kann, ob ein exponentielles lokales Martingal auch ein Martingal ist. Wir verzichten auf den Beweis, da er keine neuen Einsichten bietet.

Satz 10.9. *Sei* $Z \in \mathfrak{M}_0$ *mit* $\int e^{\frac{1}{2}[Z]_t} dP < \infty$ *für jedes* $t \in \mathbb{R}_+$. *Dann ist* $\mathcal{E}(Z)$ *ein Martingal. Gilt darüber hinaus* $\int e^{\frac{1}{2}[Z]_\infty} dP < \infty$, *so ist das Martingal* $\mathcal{E}(Z)$ *sogar gleichgradig integrierbar.*

Beweis. Siehe [15], Theoreme III.40 und III.41.   □

Zum Schluss dieses Kapitels untersuchen wir das Transformationsverhalten von Brownschen Bewegungen.

Satz 10.10. *Sei* B *eine* d-*dimensionale* $\mathcal{F}_t$-*Brownsche Bewegung und* $F \in L^2_{loc}(B)$, *was wie am Anfang von Kapitel 9 zu verstehen sei. Weiterhin gelte* $Q \sim P$ *mit Dichte* $L = \mathcal{E}(\int F dB)$. *Dann ist die* d-*dimensionale Brownsche Bewegung* $\overline{B}$ *mit Drift, die gegeben ist durch*

$$\overline{B}_t^k := B_t^k - \int_0^t F_s^k \, ds$$

für $1 \leq k \leq d$ und $t \in \mathbb{R}_+$, eine d-dimensionale $\mathcal{F}_t$-Brownsche Bewegung bezüglich Q.

Beweis. Sei eine ganze Zahl $1 \leq j \leq d$ fest gewählt. Dann gilt

$$
\begin{aligned}
d[B^j, L] = dB^j dL &= dB^j \left(Ld\left(\int F dB \right) \right) \\
&= L dB^j d\left(\int F dB \right) \\
&= L \sum_{k=1}^{d} dB^j d\left(\int F^k dB^k \right) \\
&= L F^j ds.
\end{aligned}
\tag{10.8}
$$

Dabei folgt die zweite Gleichung aus Beispiel 7.12. Die Dritte ist eine Konsequenz von Proposition 7.5/3. Das letzte Gleichheitszeichen in (10.8) ergibt sich aus Satz 6.6 und Beispiel 4.22. Daher gilt für die Girsanov-Transformierte von B:

$$(\mathcal{G}(Q,P)(B^j))_t = B_t^j - \int_0^t \frac{1}{L} d[B^j, L] = B_t^j - \int_0^t F_s^j \, ds = \overline{B}_t^j.$$

für $t \in \mathbb{R}_+$. Nach Korollar 10.8 folgt also $\overline{B} \in \mathfrak{M}_Q(\mathbb{R}^d)$. Die Addition eines Terms aus $\mathfrak{A}$ ändert aber die Kovariation der Komponenten nicht, d.h. es gilt nach wie vor

$$[\overline{B}^k, \overline{B}^j]_t = [B^k, B^j]_t = \delta_{kj} \cdot t$$

für $1 \leq k, j \leq d$. Die Lévy-Charakterisierung (Theorem 8.4) liefert daraus, dass $\overline{B}$ eine $\mathcal{F}_t$-Brownsche Bewegung bezüglich Q ist. $\square$

11 Stochastische Differentialgleichungen

In diesem Kapitel werden wir die Itôschen stochastischen Differentialgleichungen auf Existenz und Eindeutigkeit untersuchen. Die Aktienpreisprozesse in den Finanzmarktmodellen der letzten beiden Abschnitte sind Lösungen solcher Gleichungen.

11.1 Itôsche stochastische Differentialgleichungen

Um die Fragestellung zu präzisieren betrachten wir folgende Situation. Es sei $(B_t)_{t\in\mathbb{R}_+} = (B_t^1, \ldots, B_t^k)_{t\in\mathbb{R}_+}$ eine k-dimensionale Brownsche Bewegung bezüglich einer Standard-Filtrierung $(\mathcal{F}_t)_{t\in\mathbb{R}_+}$ auf einem Wahrscheinlichkeitsraum $(\Omega, \mathcal{F}, P)$. Zu $n, k \in \mathbb{N}$ seien weiterhin

$$\sigma\colon \mathbb{R}^n \times [0, \infty) \to M(n, k) \quad \text{und} \quad b\colon \mathbb{R}^n \times [0, \infty) \to \mathbb{R}^n$$

Borel-messbare Abbildungen, wobei $M(n, k)$ der Raum der $n \times k$-Matrizen sei, der mit dem $\mathbb{R}^{nk}$ identifiziert wird. Die Gleichung

$$dX_t = b(X_t, t)dt + \sigma(X_t, t)dB_t \tag{11.1}$$

für einen $\mathbb{R}^n$-wertigen Prozess wird dann als stochastische Differentialgleichung bezeichnet. Diesen speziellen Typ nennt man auch Itôsche stochastische Differentialgleichung. Diese Schreibweise bedeutet für jede Komponente des Prozesses X:

$$dX_t^i = b_i(X_t, t)dt + \sum_{j=1}^{k} \sigma_{ij}(X_t, t)dB_t^j, \tag{11.2}$$

für $i = 1, \ldots, n$, bzw. als stochastische Integralgleichung:

$$X_t^i = X_0^i + \int_0^t b_i(X_s,s)ds + \sum_{j=1}^k \int_0^t \sigma_{ij}(X_s,s)dB_s^j, \qquad (11.3)$$

für $t \in \mathbb{R}_+$ und $i = 1,\ldots,n$ zur Anfangsbedingung X_0^i. Dabei ist das Integral nach ds als pfadweises Integral nach dem Lebesgue-Maß zu verstehen. Diese Integralgleichung lautet in der im Folgenden verwendeten Vektornotation:

$$X_t = X_0 + \int_0^t b(X_s,s)ds + \int_0^t \sigma(X_s,s)dB_s,$$

für $t \in \mathbb{R}_+$. Ein $\mathbb{R}^n$-wertiger stochastischer Prozess $X = (X^1,\ldots,X^n)$ mit Zeitbereich $\mathbb{R}_+$ wird als Lösung der stochastischen Differentialglei-chung (11.1) bezeichnet, wenn er adaptiert ist, stetige Pfade besitzt und die Komponenten die Differentialgleichungen (11.2), bzw. die Integralgleichungen (11.3) lösen.

Wir werden nun die stochastische Differentialgleichung (11.1) auf Existenz und Eindeutigkeit einer Lösung untersuchen. Dabei seien zunächst folgende einschränkende Bedingungen an σ und b gestellt, die später noch abgeschwächt werden.

Definition 11.1. *Existiert für jedes* $T > 0$ *eine Konstante* $0 < \gamma = \gamma(T) < \infty$, *für die gilt:*

$$|\sigma(x,t)| \leq \gamma, \quad |\sigma(x,t) - \sigma(y,t)| \leq \gamma|x-y|,$$
$$|b(x,t)| \leq \gamma, \quad |b(x,t) - b(y,t)| \leq \gamma|x-y|,$$

für alle $x,y \in \mathbb{R}^n$ *und* $t \leq T$, *so heißen* σ,b *lokal gleichmäßig in* t *beschränkt und Lipschitz-stetig.* $|\cdot|$ *bezeichnet dabei die euklidische Norm, wobei* $M(n,k)$ *mit dem* $\mathbb{R}^{nk}$ *identifiziert wird.*

Bemerkung 11.2. *Mit der in Definition 11.1 gegebenen Lipschitz-Stetigkeit sind die Abbildungen σ und b, wie man leicht sieht, auch stetig. Ist X ein stetiger, adaptierter Prozess, so gilt dies natürlich auch für $(\omega, t) \mapsto (X_t(\omega), t)$ und damit erst recht für die Prozesse $(\omega, t) \mapsto \sigma(X_t(\omega), t)$ und $(\omega, t) \mapsto b(X_t(\omega), t)$. Folglich existieren alle Integrale in der Form, wie sie in der stochastischen Integralgleichung (11.3) vorkommen.*

Wir betrachten im Folgenden zu σ und b, welche lokal gleichmäßig in t beschränkt und Lipschitz-stetig sind, den stochastischen Integraloperator D, der einen stetigen, adaptierten, $\mathbb{R}^n$-wertigen stochastischen Prozess Y auf einen Prozess $D(Y)$ mit:

$$D(Y)_t := Y_0 + \int\limits_0^t b(Y_s, s)ds + \int\limits_0^t \sigma(Y_s, s)dB_s$$

für $t \in \mathbb{R}_+$ abbildet. Man sieht sofort, dass $D(Y)$ wieder adaptiert ist und stetige Pfade hat. Dabei ist die Adaptiertheit als stochastisches Integral klar, wenn man Bemerkung 11.2 beachtet. Weiterhin erkennt man einerseits mit dem Satz von der dominierten Konvergenz die Stetigkeit des Lebesgue-Integrals nach einer beschränkten messbaren Funktion. Andererseits kann man zur Berechnung des Integrals $\int_0^t \sigma(Y_s, s)dB_s$ nach der Stoppregel Satz 6.2/1. erst die Brownsche Bewegung B mit der konstanten Stoppzeit $\tau = T > t$ stoppen. Dann ist jede Komponente $(B^j)^T$ der gestoppten Brownschen Bewegung ein Element von $\mathfrak{M}_0^2$ und hat daher endliches Doléansmaß. Danach ergibt eine Anwendung von Satz 6.4, dass wegen der lokal gleichmäßigen Beschränktheit von σ der Teil $\int_0^t \sigma(Y_s, s)dB_s$ ein stetiges, adaptiertes L^2-Martingal ist. Damit gilt für D folgendes Lemma.

Lemma 11.3. *Seien σ und b lokal gleichmäßig in t beschränkt und Lipschitz-stetig und dazu D der eben definierte Integraloperator. Außerdem seien Y, Z stetige, adaptierte, $\mathbb{R}^n$-wertige stochastische Prozesse mit $\mathbb{E}\,|Y_0 - Z_0|^2 < \infty$. Dann existiert für jedes $T > 0$ eine Konstante $0 < C_T < \infty$ mit der Eigenschaft:*

$$\mathbb{E}\Big(\sup_{s \leq t} |D(Y)_s - D(Z)_s|^2 \Big) \leq 3\mathbb{E}\, |Y_0 - Z_0|^2 + C_T \mathbb{E} \int\limits_0^t |Y_s - Z_s|^2\, ds$$

für alle $t \in [0, T]$.

Beweis. Sei $T > 0$ und $0 \leq t \leq T$. Aus der Cauchy-Schwarz-Ungleichung folgt für $a_1, \ldots, a_l \in \mathbb{R}$

$$\Big(\sum_{i=1}^l a_i \Big)^2 \leq l \sum_{i=1}^l a_i^2. \tag{11.4}$$

Damit ergibt sich zunächst:

$$|D(Y)_t - D(Z)_t|^2 \leq 3\, |Y_0 - Z_0|^2 + 3\Big| \int\limits_0^t (\sigma(Y_s, s) - \sigma(Z_s, s))dB_s \Big|^2$$

$$+ 3\Big| \int\limits_0^t (b(Y_s, s) - b(Z_s, s))ds \Big|^2. \tag{11.5}$$

Als Nächstes schätzen wir das L^2-Martingal $\int_0^t (\sigma(Y_s, s) - \sigma(Z_s, s))dB_s$ unter Beachtung der Vektornotation ab:

$$\mathbb{E}\Big(\Big| \int\limits_0^t (\sigma(Y_s, s) - \sigma(Z_s, s))dB_s \Big|^2 \Big)$$

$$= \mathbb{E}\Big(\sum_{i=1}^n \Big(\sum_{j=1}^k \int\limits_0^t (\sigma_{ij}(Y_s, s) - \sigma_{ij}(Z_s, s))dB_s^j \Big)^2 \Big)$$

$$\leq \mathbb{E}\Big(\sum_{i=1}^n k \sum_{j=1}^k \Big(\int\limits_0^t (\sigma_{ij}(Y_s, s) - \sigma_{ij}(Z_s, s))dB_s^j \Big)^2 \Big)$$

$$= k \sum_{i=1}^n \sum_{j=1}^k \mathbb{E} \int\limits_0^t (\sigma_{ij}(Y_s, s) - \sigma_{ij}(Z_s, s))^2 ds. \tag{11.6}$$

Dabei folgt die erste Ungleichung in (11.6) wieder aus (11.4). Die zweite Gleichung in (11.6) sieht man, indem man das stochastische Integral mit der konstanten Stoppzeit $\tau = t$ stoppt. Dann ist nämlich mit Satz 6.4 und der lokal gleichmäßigen Beschränktheit von σ

$$r \mapsto \int_0^{r \wedge t} (\sigma_{ij}(Y_s, s) - \sigma_{ij}(Z_s, s)) dB_s^j$$

ein L^2-beschränktes stetiges Martingal aus $\mathfrak{M}_0^2$. Beachtet man dann, dass nach Beispiel 5.6 das Doléansmaß der Brownschen Bewegung durch $\lambda \otimes P$ gegeben ist, so zeigt die Isometrie in Satz 6.4 die behauptete Gleichung, wenn man die Definition der Norm auf $\mathfrak{M}_0^2$ aus Lemma 5.7 nutzt.

Nun können wir den letzten Term in (11.6) weiter vereinfachen.

$$\mathbb{E}\left(\left|\int_0^t (\sigma(Y_s, s) - \sigma(Z_s, s)) dB_s\right|^2\right) \leq k\mathbb{E}\int_0^t |\sigma(Y_s, s) - \sigma(Z_s, s)|^2 \, ds$$

$$\leq k\gamma(T)^2 \mathbb{E}\int_0^t |Y_s - Z_s|^2 \, ds \quad (11.7)$$

Darin folgt die letzte Ungleichung aus der Lipschitz-Stetigkeit von σ. Nun zeigt eine Anwendung der Doobschen Maximal-Ungleichung (Satz 1.33/2.) unter Beachtung der Tatsache, dass Submartingale steigende Erwartungswerte besitzen und die betrachteten Prozesse stetig sind:

$$\mathbb{E}\left(\sup_{s \leq t} \left|\int_0^s (\sigma(Y_r, r) - \sigma(Z_r, r)) dB_r\right|^2\right)$$

$$\leq 4\mathbb{E}\left(\left|\int_0^t (\sigma(Y_r, r) - \sigma(Z_r, r)) dB_r\right|^2\right).$$

Daraus ergibt sich mit (11.7):

$$\mathbb{E}\left(\sup_{s\le t}\left|\int_0^s(\sigma(Y_r,r)-\sigma(Z_r,r))dB_r\right|^2\right)\le 4k\gamma^2\mathbb{E}\int_0^t|Y_r-Z_r|^2\,dr.$$

(11.8)

Für den anderen abzuschätzenden Term gilt nach der Hölder-Ungleichung:

$$\sup_{s\le t}\left|\int_0^s(b(Y_r,r)-b(Z_r,r))dr\right|^2\le\sup_{s\le t}\left(s\int_0^s|b(Y_r,r)-b(Z_r,r)|^2\,dr\right)$$

$$\le t\int_0^t|b(Y_r,r)-b(Z_r,r)|^2\,dr$$

Eine Anwendung der Lipschitz-Stetigkeit von b ergibt damit:

$$\mathbb{E}\left(\sup_{s\le t}\left|\int_0^s(b(Y_r,r)-b(Z_r,r))dr\right|^2\right)\le t\mathbb{E}\int_0^t|b(Y_r,r)-b(Z_r,r)|^2\,dr$$

$$\le t\gamma^2\mathbb{E}\int_0^t|Y_r-Z_r|^2\,dr.$$

Setzt man nun $C_T=3(4k\gamma(T)^2+T\gamma(T)^2)$ so folgt mit den Ungleichungen (11.5) und (11.8) die Behauptung. $\square$

Wie in der Theorie der gewöhnlichen Differentialgleichungen brauchen wir als Hilfsmittel die Gronwallsche Ungleichung.

Lemma 11.4. *Sei* $f\colon[0,T]\to\mathbb{R}$ *stetig, so dass* $a,k\ge 0$ *existieren mit der Eigenschaft*

$$f(t)\le a+k\int_0^t f(s)ds$$

für alle $t\in[0,T]$. *Dann gilt:*

$$f(t) \leq ae^{kt}$$

für jedes $t \in [0, T]$.

Beweis. Sei $h(t) := \int_0^t f(s)ds$. So folgt für $t \in [0, T]$:

$$\frac{d}{dt}(e^{-kt}h(t)) = -ke^{-kt}h(t) + e^{-kt}f(t)$$

$$\leq -ke^{-kt}h(t) + (a + kh(t))e^{-kt} = ae^{-kt}$$

und daraus:

$$e^{-kt}f(t) \leq ae^{-kt} + ke^{-kt}h(t)$$

$$= ae^{-kt} + k\int_0^t \frac{d}{ds}(e^{-ks}h(s))ds$$

$$\leq ae^{-kt} + k\int_0^t ae^{-ks}ds = a.$$

$\square$

Nun haben wir alle Hilfsmittel um Existenz und Eindeutigkeit einer Lösung der stochastischen Differentialgleichung (11.1) zu zeigen, wenn die Koeffizientenabbildungen σ, b lokal gleichmäßig in t beschränkt und Lipschitz-stetig sind.

Satz 11.5. *Seien σ und b lokal gleichmäßig in t beschränkt und Lipschitz-stetig. Seien weiterhin Y und Z Lösungen der stochastischen Differentialgleichung (11.1) mit $Y_0 = Z_0$ fast sicher. Dann gilt bis auf Nicht-Unterscheidbarkeit $Y = Z$.*

Beweis. Da Y und Z stetige Pfade besitzen genügt es $\mathbb{E}|Y_t - Z_t|^2 = 0$ für jedes $t \in \mathbb{R}_+$ zu zeigen, denn dann kann man die Nullmenge $N := \bigcup_{s \in \mathbb{Q}_+} \{Y_s \neq Z_s\}$ betrachten.

Sei $T \in \mathbb{R}_+$. Der zur konstanten Stoppzeit $\tau = T$ gestoppte rektifizierbare Anteil von Y

$$t \mapsto \int_0^{t \wedge T} b(Y_s, s) ds$$

ist wegen der lokal gleichmäßigen Beschränktheit von b in t durch eine Konstante beschränkt. Genauso wie vor Lemma 11.3 sieht man, dass der zur Zeit $\tau = T$ gestoppte Martingalteil von Y

$$t \mapsto \int_0^{t \wedge T} \sigma(Y_s, s) dB_s$$

als Element von $\mathfrak{M}_0^2$ durch eine L^2-Funktion dominiert wird. Dasselbe gilt für Z. Daher gibt es eine Funktion $g \in L^2(P)$ mit $|Y_t - Z_t| \le g$ für jedes $t \le T$. Dies zeigt nach dem Satz von der dominierten Konvergenz die Stetigkeit der Funktion $f(t) := \mathbb{E} |Y_t - Z_t|^2$ auf $[0, T]$. Eine Anwendung von Lemma 11.3 liefert dann:

$$\mathbb{E} |Y_t - Z_t|^2 = \mathbb{E} |D(Y)_t - D(Z)_t|^2 \le C_T \int_0^t \mathbb{E} |Y_s - Z_s|^2 ds$$

für beliebige $t \in [0, T]$. Benutzt man nun für f die Gronwallsche Ungleichung, so folgt $\mathbb{E} |Y_t - Z_t|^2 = 0$ für alle $t \in \mathbb{R}_+$. $\quad\square$

Satz 11.6. *σ und b seien lokal gleichmäßig in t beschränkt und Lipschitz-stetig. Weiterhin sei $\xi \colon \Omega \to \mathbb{R}^n$ $\mathcal{F}_0$-messbar. Dann existiert eine Lösung X der stochastischen Differentialgleichung (11.1) zur Anfangsbedingung $X_0 = \xi$ fast sicher.*

Beweis. Induktiv definieren wir uns die Folge von Prozessen:

$$X_t^{(0)} := \xi \quad \text{für alle } t \in \mathbb{R}_+,$$
$$X^{(n)} := D(X^{(n-1)}) \quad \text{für } n \in \mathbb{N}.$$

Als stochastische Integrale sind diese Prozesse adaptiert. Außerdem hat jeder Prozess $X^{(n)}$ stetige Pfade und es gilt $X_0^{(n)} = \xi$. Darüber hinaus sieht man wie im Beweis von Satz 11.5, dass die Prozesse $X^{(n)}$ bis zu einem endlichen Zeitpunkt durch eine L^2-Funktion dominiert sind. Seien $T > 0$ und $t \leq T$ fixiert. Dann folgt zunächst wie in der Abschätzung (11.6) im Beweis von Lemma 11.3 für $s \leq t$:

$$\mathbb{E}\left| \int_0^s \sigma(\xi, r) dB_r \right|^2 \leq k\mathbb{E} \int_0^s |\sigma(\xi, r)|^2 \, dr.$$

Nutzt man dann wie für (11.8) die L^2-Martingaleigenschaft, so ergibt sich mit der lokal gleichmäßigen Beschränktheit von σ:

$$\mathbb{E}\left(\sup_{s \leq t} \left| \int_0^s \sigma(\xi, r) dB_r \right|^2 \right) \leq 4\mathbb{E}\left| \int_0^t \sigma(\xi, r) dB_r \right|^2 \leq 4k\gamma(T)^2 t.$$

Wir betrachten nun den Prozess:

$$X_t^{(1)} = \xi + \int_0^t b(\xi, s) ds + \int_0^t \sigma(\xi, s) dB_s.$$

Dann folgt aus der eben geführten Abschätzung, (11.4) und der lokal gleichmäßigen Beschränktheit von b:

$$\mathbb{E}\left(\sup_{s \leq t} \left| X_s^{(1)} - X_s^{(0)} \right|^2 \right) = \mathbb{E}\left(\sup_{s \leq t} \left| \int_0^s b(\xi, r) dr + \int_0^s \sigma(\xi, r) dB_r \right|^2 \right)$$

$$\leq \mathbb{E}\left(\sup_{s \leq t} 2\left(\left| \int_0^s b(\xi, r) dr \right|^2 + \left| \int_0^s \sigma(\xi, r) dB_r \right|^2 \right) \right)$$

$$\leq 2(\gamma(T)^2 t^2 + 4k\gamma(T)^2 t)$$

$$\leq \tilde{C}_T (t + t^2)$$

mit $\tilde{C}_T := 8k\gamma(T)^2$. Eine Anwendung von Lemma 11.3 liefert für $n \in \mathbb{N}$:

$$\mathbb{E}\Big(\sup_{s\leq t} |X_s^{(n+1)} - X_s^{(n)}|^2 \Big) = \mathbb{E}\Big(\sup_{s\leq t} |D(X^{(n)})_s - D(X^{(n-1)})_s|^2 \Big)$$

$$\leq C_T \mathbb{E} \int_0^t |X_s^{(n)} - X_s^{(n-1)}|^2 ds$$

$$\leq C_T \int_0^t \mathbb{E}\Big(\sup_{r\leq s} |X_r^{(n)} - X_r^{(n-1)}|^2 \Big) ds.$$

Dabei wurde in der letzten Ungleichung der Satz von Fubini verwendet. Dies ist zulässig, da stetige Prozesse nach Satz 1.11 progressiv messbar sind. Wir setzen jetzt für $n \in \mathbb{N}$:

$$\delta_n(t) := \mathbb{E}\Big(\sup_{s\leq t} |X_s^{(n)} - X_s^{(n-1)}|^2 \Big).$$

Die δ_n sind wegen der L^2-Dominiertheit der $X^{(n)}$ bis zu einem endlichen Zeitpunkt stetig. Mit dem, was wir bereits gezeigt haben, gilt somit:

$$\delta_1(t) \leq \tilde{C}_T(t + t^2)$$

$$\delta_n(t) \leq C_T \int_0^t \delta_{n-1}(s)ds$$

für $n \geq 2$ und $t \leq T$. Daraus schließt man per Induktion sofort:

$$\delta_n(t) \leq \tilde{C}_T C_T^{n-1}\Big(\frac{t^n}{n!} + \frac{2t^{n+1}}{(n+1)!} \Big) \tag{11.9}$$

für $t \leq T$. Als Nächstes betrachten wir für $n \in \mathbb{N}$ die Menge:

$$A_n := \Big\{ \omega \in \Omega \Big| \sup_{s\leq T} |X_s^{(n)}(\omega) - X_s^{(n-1)}(\omega)| \geq \frac{1}{2^n} \Big\}.$$

Dann gilt:

$$P(A_n) = \int\limits_{A_n} dP \le \int 2^{2n} \sup_{s \le T} |X_s^{(n)} - X_s^{(n-1)}|^2 dP$$

$$\le 2^{2n} \tilde{C}_T C_T^{n-1} \left(\frac{T^n}{n!} + \frac{2T^{n+1}}{(n+1)!} \right).$$

Das Quotientenkriterium für Reihenkonvergenz liefert daraus $\sum_{n=1}^{\infty} P(A_n) < \infty$ und daher gilt nach dem Borel-Cantelli-Lemma $P(N) = 0$ für $N := \limsup_{n \to \infty} A_n$. Damit existiert für alle $\omega \notin N$ ein $n_0(\omega)$ mit der Eigenschaft:

$$\sup_{s \le T} \left| X_s^{(n)}(\omega) - X_s^{(n-1)}(\omega) \right| < \frac{1}{2^n}$$

für alle $n \ge n_0(\omega)$. Eine Anwendung der Dreiecksungleichung ergibt nun für $m \ge n \ge p \ge n_0 = n_0(\omega)$:

$$\sup_{s \le T} \left| X_s^{(m)}(\omega) - X_s^{(n)}(\omega) \right| \le \sum_{k=n+1}^{m} \sup_{s \le T} \left| X_s^{(k)}(\omega) - X_s^{(k-1)}(\omega) \right|$$

$$\le \sum_{k=n+1}^{m} \frac{1}{2^k} < \sum_{k=p+1}^{\infty} \frac{1}{2^k} = \frac{1}{2^p}.$$

Also sind für alle $\omega \notin N$ die Pfade $t \mapsto X_t^{(n)}$ Cauchy-Folgen bezüglich gleichmäßiger Konvergenz auf jedem kompakten Intervall $[0, T]$. Da der Raum $\mathcal{C}(\mathbb{R}_+, \mathbb{R})$ versehen mit der Topologie der gleichmäßigen Konvergenz auf kompakten Teilmengen sogar polnisch ist (vgl. [1] Satz 31.6.), gibt es einen stetigen adaptierten Prozess X mit $X_0 = \xi$ f.s., so dass $X_t^{(n)}(\omega) \to X_t(\omega)$ für jedes $\omega \notin N$ gleichmäßig auf kompakten Teilmengen von $\mathbb{R}_+$ konvergiert. Ohne Einschränkung sei $X_t(\omega) = 0$ für $\omega \in N$. Falls wir jetzt noch $X = D(X)$ zeigen können, so ist X als Lösung der stochastischen Differentialgleichung (11.1) erkannt und der Beweis vollständig. Seien daher wieder $t \leq T$ Elemente von $\mathbb{R}_+$. Wie oben folgt mit der Dreiecksungleichung für $n \leq m$:

$$\sup_{s \leq T} |X_s^{(m)} - X_s^{(n)}| \leq \sum_{k=n+1}^{m} \sup_{s \leq T} |X_s^{(k)} - X_s^{(k-1)}|.$$

Woraus die Minkowski-Ungleichung und (11.9) mit dem Quotientenkriterium

$$\left[\mathbb{E}\left(\sup_{s \leq T} |X_s^{(m)} - X_s^{(n)}|^2 \right) \right]^{\frac{1}{2}} \leq \sum_{k=n+1}^{m} \left[\mathbb{E}\left(\sup_{s \leq T} |X_s^{(k)} - X_s^{(k-1)}|^2 \right) \right]^{\frac{1}{2}}$$

$$\leq \sum_{k=n+1}^{\infty} \delta_k(T)^{\frac{1}{2}} < \infty$$

liefern. Die Verwendung der gleichmäßigen Konvergenz auf Kompakta und das Lemma von Fatou zeigen:

$$\mathbb{E}\left(\sup_{s \leq T} |X_s^{(n)} - X_s|^2 \right) = \mathbb{E}\left(\sup_{s \leq T} |X_s^{(n)} - \lim_{m \to \infty} X_s^{(m)}|^2 \right)$$

$$= \mathbb{E}\left(\lim_{m \to \infty} \sup_{s \leq T} |X_s^{(n)} - X_s^{(m)}|^2 \right)$$

$$\leq \liminf_{m \to \infty} \mathbb{E}\left(\sup_{s \leq T} |X_s^{(n)} - X_s^{(m)}|^2 \right)$$

$$\leq \left(\sum_{k=n+1}^{\infty} \delta_k(T)^{\frac{1}{2}} \right)^2 \to 0$$

für $n \to \infty$. Weiterhin folgt daraus und nach Lemma 11.3 für $n \to \infty$:

$$\mathbb{E}\left(\sup_{s \leq T} |X_s^{(n+1)} - D(X)_s|^2 \right) = \mathbb{E}\left(\sup_{s \leq T} |D(X^{(n)})_s - D(X)_s|^2 \right)$$

$$\leq C_T \mathbb{E} \int_0^T |X_s^{(n)} - X_s|^2 ds$$

$$\leq C_T T \mathbb{E}\left(\sup_{s \leq T} |X_s^{(n)} - X_s|^2 \right) \to 0$$

Eine erneute Anwendung der Dreiecksungleichung und der Minkowski-Ungleichung ergibt jetzt:

$$\mathbb{E}\left(\sup_{s \leq T} |D(X)_s - X_s|^2\right) = 0$$

für jedes $T \geq 0$. Folglich sind X und $D(X)$ außerhalb der Nullmenge $\bigcup_{T \in \mathbb{N}}\{\omega \colon \sup_{s \leq T} |D(X)_s(\omega) - X_s(\omega)|^2 > 0\}$ gleich. □

11.2 Abschwächung der Voraussetzungen

Um später die Finanzmarktmodelle einführen zu können, schwächen wir jetzt die Voraussetzungen an σ und b zu folgenden Bedingungen ab.

Definition 11.7. *σ und b heißen lokal gleichmäßig Lipschitz-stetig, wenn für $\nu, T > 0$ eine Konstante $0 < \gamma = \gamma(\nu, T) < \infty$ existiert mit:*

$$|\sigma(x,t) - \sigma(y,t)| \leq \gamma |x - y|, \quad |b(x,t) - b(y,t)| \leq \gamma |x - y|$$

für alle $|x|, |y| \leq \nu, t \leq T$. σ und b heißen moderat wachsend, wenn für alle $T > 0$ ein $0 < \beta = \beta(T) < \infty$ existiert, so dass

$$|\sigma(x,t)|^2 \leq \beta(1 + |x|^2), \quad \left|\sum_{i=1}^{n} x_i b_i(x,t)\right| \leq \beta(1 + |x|^2)$$

für alle $t \leq T$ gilt.

Bemerkung 11.8. *Auch unter der Voraussetzung der lokal gleichmäßigen Lipschitz-Stetigkeit sind σ und b stetig. Wie in Bemerkung 11.2 sind somit für einen stetigen adaptierten Prozess X die Prozesse $(\omega, t) \mapsto \sigma(X_t(\omega), t)$ und $(\omega, t) \mapsto b(X_t(\omega), t)$ sowohl stetig als auch adaptiert und es existieren alle auftretenden Integrale.*

Um Existenz und Eindeutigkeit unter den erweiterten Voraussetzungen zu zeigen, brauchen wir folgendes Lemma.

Lemma 11.9. *Es seien σ, b sowie σ', b' moderat wachsend und lokal gleichmäßig Lipschitz-stetig. Seien $\nu, T > 0$ und gelte sowohl $\sigma(x,t) = \sigma'(x,t)$ als auch $b(x,t) = b'(x,t)$ für alle $|x| \leq \nu, t \leq T$. Außerdem seien X, Y stetige, adaptierte stochastische Prozesse mit Zeitbereich $\mathbb{R}_+$ und $X_0 = Y_0$, sowie*

$$X_t = X_0 + \int_0^t b(X_s, s)ds + \int_0^t \sigma(X_s, s)dB_s,$$

$$Y_t = Y_0 + \int_0^t b'(Y_s, s)ds + \int_0^t \sigma'(Y_s, s)dB_s \qquad (11.10)$$

fast sicher für alle $t \in [0, T]$. Definiert man die Stoppzeiten (nach Satz 1.16/2.) $\eta := \inf\{t \colon |X_t| \geq \nu\} \wedge T$, $\eta' := \inf\{t \colon |Y_t| \geq \nu\} \wedge T$ und $\tau := \eta \wedge \eta'$, dann gilt $X^\tau = Y^\tau$ bis auf Nicht-Unterscheidbarkeit.

Beweis. Da die Prozesse X^τ und Y^τ stetige Pfade besitzen, sind sie bereits nicht-unterscheidbar, wenn wir zeigen können, dass $\mathbb{E}|X_{\tau \wedge t} - Y_{\tau \wedge t}|^2 = 0$ für jedes $t \in [0, T]$ gilt.

Zunächst sind nach der Definition der Stoppzeiten die Prozesse X^τ und Y^τ durch ν beschränkt. Die Voraussetzung und die Stoppregeln (Satz 3.5/3. sowie Satz 6.2/1.) liefern für $t \in \mathbb{R}_+$ zunächst:

$$X_{\tau \wedge t} - Y_{\tau \wedge t} = \int_0^{\tau \wedge t} (\sigma(X_s, s) - \sigma'(Y_s, s))dB_s +$$

$$+ \int_0^{\tau \wedge t} (b(X_s, s) - b'(Y_s, s))ds$$

und weiterhin:

$$X_{\tau \wedge t} - Y_{\tau \wedge t} = \int_0^t (\sigma(X_{\tau \wedge s}, \tau \wedge s) - \sigma'(Y_{\tau \wedge s}, \tau \wedge s))dB_s^\tau +$$

$$+ \int_0^{\tau \wedge t} (b(X_{\tau \wedge s}, \tau \wedge s) - b'(Y_{\tau \wedge s}, \tau \wedge s))ds.$$

In dieser Gleichung kann man wegen der Beschränktheit der Stoppzeit durch T und der Beschränktheit der Prozesse X^τ, Y^τ durch ν die Funktionen σ, b und σ', b' gemeinsam durch Funktionen $\tilde{\sigma}$, $\tilde{b}$ ersetzen, welche lokal gleichmäßig in t beschränkt und Lipschitz-stetig sind. Dies erzielt man zum Beispiel, indem man für $(x, t) \in \mathbb{R}^n \times \mathbb{R}_+$

$$\tilde{\sigma}(x, t) := \begin{cases} \sigma\left((\nu \wedge |x|)\frac{x}{|x|}, t \wedge T\right), & \text{für } x \neq 0 \\ \sigma(x, t \wedge T), & \text{für } x = 0 \end{cases}$$

definiert. Analog verfährt man mit b. Genau die gleichen Umformungen wie in Lemma 11.3 zeigen daraus die Existenz einer Konstanten $0 < C_T < \infty$, so dass für alle $t \in [0, T]$

$$\mathbb{E}\left(\sup_{s \leq t} |X_{\tau \wedge s} - Y_{\tau \wedge s}|^2\right) \leq C_T \int_0^t \mathbb{E}\left(|X_{\tau \wedge s} - Y_{\tau \wedge s}|^2\right)ds$$

gilt. Daher erfüllt die stetige Funktion $t \mapsto \mathbb{E}(|X_{\tau \wedge t} - Y_{\tau \wedge t}|^2)$:

$$\mathbb{E}\left(|X_{\tau \wedge t} - Y_{\tau \wedge t}|^2\right) \leq C_T \int_0^t \mathbb{E}\left(|X_{\tau \wedge s} - Y_{\tau \wedge s}|^2\right)ds,$$

woraus mit dem Gronwallschen Lemma $\mathbb{E}|X_{\tau \wedge t} - Y_{\tau \wedge t}|^2 = 0$ folgt. □

Satz 11.10. *σ, b seien moderat wachsend und lokal gleichmäßig Lipschitz-stetig. Es seien Y, Z Lösungen der stochastischen Differentialgleichung* (11.1) *mit $Y_0 = Z_0$ fast sicher. Dann gilt bereits $Y = Z$ bis auf Nicht-Unterscheidbarkeit.*

Beweis. Für $m \in \mathbb{N}$ definiere man die Stoppzeit

$$\tau_m := \inf\{t\colon |Y_t| \geq m\} \wedge \inf\{t\colon |Z_t| \geq m\} \wedge m.$$

Dann gilt einerseits $\tau_m \uparrow \infty$. Andererseits sind Y^{τ_m} und Z^{τ_m} nach Lemma 11.9 für jedes m außerhalb einer Nullmenge N_m gleich. Lässt man m gegen ∞ gehen, so folgt die Nicht-Unterscheidbarkeit von Y und Z mit der Nullmenge $N := \bigcup_{m \in \mathbb{N}} N_m$. $\qquad\square$

Satz 11.11. *σ, b seien moderat wachsend und lokal gleichmäßig Lipschitz-stetig. $\xi\colon \Omega \to \mathbb{R}^n$ sei $\mathcal{F}_0$-messbar mit $\mathbb{E}\,|\xi|^2 < \infty$. Dann existiert eine Lösung X der stochastischen Differentialgleichung (11.1) mit $X_0 = \xi$ fast sicher und es gilt $\mathbb{E}\,|X_t|^2 < \infty$ für jedes $t \in \mathbb{R}_+$.*

Beweis.

1. Zu $m \in \mathbb{N}$ definiere man σ_m durch:

$$\sigma_m(x,t) := \begin{cases} \sigma(x,t), & \text{für } |x| \leq m \\ \sigma\left(m \cdot \frac{x}{|x|}, t\right), & \text{für } |x| > m. \end{cases}$$

b_m sei analog definiert. Weil σ, b moderat wachsend und lokal gleichmäßig Lipschitz-stetig sind, sind σ_m, b_m lokal gleichmäßig in t beschränkt und Lipschitz-stetig. Außerdem gilt $\sigma(x,t) = \sigma_m(x,t)$ und $b(x,t) = b_m(x,t)$ für alle $|x| \leq m, t \leq m$. Nach Satz 11.6 existiert damit für jedes $m \in \mathbb{N}$ eine Lösung der stochastischen Differentialgleichung

$$dX_t = b_m(X_t, t)dt + \sigma_m(X_t, t)dB_t$$

zur Anfangsbedingung $X_0 = \xi$. Diese Lösung sei mit $X^{(m)}$ bezeichnet.

2. Zu $m \in \mathbb{N}$ seien weiterhin die Stoppzeiten (Satz 1.16/2.)

$$\tau_m := \inf\{t\colon |X_t^{(m)}| \geq m\} \wedge m$$

definiert. Nach der Festlegung in 1. gilt für $l \in \mathbb{N}$ mit $l \geq m$:

$$\sigma_m(x,t) = \sigma_l(x,t) \quad \text{und} \quad b_m(x,t) = b_l(x,t)$$

für $|x| \leq m$, $t \leq m$. Somit folgt nach Lemma 11.9 für $\tau := \tau_m \wedge \tau_l'$:

$$\left(X^{(m)}\right)^\tau = \left(X^{(l)}\right)^\tau$$

bis auf Nicht-Unterscheidbarkeit, wenn τ_l' die Stoppzeit

$$\tau_l' := \inf\{t \colon |X_t^{(l)}| \geq m\} \wedge m$$

bezeichnet. Eine einfache Fallunterscheidung zeigt daraus $\tau = \tau_m \leq \tau_l$ fast sicher. Also ist τ_m fast sicher eine aufsteigende Folge von Stoppzeiten.

3. Nun möchten wir $P(\sup_{m\in\mathbb{N}} \tau_m = \infty) = 1$ zeigen. Dazu wenden wir die Itô-Formel (Theorem 7.8) auf $X^{(m)}$ und die $\mathcal{C}^\infty$-Funktion

$$f(x) := x_1^2 + \ldots + x_n^2$$

für $x = (x_1, \ldots, x_n) \in \mathbb{R}^n$ an:

$$d|X_t^{(m)}|^2 = d(f(X_t^{(m)}))$$

$$= \sum_{i=1}^n 2(X_t^{(m)})^i \left(b_{m,i}(X_t^{(m)}, t)dt + \sum_{j=1}^k \sigma_{m,ij}(X_t^{(m)}, t)dB_t^j\right) +$$

$$+ \sum_{i=1}^n \sum_{j=1}^k \left(\sigma_{m,ij}(X_t^{(m)}, t)\right)^2 dt$$

Dabei bezeichnet $(X^{(m)})^i$ die i-te Komponente des Prozesses $X^{(m)}$. Nach Bemerkung 11.8 sind die Prozesse $(\omega, t) \mapsto \sigma_{m,ij}(X_t^{(m)}(\omega), t)$ stetig. Mit Hilfe von Proposition 7.5 und Beispiel 4.22 sieht man:

$$d(X_t^{(m)})^p d(X_t^{(m)})^q = \sum_{j=1}^k \sigma_{m,pj}(X_t^{(m)}, t)\sigma_{m,qj}(X_t^{(m)}, t)dt.$$

Die Auswertung der Differentiale ergibt nun für den bei τ_m gestoppten Prozess und $t \in \mathbb{R}_+$:

$$|X^{(m)}_{\tau_m \wedge t}|^2 = |\xi|^2 + 2 \sum_{i=1}^{n} \int_0^{\tau_m \wedge t} (X^{(m)}_s)^i b_{m,i}(X^{(m)}_s, s) ds +$$

$$+ 2 \sum_{i=1}^{n} \sum_{j=1}^{k} \int_0^{\tau_m \wedge t} (X^{(m)}_s)^i \sigma_{m,ij}(X^{(m)}_s, s) dB^j_s +$$

$$+ \sum_{i=1}^{n} \sum_{j=1}^{k} \int_0^{\tau_m \wedge t} (\sigma_{m,ij}(X^{(m)}_s, s))^2 ds.$$

Die Stoppregel (Satz 6.2/1.) zeigt, dass das Integral nach der Brownschen Bewegung als ein Integral nach einer durch τ_m gestoppten Brownschen Bewegung interpretiert werden kann. Da die Stoppzeit τ_m beschränkt ist, sieht man mit Proposition 5.5/5. und /7. zusammen mit Beispiel 4.22 die Endlichkeit des Doléansmaßes dieser gestoppten Brownschen Bewegung. Weiterhin gilt die Beschränktheit des gestoppten Integranden. Daher folgt mit Satz 6.4 die L^2-Martingaleigenschaft des Integralterms nach dB_s und somit fällt dieser nach Erwartungswertbildung weg. Außerdem kann man mit der Stoppregel (Satz 3.5/3.), der Definition der Stoppzeit τ_m und der Definition von σ_m, b_m diese durch σ, b ersetzen:

$$\mathbb{E}|X^{(m)}_{\tau_m \wedge t}|^2 = \mathbb{E}|\xi|^2 + 2 \sum_{i=1}^{n} \mathbb{E} \int_0^{\tau_m \wedge t} (X^{(m)}_s)^i b_i(X^{(m)}_s, s) ds +$$

$$+ \sum_{i=1}^{n} \sum_{j=1}^{k} \mathbb{E} \int_0^{\tau_m \wedge t} \sigma_{ij}(X^{(m)}_s, s)^2 ds$$

$$\leq \mathbb{E}|\xi|^2 + 3\beta(T)\mathbb{E} \int_0^{t} (1 + |X^{(m)}_{\tau_m \wedge s}|^2) ds.$$

Für die Ungleichung wurde wieder die Stoppregel aus Satz 3.5 verwendet und die Tatsache, dass b und σ moderat wachsend sind. Außerdem wurde $T \in \mathbb{R}_+$ mit $t \leq T$ gewählt. Der Satz von Fubini und das Gronwallsche Lemma ergeben nun:

$$\mathbb{E}(1 + |X_{\tau_m \wedge t}^{(m)}|^2) \leq (1 + \mathbb{E}\,|\xi|^2)e^{3\beta(T)t}. \qquad (11.11)$$

Dabei haben wir nur zu beachten, dass wegen der Beschränktheit des Integranden die betrachtete Funktion nach dem Satz von der dominierten Konvergenz stetig ist. Nun gilt für $m > t$:

$$
\begin{aligned}
\mathbb{E}|X_{\tau_m \wedge t}^{(m)}|^2 &= \mathbb{E}(|\xi|^2\,\mathbf{1}_{\{\tau_m = 0\}}) + \mathbb{E}(|X_{\tau_m}^{(m)}|^2\mathbf{1}_{\{0 < \tau_m \leq t\}}) + \\
&\quad + \mathbb{E}(|X_t^{(m)}|^2\mathbf{1}_{\{\tau_m > t\}}) \\
&\geq m^2 P(0 < \tau_m \leq t).
\end{aligned}
$$

Und daher mit (11.11) für $m > t$:

$$P(0 < \tau_m \leq t) \leq \frac{1}{m^2}(1 + \mathbb{E}\,|\xi|^2)e^{3\beta(t)t} \to 0$$

für $m \to \infty$. Die Stetigkeit von oben von Wahrscheinlichkeitsmaßen ergibt einerseits

$$P(\tau_m = 0) = P(|\xi| \geq m) \to 0$$

für $m \to \infty$ und daher gilt andererseits mit dem, was wir eben hergeleitet haben:

$$P\left(\sup_{m \in \mathbb{N}} \tau_m \leq t\right) = \lim_{m \to \infty} P(\tau_m \leq t) = 0$$

für alle $t \in \mathbb{R}_+$, also

$$P\left(\sup_{m \in \mathbb{N}} \tau_m = \infty\right) = 1.$$

4. Wir können nun τ_m als $\tau_m \uparrow \infty$ ansehen. Nach 2. gilt $(X^{(m)})^{\tau_m} = (X^{(m+1)})^{\tau_m}$ bis auf Nicht-Unterscheidbarkeit für jedes $m \in \mathbb{N}$. Daher gibt es nach Satz 1.28 einen bis auf Nicht-Unterscheidbarkeit eindeutig bestimmten progressiv messbaren Prozess X mit $X^{\tau_m} = (X^{(m)})^{\tau_m}$ bis auf Nicht-Unterscheidbarkeit. Ohne Einschränkung können wir X auf der Ausnahmenullmenge gleich 0 setzen, so dass X stetige Pfade besitzt. Nach der Wahl der $X^{(m)}$ gilt für beliebiges $t \in \mathbb{R}_+$ und $m \in \mathbb{N}$:

$$X_{\tau_m \wedge t} = X^{(m)}_{\tau_m \wedge t}$$

$$= \xi + \int_0^{\tau_m \wedge t} b_m(X^{(m)}_s, s)ds + \int_0^{\tau_m \wedge t} \sigma_m(X^{(m)}_s, s)dB_s$$

$$= \xi + \int_0^{\tau_m \wedge t} b(X_s, s)ds + \int_0^{\tau_m \wedge t} \sigma(X_s, s)dB_s$$

Die letzte Gleichung ergibt sich aus den Stoppregeln und den Definitionen von τ_m, σ_m und b_m. Lässt man m gegen ∞ gehen, so wird klar, dass X eine Lösung der stochastischen Differentialgleichung (11.1) ist.

5. Um nun noch zu sehen, dass die gefundene Lösung zu jedem Zeitpunkt $t \in \mathbb{R}_+$ zum $L^2(P)$ gehört, verwenden wir (11.11) und das Lemma von Fatou:

$$\mathbb{E}|X_t|^2 = \mathbb{E}\left(\lim_{m\to\infty} |X_{\tau_m \wedge t}|^2 \right) = \mathbb{E}\left(\lim_{m\to\infty} |X^{(m)}_{\tau_m \wedge t}|^2 \right)$$

$$\leq \liminf_{m\to\infty} \mathbb{E}|X^{(m)}_{\tau_m \wedge t}|^2 < \infty,$$

für $t \in \mathbb{R}_+$.

□

Bemerkung 11.12. *Um auch eine ω-Abhängigkeit in den Koeffizienten der stochastischen Differentialgleichung (11.1) zuzulassen, betrachten wir Funktionen*

$$\sigma \colon \mathbb{R}^n \times [0,\infty) \times \Omega \to M(n,k) \quad und \quad b \colon \mathbb{R}^n \times [0,\infty) \times \Omega \to \mathbb{R}^n.$$

Diese Funktionen sollen die Eigenschaft besitzen, dass für einen steti-
gen adaptierten Prozess X die Prozesse $(\omega, t) \mapsto \sigma(X_t(\omega), t, \omega)$ *und*
$(\omega, t) \mapsto b(X_t(\omega), t, \omega)$ *wieder adaptiert sind. Geht man dann dieses*
Kapitel mit seinen Beweisen noch einmal durch, so erkennt man, dass
alle Aussagen ihre Gültigkeit behalten, wenn man die Eigenschaften
in den Definitionen 11.1 und 11.7 als gleichmäßig in $\omega \in \Omega$ *festlegt.*
Dabei hat man nur zu beachten: Ist X ein stetiger adaptierter Prozess
und sind $\omega \in \Omega$ *sowie* $t_1, t_2 \in \mathbb{R}_+$, *so setzt man* $T := \max\{t_1, t_2\}$ *sowie*
$\nu := \sup_{s \leq T} |X_s(\omega)| < \infty$ *und wählt sich* $\gamma = \gamma(\nu, T)$ *entsprechend*
der Definition 11.7 bzw. 11.1, um:

$$|\sigma(X_{t_1}(\omega), t_1, \omega) - \sigma(X_{t_2}(\omega), t_2, \omega)| \leq \gamma |X_{t_1}(\omega) - X_{t_2}(\omega)|.$$

zu erhalten. Dasselbe gilt für b. Somit sind auch die Prozesse $(\omega, t) \mapsto$
$\sigma(X_t(\omega), t, \omega)$ *und* $(\omega, t) \mapsto b(X_t(\omega), t, \omega)$ *sowohl stetig als auch adap-*
tiert und alle auftretenden Integrale existieren auch mit der zusätz-
lichen ω-*Abhängigkeit.*

11.3 Homogene lineare SDGL

Zum Schluss dieses Kapitels betrachten wir explizit einen Spezialfall
der Itôschen stochastischen Differentialgleichungen. Zu gegebenen
previsiblen stochastischen Prozessen

$$b \colon [0, \infty) \times \Omega \to M(n, n) \quad \text{und} \quad \sigma^{(l)} \colon [0, \infty) \times \Omega \to M(n, n)$$
$$\text{(11.12)}$$

für $l = 1, \ldots, k$ mit $k, n \in \mathbb{N}$, bezeichnet

$$dX_t = b(t)X_t dt + [\sigma^{(1)}(t)X_t, \ldots, \sigma^{(k)}(t)X_t]dB_t \qquad \text{(11.13)}$$

die sogenannte zugehörige homogene lineare stochastische Differenti-
algleichung. Dabei ist wieder $B = (B^1, \ldots, B^k)$ eine k-dimensionale
Brownsche Bewegung bezüglich einer zugrunde gelegten Standard-
Filtrierung. Man beachte, dass $[\sigma^{(1)}(t)X_t, \ldots, \sigma^{(k)}(t)X_t]$ eine $n \times k$-
Matrix von stochastischen Prozessen darstellt. Die Produkte $b(t)X_t$

bzw. $\sigma^{(l)} X_t$ bezeichnen eine Matrixmultiplikation, d.h. wir erhalten in Komponentenschreibweise:

$$dX_t^i = \sum_{j=1}^{n} b_{ij}(t) X_t^j dt + \sum_{l=1}^{k} \Big(\sum_{j=1}^{n} \sigma_{ij}^{(l)}(t) X_t^j \Big) dB_t^l \qquad (11.14)$$

für $i = 1, \ldots, n$. Ein stetiger, adaptierter Prozess X, welcher das stochastische Differentialgleichungssystem (11.14) erfüllt, wird im Folgenden als Lösung der homogenen linearen stochastischen Differentialgleichung (11.13) angesprochen. Hierfür gilt folgender Satz.

Satz 11.13. *Sei $\xi\colon \Omega \to \mathbb{R}^n$ eine $\mathcal{F}_0$-messbare Abbildung mit $\mathbb{E} |\xi|^2 < \infty$. Weiterhin seien Prozesse b und $\sigma^{(l)}$ für $l = 1, \ldots, k$ wie in (11.12) gegeben. Diese seien lokal gleichmäßig in t beschränkt, d.h. für $T \in \mathbb{R}_+$ gilt*

$$K(T) := \Big[\max_{l=1,\ldots,k} \Big\{ \sup_{t \leq T, \omega \in \Omega} |\sigma^{(l)}(t,\omega)| \Big\} \vee \sup_{t \leq T, \omega \in \Omega} |b(t,\omega)| \Big] + 1 < \infty.$$

Dann existiert bis auf Nicht-Unterscheidbarkeit genau eine Lösung X der homogenen linearen stochastischen Differentialgleichung (11.13) mit $X_0 = \xi$ fast sicher.

Beweis. Man definiere zu den eingangs gegebenen Prozessen b und $\sigma^{(l)}$ für $l = 1, \ldots, k$ die Abbildungen

$$b'\colon \mathbb{R}^n \times [0,\infty) \times \Omega \to \mathbb{R}^n \quad \text{und} \quad \sigma'\colon \mathbb{R}^n \times [0,\infty) \times \Omega \to M(n,k)$$

durch:

$$b'(x,t,\omega) := b(t,\omega) \cdot x$$

und

$$\sigma'_{ij}(x,t,\omega) := (\sigma^{(j)}(t,\omega) \cdot x)_i, \qquad (11.15)$$

für $i = 1, \ldots, n$ und $j = 1, \ldots, k$, wobei " $\cdot$ " hier die Matrix-Vektor-Multiplikation bezeichnet. Man erkennt so, dass die homogenen linearen stochastischen Differentialgleichungen nur ein Spezialfall der

Itôschen sind, denn eine Lösung von (11.14) entspricht einer Lösung von (11.2) mit σ' und b'. Außerdem sind die previsiblen Prozesse b und $\sigma^{(l)}$ für $l = 1, \ldots, k$ auch progressiv messbar (Bemerkung 5.3/3.), also adaptiert. Haben wir dann einen stetigen adaptierten Prozess X, so sind die Koeffizientenprozesse

$$(\omega, t) \mapsto \sigma'(X_t(\omega), t, \omega) \quad \text{und} \quad (\omega, t) \mapsto b'(X_t(\omega), t, \omega)$$

gemäß ihrer Definition als Linearkombination adaptierter Prozesse wieder adaptiert. (Man beachte Bemerkung 11.12.) Wegen der bisher bewiesenen Ergebnisse genügt es also nachzurechnen, dass unter den gegebenen Voraussetzungen die Funktionen b', σ' gleichmäßig in $\omega \in \Omega$ moderat wachsend und gleichmäßig in $\omega \in \Omega$ lokal gleichmäßig Lipschitz-stetig sind. (Man beachte Definition 11.7 und Bemerkung 11.12.) Zu $T > 0$ definiere man $0 < \beta(T) := n^2 k K(T)^2 < \infty$. Dann gilt einerseits:

$$\sup_{\omega \in \Omega} \left| \sum_{i=1}^{n} x_i b_i'(x, t, \omega) \right| = \sup_{\omega \in \Omega} \left| \sum_{i=1}^{n} \sum_{j=1}^{n} x_i b_{ij}(t, \omega) x_j \right|$$

$$\leq K(T) \sum_{i=1}^{n} \sum_{j=1}^{n} |x_i x_j|$$

$$\leq \frac{K(T)}{2} \sum_{i=1}^{n} \sum_{j=1}^{n} (x_i^2 + x_j^2)$$

$$= \frac{K(T)}{2} \sum_{i=1}^{n} (n x_i^2 + |x|^2)$$

$$= K(T) n |x|^2 \leq \beta(T)(1 + |x|^2)$$

und andererseits:

$$\sup_{\omega \in \Omega} |\sigma'(x,t,\omega)|^2 = \sup_{\omega \in \Omega} \sum_{i=1}^{n} \sum_{j=1}^{k} |\sigma_{ij}'(x,t,\omega)|^2$$

$$= \sup_{\omega \in \Omega} \sum_{i=1}^{n} \sum_{j=1}^{k} \left(\sum_{l=1}^{n} \sigma_{il}^{(j)}(t,\omega) x_l \right)^2$$

$$\leq \sup_{\omega \in \Omega} \sum_{i=1}^{n} \sum_{j=1}^{k} \left(\sum_{l=1}^{n} (\sigma_{il}^{(j)}(t,\omega))^2 \right) |x|^2$$

$$\leq n^2 k K(T)^2 |x|^2$$

$$\leq \beta(T)(1 + |x|^2)$$

jeweils für $x \in \mathbb{R}^n$ und $t \leq T$. Die erste Ungleichung in der Abschätzung von σ' folgt aus der Cauchy-Schwarz-Ungleichung. Also sind b' und σ' gleichmäßig in $\omega \in \Omega$ moderat wachsend.

Nun definiere man $\gamma(T) := nkK(T)$ für $T > 0$. Dann gilt sowohl

$$\sup_{\omega \in \Omega} |b'(x,t,\omega) - b'(y,t,\omega)|^2 = \sup_{\omega \in \Omega} \sum_{i=1}^{n} \left(\sum_{j=1}^{n} b_{ij}(t,\omega)(x_j - y_j) \right)^2$$

$$\leq \sup_{\omega \in \Omega} \sum_{i=1}^{n} \left[\left(\sum_{j=1}^{n} b_{ij}(t,\omega)^2 \right) \left(\sum_{j=1}^{n} (x_j - y_j)^2 \right) \right]$$

$$\leq \sum_{i=1}^{n} n K(T)^2 |x - y|^2 = n^2 K(T)^2 |x - y|^2$$

$$\leq \gamma(T)^2 |x - y|^2,$$

als auch

$$\sup_{\omega \in \Omega} |\sigma'(x,t,\omega) - \sigma'(y,t,\omega)|^2 =$$

$$= \sup_{\omega \in \Omega} \left(\sum_{i=1}^{n} \sum_{j=1}^{k} \left(\sum_{l=1}^{n} (\sigma_{il}^{(j)}(t,\omega)(x_l - y_l)) \right)^2 \right)$$

$$\leq \sup_{\omega \in \Omega} \left(\sum_{i=1}^{n} \sum_{j=1}^{k} \left(\left(\sum_{l=1}^{n} (\sigma_{il}^{(j)}(t,\omega))^2 \right) |x - y|^2 \right) \right)$$

$$\leq n^2 k K(T)^2 |x - y|^2 \leq \gamma(T)^2 |x - y|^2$$

jeweils für $x, y \in \mathbb{R}^n$ und $t \leq T$ unabhängig von $\nu > 0$. Die erste Ungleichung in jeder Abschätzung folgt wieder aus der Cauchy-Schwarz-Ungleichung. Also sind b' und σ' auch gleichmäßig in $\omega \in \Omega$ lokal gleichmäßig Lipschitz-stetig. $\square$

12 Erweiterung der Theorie

Wir haben jetzt eine stochastische Integrationstheorie entwickelt, mit der Prozesse mit Zeitbereich $\mathbb{R}_+$ gegeneinander integriert werden können. Allerdings sind auch Prozesse mit einem Zeitbereich $\mathbb{N}_0$ oder $[0, T]$ denkbar, wie sie zum Beispiel in der Finanzmathematik auftreten. Deshalb werden wir in diesem Kapitel die gewonnene Integrationstheorie auf solche Prozesse erweitern. Darüber hinaus werden alternative Konstruktionsmöglichkeiten eines stochastischen Integrals skizziert und das Wiener-Integral wird eingeführt.

12.1 Stochastische Integration mit Zeitbereich $\mathbb{N}_0$

Zunächst konstruieren wir ein stochastisches Integral für Prozesse mit Zeitbereich $\mathbb{N}_0$. Seien dazu E, G, H endlich-dimensionale $\mathbb{R}$-Vektorräume versehen mit der Normtopologie. Außerdem seien $U \subset E$ offen, $\{a_1, \ldots, a_n\}$ eine Basis von E und $\{b_1, \ldots, b_m\}$ eine Basis von G $(n, m \in \mathbb{N})$.

$$\langle \cdot, \cdot \rangle \colon E \times G \to H, \quad (x, y) \mapsto \langle x, y \rangle$$

sei eine bilineare Abbildung. Dafür betrachten wir Mengen U-wertiger stochastischer Prozesse mit Zeitbereich $\mathbb{N}_0$:

$$\mathfrak{N}(U) := \left\{ X = (X_t)_{t \in \mathbb{N}_0} \,\middle|\, X_t = \sum_{k=1}^{n} X_t^{(k)} a_k \in U \text{ f.s.}, \quad \forall t \in \mathbb{N}_0 \right\}.$$

Für $F = \sum_{k=1}^{n} F^{(k)} a_k \in \mathfrak{N}(E)$ und $X = \sum_{l=1}^{m} X^{(l)} b_l \in \mathfrak{N}(G)$ sei das stochastische Integral gegeben durch

$$\left(\int F dX \right)_t := \sum_{k=1}^{n} \sum_{l=1}^{m} \left(\sum_{j=0}^{t} F_j^{(k)} (X_j^{(l)} - X_{j-1}^{(l)}) \right) \langle a_k, b_l \rangle, \qquad (12.1)$$

für $t \in \mathbb{N}_0$, mit der Konvention $X_{-1}^{(l)} \equiv 0$ für jedes $l = 1, \dots, m$.

Bemerkung 12.1. *Wegen der linearen Abhängigkeit des so gegebenen Integrals ist die Definition in (12.1) unabhängig von den gewählten Basen von E bzw. G.*

Für reellwertige stochastische Prozesse $F = (F_t)_{t \in \mathbb{N}_0}$ und $X = (X_t)_{t \in \mathbb{N}_0}$ mit Zeitbereich $\mathbb{N}_0$ ist das stochastische Integral also durch

$$\left(\int F dX \right)_t = \sum_{j=0}^{t} F_j (X_j - X_{j-1})$$

für $t \in \mathbb{N}_0$ (mit einer analogen Konvention wie in (12.1)) definiert.

12.2 Stochastische Integration mit Zeitbereich $[0, T]$

Im gesamten folgenden Abschnitt sei ein $T \geq 0$ fixiert. Außerdem liege allen Prozessen ein standard-filtrierter Wahrscheinlichkeitsraum $(\Omega, \mathcal{F}, P, (\mathcal{F}_t)_{t \in [0,T]})$ zugrunde. Darüber hinaus betrachten wir die fortgesetzte Filtrierung $(\hat{\mathcal{F}}_t)_{t \in \mathbb{R}_+}$, welche gegeben ist durch:

$$\hat{\mathcal{F}}_t := \begin{cases} \mathcal{F}_t & \text{für } t \leq T \\ \mathcal{F}_T & \text{für } t > T \end{cases}.$$

Diese ist natürlich wieder eine Standard-Filtrierung. Dazu seien $\hat{\mathfrak{A}}$, $\hat{\mathfrak{B}}$, $\hat{\mathfrak{C}}$, $\hat{\mathfrak{M}}$ und $\hat{\mathfrak{S}}$ die Vektorräume, wie sie in Definition 3.1 festgelegt wurden, bezüglich der fortgesetzten Filtrierung $(\hat{\mathcal{F}}_t)_{t \in \mathbb{R}_+}$. Für einen Prozess $X = (X_t)_{t \in [0,T]}$ mit Zeitbereich $[0, T]$ bezeichne $\hat{X} = (\hat{X}_t)_{t \in \mathbb{R}_+}$ mit

$$\hat{X}_t := \begin{cases} X_t & \text{für } t \leq T \\ X_T & \text{für } t > T \end{cases}.$$

den fortgesetzten Prozess von X. Nun seien folgende Vektorräume reellwertiger stochastischer Prozesse definiert:

$$\mathfrak{A}_T := \left\{ X = (X_t)_{t \in [0,T]} \,\middle|\, \hat{X} \in \hat{\mathfrak{A}} \right\}, \tag{12.2}$$

und analog $\mathfrak{B}_T$, $\mathfrak{C}_T$, $\mathfrak{M}_T$, $\mathfrak{S}_T$, $\mathfrak{A}_{0,T}$, $\mathfrak{B}_{0,T}$, $\mathfrak{C}_{0,T}$, $\mathfrak{M}_{0,T}$ und $\mathfrak{S}_{0,T}$. Die Prozesse aus $\mathfrak{S}_T$ heißen stetige Semimartingale auf $[0,T]$.

Bemerkung 12.2. *Man beachte, dass $\mathfrak{M}_T$ unter anderem alle stetigen Martingale mit Zeitbereich $[0,T]$ enthält.*

Für reellwertige stochastische Prozesse $X = (X_t)_{t \in [0,T]}$, $Y = (Y_t)_{t \in [0,T]}$ mit Zeitbereich $[0,T]$ und reelle Zahlen $\lambda, \mu \in \mathbb{R}$ gilt offensichtlich:

$$\widehat{\lambda X + \mu Y} = \lambda \hat{X} + \mu \hat{Y}. \tag{12.3}$$

Damit erkennt man die Vektorraumeigenschaft der in (12.2) definierten Mengen. Außerdem sieht man die Mengeninklusion

$$\mathfrak{A}_T + \mathfrak{M}_T \subset \mathfrak{S}_T.$$

Als Nächstes möchten wir einen Klammerprozess für Prozesse auf $[0,T]$ einführen. Dazu definieren wir für $X, Y \in \mathfrak{S}_T$ die Prozesse $[X,Y] = ([X,Y]_t)_{t \in [0,T]}$, $[X] = ([X]_t)_{t \in [0,T]}$ durch:

$$[X,Y]_t := [\hat{X}, \hat{Y}]_t,$$
$$[X]_t := [\hat{X}, \hat{X}]_t$$

jeweils für $t \leq T$ und es gilt folgendes Analogon zu Satz 4.19. (Lokal gleichmäßige Konvergenz sei dabei analog zu Definition 4.2 für Prozesse auf $[0,T]$ gegeben.)

Satz 12.3. *Seien $X, Y \in \mathfrak{S}_T$. So gilt $[X, Y] \in \mathfrak{A}_{0,T}$ und der Ausdruck $[X, Y]$ hängt symmetrisch, bilinear und positiv-semidefinit von X und Y ab. Für $X \in \mathfrak{A}_T$ oder $Y \in \mathfrak{A}_T$ gilt $[X, Y] = 0$. Außerdem haben wir*

$$[X, Y] = \frac{1}{2}([X + Y] - [X] - [Y]).$$

Sei $\mathfrak{Z}_n = \{t_0^{(n)} = 0, \ldots, t_{r_n}^{(n)}\}$ eine Zerlegungsfolge mit $t_{r_n}^{(n)} \uparrow \infty$ und $|\mathfrak{Z}_n| \to 0$, so konvergiert $T_{\mathfrak{Z}_n}(\hat{X}, \hat{Y})$ für alle $t \leq T$ lokal gleichmäßig stochastisch gegen $[X, Y]$. Eine Teilfolge von $T_{\mathfrak{Z}_n}(\hat{X}, \hat{Y})$ konvergiert lokal gleichmäßig fast sicher für alle $t \leq T$. Ist τ ein $[0, T]$-wertige Stoppzeit, so gilt:

$$[X, Y]^\tau = [X^\tau, Y] = [X, Y^\tau] = [X^\tau, Y^\tau].$$

Beweis. Diese Aussagen folgen mit der gegebenen Konstruktion sofort aus Satz 4.19 und Bemerkung 4.3. Für die Stoppregel hat man nur zu beachten, dass $[X, Y]^\tau = [\hat{X}, \hat{Y}]^\tau$ und $\widehat{X^\tau} = \hat{X}^\tau$ wegen $\tau \leq T$ gilt. $\square$

Ein Prozess $X = (X_t)_{t \in [0,T]}$ mit Zeitbereich $[0, T]$ heiße previsibel, wenn $\hat{X}$ previsibel ist bezüglich der Filtrierung $(\hat{\mathcal{F}}_t)_{t \in \mathbb{R}_+}$. Dazu gilt folgende Proposition.

Proposition 12.4. *Ein Prozess mit Zeitbereich $[0, T]$ ist genau dann previsibel, wenn er aufgefasst als Abbildung auf $[0, T] \times \Omega$ bezüglich*

$$\sigma(\mathfrak{C}_T) = \sigma(\mathfrak{B}_T) = \sigma(\mathfrak{R}_T) \tag{12.4}$$

messbar ist. Dabei sei

$$\mathfrak{R}_T := \{\{0\} \times A \mid A \in \mathcal{F}_0\} \cup$$
$$\cup \{]s, t] \times A \mid s, t \in \mathbb{R}_+, s \leq t \leq T, A \in \mathcal{F}_s\}.$$

Beweis. Die Gleichheit der σ-Algebren in (12.4) sieht man ganz analog wie im Beweis von Satz 5.2.

Damit bleibt nur noch die Previsibilität mit der $\sigma(\mathfrak{C}_T)$-Messbarkeit in Einklang zu bringen. Zunächst gilt

$$\sigma(\mathfrak{C}_T) = \sigma(\hat{\mathfrak{C}}) \cap ([0, T] \times \Omega), \qquad (12.5)$$

denn einerseits ist für einen Prozess $X \in \mathfrak{C}_T$ und $A \in \mathbb{B}$

$$X^{-1}(A) = \hat{X}^{-1}(A) \cap ([0, T] \times \Omega)$$

richtig. Andererseits gilt für $Y \in \hat{\mathfrak{C}}$ und die Einschränkung $\underline{Y} \in \mathfrak{C}_T$ von Y auf den Zeitbereich $[0, T]$

$$\underline{Y}^{-1}(A) = Y^{-1}(A) \cap ([0, T] \times \Omega)$$

für $A \in \mathbb{B}$. Mit (12.5) und der Approximation von $\sigma(\hat{\mathfrak{C}})$-messbaren Funktionen durch $\sigma(\hat{\mathfrak{C}})$-Treppenfunktionen sieht man, dass jeder previsible Prozess mit Zeitbereich $[0, T]$ auch $\sigma(\mathfrak{C}_T)$-messbar ist als Abbildung auf $[0, T] \times \Omega$. Umgekehrt folgt für einen $\sigma(\mathfrak{C}_T)$-messbaren Prozess auch die Previsibilität, denn man sieht sehr leicht, dass die Menge

$$\mathcal{A} := \left\{ M \subset [0, T] \times \Omega \,\middle|\, \widehat{1_M} \text{ ist } \sigma(\hat{\mathfrak{C}}) - \text{messbar} \right\}$$

eine σ-Algebra auf $[0, T] \times \Omega$ bildet. Außerdem enthält $\mathcal{A}$ für $X \in \mathfrak{C}_T$ und $A \in \mathbb{B}$ wegen

$$\widehat{1_{X^{-1}(A)}} = 1_{\hat{X}^{-1}(A)}$$

auch die Menge $X^{-1}(A)$, d.h. es gilt $\sigma(\mathfrak{C}_T) \subset \mathcal{A}$. Zu einem $\sigma(\mathfrak{C}_T)$-messbaren Prozess Y gibt es bekanntlich eine Folge F_n von $\sigma(\mathfrak{C}_T)$-messbaren Treppenfunktionen, die punktweise gegen Y konvergieren. Dann sind die $\widehat{F_n}$ aber $\sigma(\hat{\mathfrak{C}})$-messbar und konvergieren punktweise gegen $\hat{Y}$. $\qquad\square$

Nun können wir wie in Kapitel 5 und 7 eine stochastische Integration für Prozesse mit Zeitbereich $[0, T]$ einführen. Für $X \in \mathfrak{M}_T$ sei dazu

$$L_T^2(X) := \left\{ F = (F_t)_{t \in [0, T]} \,\middle|\, \hat{F} \in L^2(\hat{X}) \right\}$$

$$L_{loc,T}^2(X) := \left\{ F = (F_t)_{t \in [0, T]} \,\middle|\, \hat{F} \in L_{loc}^2(\hat{X}) \right\}.$$

Offensichtlich gilt dann auch $\mathfrak{B}_T \subset L_{loc,T}^2(X)$.

Definition 12.5. *Es sei für $X \in \mathfrak{M}_T$ und $F \in L^2_{loc,T}(X)$ das stochastische Integral $((\int FdX)_t)_{t \in [0,T]}$ durch*

$$\left(\int FdX \right)_t := \left(\int \hat{F}d\hat{X} \right)_t$$

für $0 \leq t \leq T$ gegeben. Entsprechend zu Definition 7.1 sei für $X \in \mathfrak{S}_T$ und $F \in \mathfrak{B}_T$ das stochastische Integral $((\int FdX)_t)_{t \in [0,T]}$ ebenfalls durch

$$\left(\int FdX \right)_t := \left(\int \hat{F}d\hat{X} \right)_t$$

für $0 \leq t \leq T$ definiert.

Damit ergeben sich folgende Rechenregeln.

Satz 12.6.

1. *Seien $F \in \mathfrak{B}_T$, $X \in \mathfrak{S}_T$ und τ eine $[0,T]$-wertige Stoppzeit. Dann gilt:*

$$\left(\int FdX \right)^\tau = \int Fd(X^\tau) = \int (F\mathbb{1}_{[0,\tau]})dX = \int F^\tau dX^\tau.$$

2. *Der Ausdruck $\int FdX$ hängt bilinear von $F \in \mathfrak{B}_T$ und $X \in \mathfrak{S}_T$ ab.*

3. *Seien $F \in \mathfrak{B}_T$, $X \in \mathfrak{S}_T$ und $\mathfrak{Z}_n = \{t_0^{(n)} = 0, \ldots, t_{r_n}^{(n)}\}$ eine Zerlegungsfolge mit $t_{r_n}^{(n)} \uparrow \infty$ und $|\mathfrak{Z}_n| \to 0$ für $n \to \infty$. Dann gibt es eine Teilfolge $(n_k)_{k \in \mathbb{N}}$, so dass*

$$\sum_{k=1}^{r_n} \hat{F}_{t_{k-1}^{(n)}} \left(\hat{X}_t^{t_k^{(n)}} - \hat{X}_t^{t_{k-1}^{(n)}} \right) \to \left(\int FdX \right)_t$$

für alle ω außerhalb einer Nullmenge und für alle $t \leq T$ auf dieser Teilfolge konvergiert.

Beweis.

1. Die Stoppregel folgt aus Satz 3.5/3. und Satz 6.2/1. wenn man $\widehat{X^\tau} = \hat{X}^\tau$ sowie $\widehat{F1_{[0,\tau]}} = \hat{F}1_{[0,\tau]}$ für Prozesse F, X mit Zeitbereich $[0, T]$ und eine $[0, T]$-wertige Stoppzeit beachtet.

2. Das folgt unmittelbar aus den Rechenregeln für das Integral auf $\mathbb{R}_+$ aus den Sätzen 3.5/1. und 6.2/2., wenn man (12.3) beachtet.

3. Dies folgt aus Bemerkung 7.2/2.

$\square$

Die stochastische Integrationstheorie für Prozesse auf $[0, T]$ lässt sich genauso wie in Abschnitt 7.3 auf vektorwertige Prozesse ausdehnen. Dazu seien wieder E, G, H endlich-dimensionale $\mathbb{R}$-Vektorräume versehen mit der Normtopologie, sowie $\{a_1, \ldots, a_n\}$ eine Basis von E, $\{b_1, \ldots, b_m\}$ eine Basis von G ($n, m \in \mathbb{N}$), $U \subset E$ eine offene Teilmenge, $X = \sum_{k=1}^n X^k a_k$ ein E-wertiger Prozess mit Zeitbereich $[0, T]$ und

$$E \times G \to H, \quad (x, y) \mapsto \langle x, y \rangle$$

eine bilineare Abbildung. Dafür sei die Menge

$$\mathfrak{A}_T(U) := \left\{ X = (X_t)_{t \in [0,T]} \,\middle|\, \hat{X} \in \hat{\mathfrak{A}}(U) \right\}$$

mit $\hat{\mathfrak{A}}(U)$ der Menge aller Prozesse, welche fast sicher Werte in U annehmen und deren sämtlich Koordinatenprozesse aus $\hat{\mathfrak{A}}$ sind. Analog seien die Mengen $\mathfrak{B}_T(U)$, $\mathfrak{C}_T(U)$, $\mathfrak{M}_T(U)$ und $\mathfrak{S}_T(U)$ definiert. Gilt $0 \in U$, so schreiben wir $X \in \mathfrak{A}_{0,T}(U)$ (bzw. $\mathfrak{B}_{0,T}(U)$, $\mathfrak{C}_{0,T}(U)$, $\mathfrak{M}_{0,T}(U)$, $\mathfrak{S}_{0,T}(U)$), falls zusätzlich $X_0 = 0$ fast sicher gilt. Seien nun Prozesse $F = \sum_{k=1}^n F^k a_k \in \mathfrak{B}_T(E)$, $X = \sum_{k=1}^n X^k a_k \in \mathfrak{S}_T(E)$ und $Y = \sum_{l=1}^m Y^l b_l \in \mathfrak{S}_T(G)$ gegeben. Dann definieren wir die mehrdimensionale Kovariation und das mehrdimensionale stochastische Integral durch

$$\int F dY := \int F_s dY_s := \sum_{k=1}^{n} \sum_{l=1}^{m} \left(\int F^k d(Y^l) \right) \langle a_k, b_l \rangle \in \mathfrak{S}_T(H),$$

$$[X, Y] := \sum_{k=1}^{n} \sum_{l=1}^{m} [X^k, Y^l] \langle a_k, b_l \rangle \in \mathfrak{A}_{0,T}(H)$$

Genauso wie in Bemerkung 7.7 sieht man, dass aufgrund der Bilinearität des stochastischen Integrals und der Kovariation obige Begrif-
fe wohldefiniert sind, d.h. deren Definition ist unabhängig von den
gewählten Basen. Wählt man $E = G = \mathbb{R}^n$, $\{a_1, \ldots a_n\} = \{b_1, \ldots, b_m\}$
die Standard-Orthonormalbasis des $\mathbb{R}^n$, $H = \mathbb{R}$ und $\langle \cdot, \cdot \rangle$ das Standard-
Skalarprodukt, so gilt:

$$\int F dY = \sum_{k=1}^{n} \int F^k d(Y^k) \quad \text{und} \quad [X, Y] = \sum_{k=1}^{n} [X^k, Y^k].$$

Die stochastischen Differentiale wurden bereits in Definition 7.3 festgelegt. Außerdem überträgt sich der Itô-Kalkül wortwörtlich auf Prozesse
mit Zeitbereich $[0, T]$. Man hat nur $\mathfrak{S}(U)$ und $\mathfrak{A}$ durch $\mathfrak{S}_T(U)$ und
$\mathfrak{A}_T$ in Theorem 7.8 zu ersetzen.

12.3 Alternative Konstruktionen

Für die stochastische Intgrationstheorie in dieser Arbeit wurde zuerst
der Klammerprozess konstruiert und danach mit dessen Hilfe ein
stochastisches Integral nach lokalen Martingalen eingeführt. In diesem
Unterabschnitt werden zwei alternative Konstruktionsmöglichkeiten
eines solchen Integrals skizziert, wie man sie auch in Lehrbüchern
finden kann. Diese kommen ohne einen Klammerprozess aus. Einen
quadratischen Kovariationsprozess, den man als Begleitprozess zu
Semimartingalen verwenden kann, führt man dabei im Nachhinein
entsprechend zu Beispiel 7.13 ein.

Allen Prozessen und Zufallsvariablen in dieser Betrachtung liege ein standard-filtrierter Wahrscheinlichkeitsraum $(\Omega, \mathcal{F}, P, (\mathcal{F}_t)_{t \in \mathbb{R}_+})$ zugrunde. Außerdem besitzen alle Prozesse die Zeitmenge $\mathbb{R}_+$ und sind reellwertig. Der erste Konstruktionsweg, den wir skizzieren wollen, kann in [15] nachgelesen werden und verläuft folgendermaßen:

- Man definiert zunächst folgende Vektorräume von Prozessen und Zufallsvariablen:

  1. $\mathcal{S}$ sei der Raum der Elementarprozesse F in der Form

  $$F_t(\omega) = F_0(\omega)\mathbf{1}_{\{0\}}(t) + \sum_{i=1}^{n} F_i(\omega)\mathbf{1}_{]\tau_i(\omega), \tau_{i+1}(\omega)]}(t) \qquad (12.6)$$

  mit $n \in \mathbb{N}$, endlichen Stoppzeiten $0 = \tau_1 \leq \ldots \leq \tau_{n+1}$, $\mathcal{F}_{\tau_i}$-messbaren reellwertigen Zufallsvariablen F_i für $i = 1, \ldots, n$ und $\mathcal{F}_0$-messbarem F_0. $\mathcal{S}_u$ sei der Raum $\mathcal{S}$ versehen mit der Topologie der gleichmäßigen Konvergenz.

  2. L^0 sei der Raum der reellwertigen ($\mathcal{F}$-messbaren) Zufallsvariablen modulo P-fast sicherer Gleichheit versehen mit der Topologie der stochastischen Konvergenz.

  3. $\mathbb{D}$ bezeichne den Raum der adaptierten Prozesse deren sämtliche Pfade rechtsstetig mit linken Limiten sind.

  4. $\mathbb{L}$ sei der Raum der adaptierten Prozesse deren Pfade linksstetig mit rechten Limiten sind.

  5. $\mathcal{S}_{ucp}$, $\mathbb{D}_{ucp}$, $\mathbb{L}_{ucp}$ bezeichne die jeweiligen Räume versehen mit der Topologie der lokal gleichmäßigen stochastischen Konvergenz. (ucp steht für "uniformly on compacts in probability".)

- Für einen Prozess X definiert man weiter die lineare Abbildung $I_X \colon \mathcal{S}_u \to L^0$ durch

$$I_X(F) := F_0 X_0 + \sum_{i=1}^{n} F_i(X_{\tau_{i+1}} - X_{\tau_i})$$

für F in der Darstellung (12.6) und man zeigt deren Wohldefiniertheit.

- Ein totales Semimartingal sei ein adaptierter Prozess mit rechtsstetigen Pfaden und linken Limiten, für den I_X stetig ist. Ein Semimartingal sei in diesem Kontext ein Prozess X, für den für jedes $t \in \mathbb{R}_+$ der gestoppte Prozess X^t ein totales Semimartingal ist. Man kann darüber hinaus zeigen, dass alle stetigen Semimartingale aus $\mathfrak{S}$, wie wir sie bislang kennen, auch Semimartingale in diesem Kontext sind.

- Als Nächstes zeigt man, dass $\mathcal{S}_{ucp}$ dicht in $\mathbb{L}_{ucp}$ liegt und dass $\mathbb{D}_{ucp}$ ein vollständig metrisierbarer Raum ist.

- Dann definiert man für einen rechtsstetigen Prozess mit linken Limiten X die lineare Abbildung $J_X \colon \mathcal{S} \to \mathbb{D}$ durch

$$J_X(F) := F_0 X_0 + \sum_{i=1}^{n} F_i (X^{\tau_{i+1}} - X^{\tau_i})$$

  für F in der Darstellung (12.6). Auch an dieser Stelle muss Wohldefiniertheit nachgewiesen werden.

- Für ein Semimartingal X ist die Abbildung J_X von $\mathcal{S}_{ucp}$ nach $\mathbb{D}_{ucp}$ stetig und daher kann man sie ähnlich wie in Lemma 1.40 zu einer stetigen linearen Abbildung $\overline{J}_X \colon \mathbb{L}_{ucp} \to \mathbb{D}_{ucp}$ fortsetzen.

- Schließlich definiert man für $F \in \mathbb{L}$ und ein Semimartingal X das stochastische Integral durch

$$\int F dX := \int F_s dX_s := \overline{J}_X(F) \in \mathbb{D}.$$

Bei einer weiteren eleganten Konstruktion stochastischer Integration nach lokalen Martingalen wird das Integral ebenfalls über die Eigenschaft aus Beispiel 6.3 aufgebaut und mittels einer L^2-Isometrie geeignet erweitert. Dieser Ansatz, wie er in [10] nachgelesen werden kann, soll im Folgenden skizziert werden.

- Zur Menge $\mathfrak{R}$ der adaptierten Rechtecke definiert man die Menge der elementaren previsiblen Prozesse:

$$\mathfrak{E} := \Big\{ \sum_{j=1}^{n} \alpha_j 1_{R_j} \,\Big|\, n \in \mathbb{N}, \alpha_1, \dots, \alpha_n \in \mathbb{R},$$

$$R_1, \dots, R_n \in \mathfrak{R} \text{ paarweise disjunkt} \Big\}.$$

- Damit kann man ein stochastisches Integral für Integranden aus $\mathfrak{E}$ und beliebige reellwertige Prozesse $Z = (Z_t)_{t \in \mathbb{R}_+}$ als Integratoren definieren, indem man für adaptierte Rechtecke

$$\int 1_{\{0\} \times A} dZ := 0$$

und

$$\int 1_{]s,t] \times A} dZ := 1_A (Z_t - Z_s)$$

festlegt und man dann für $X = \sum_{j=1}^{n} \alpha_j 1_{R_j} \in \mathfrak{E}$

$$\int X dZ := \sum_{j=1}^{n} \alpha_j \int 1_{R_j} dZ$$

setzt. Für diese Definition muss Wohldefiniertheit gezeigt werden.

- Für einen integrierbaren Prozess $Z = (Z_t)_{t \in \mathbb{R}_+}$ führt man die Mengenfunktion $\nu_Z \colon \mathfrak{R} \to \mathbb{R}$ durch

$$\nu_Z(\{0\} \times A) := 0$$

und

$$\nu_Z(]s,t] \times A) := \mathbb{E}(1_A(Z_t - Z_s))$$

ein. Damit zeigt man für ein rechtsstetiges L^2-Martingal $M = (M_t)_{t \in \mathbb{R}_+}$, dass genau ein Maß μ_M auf $\sigma(\mathfrak{E})$ existiert, welches ν_{M^2} fortsetzt. Dieses Maß nennt man in diesem Kontext Doléansmaß.

- Nun betrachtet man für ein rechtsstetiges L^2-Martingal $M = (M_t)_{t \in \mathbb{R}_+}$ die Hilberträume $L^2 := L^2(\Omega, \mathcal{F}, P)$, sowie $\mathfrak{L}^2 := \mathfrak{L}^2(M) := L^2(\mathbb{R}_+ \times \Omega, \sigma(\mathfrak{C}), \mu_M)$, und zeigt, dass sowohl $\mathfrak{C}$ dicht im $\mathfrak{L}^2$ liegt als auch

$$I \colon \mathfrak{C} \to L^2, \quad I(X) := \int X dM$$

eine stetige lineare Isometrie definiert. Diese setzt man mithilfe von Lemma 1.40 zu einer linearen Isometrie $\tilde{I} \colon \mathfrak{L}^2 \to L^2$ fort.

- Das stochastische Integral nach einem rechtsstetigen L^2-Martingal $M = (M_t)_{t \in \mathbb{R}_+}$ mit einem Integrand $X = (X_t)_{t \in \mathbb{R}_+} \in \mathfrak{L}^2$ sei dann der Prozess

$$\left(\left(\int X dM \right)_t \right)_{t \in \mathbb{R}_+} \quad \text{mit} \quad \left(\int X dM \right)_t := \int_{[0,t]} X dM := \tilde{I}(X \mathbf{1}_{[0,t]}).$$

Man kann zeigen, dass dieses stochastische Integral wieder ein L^2-Martingal ist, welches eine rechtsstetige Modifikation besitzt.

- Um diesen Integrationsbegriff schließlich geeignet zu erweitern, definiert man für ein rechtsstetiges lokales L^2-Martingal $M = (M_t)_{t \in \mathbb{R}_+}$ mit beschränktem M_0 die Menge $\mathfrak{L} := \mathfrak{L}(M)$ aller previsiblen Prozesse $X = (X_t)_{t \in \mathbb{R}_+}$, für welche eine Stoppzeitenfolge $\tau_n \uparrow \infty$ existiert, so dass jedes M^{τ_n} ein L^2-Martingal ist und $\mathbf{1}_{[0,\tau_n]} X \in \mathfrak{L}^2(M^{\tau_n})$ für jedes $n \in \mathbb{N}$ gilt.
  Zu einem solchen M und $X \in \mathfrak{L}(M)$ mit zugehöriger Folge $\tau_n \uparrow \infty$ setzt man

$$Y^{(n)} := \left(\int_{[0,t]} \mathbf{1}_{[0,\tau_n]} X dM^{\tau_n} \right)_{t \in \mathbb{R}_+}$$

und zeigt, dass diese Folge von Prozessen mit der Stoppzeitenfolge τ_n konsistent im Sinne von Satz 1.28 ist. Für den durch Satz 1.28 bis auf Nicht-Unterscheidbarkeit eindeutig bestimmten Limesprozess Y definiert man:

$$\int X \, dM := Y.$$

- Jeder stetige adaptierte Prozess $X = (X_t)_{t \in \mathbb{R}_+}$ mit beschränktem X_0 gehört zu $\mathfrak{L}(M)$ für jedes stetige lokale L^2-Martingal M.

12.4 Das Wiener-Integral

Beim Wiener-Integral integriert man geeignete L^2-Funktionen nach Prozessen mit orthogonalen Zuwächsen. Diese sollen im Folgenden definiert werden. Den Prozessen in diesem und dem nächsten Unterabschnitt seien ein Wahrscheinlichkeitsraum $(\Omega, \mathcal{F}, P)$ zugrunde gelegt.

Definition 12.7. *Ein komplexwertiger stochastischer Prozess $Z = (Z_\lambda)_{\lambda \in [-\pi, \pi]}$ heißt ein Prozess mit orthogonalen Zuwächsen, wenn folgendes gilt:*

1. $\langle Z_\lambda, Z_\lambda \rangle < \infty$, für alle $-\pi \leq \lambda \leq \pi$,

2. $\langle Z_\lambda, 1 \rangle = 0$, d.h. $\mathbb{E} Z_\lambda = 0$, für jedes $\lambda \in [-\pi, \pi]$,

3. $\langle Z_{\lambda_4} - Z_{\lambda_3}, Z_{\lambda_2} - Z_{\lambda_1} \rangle = 0$, falls $]\lambda_1, \lambda_2] \cap]\lambda_3, \lambda_4] = \emptyset$,

4. Z ist L^2-rechtsstetig, d.h.

$$\|Z_{\lambda+\delta} - Z_\lambda\|_{L^2(P)}^2 = \mathbb{E} |Z_{\lambda+\delta} - Z_\lambda|^2 \to 0$$

für $\delta \downarrow 0$ und $\lambda \in [-\pi, \pi[$.

Bemerkung 12.8. $\langle \cdot, \cdot \rangle$ *bezeichnet dabei das Skalarprodukt im $L^2(P)$, d.h. $\langle X, Y \rangle := \mathbb{E}(X\overline{Y})$ mit $\overline{Y}$ der komplex-konjugierten Abbildung zu Y. $L^2(P)$ steht in diesem und dem nächsten Unterabschnitt für den Raum der komplexwertigen messbaren Funktionen f mit $\mathbb{E}(|f|^2) < \infty$ modulo P-fast sicherer Gleichheit.*

Proposition 12.9. *Zu jedem Prozess* $Z = (Z_\lambda)_{\lambda \in [-\pi, \pi]}$ *mit orthogonalen Zuwächsen existiert genau eine maßerzeugende Funktion F (d.h. rechtsstetige, monoton steigende Funktion) auf $[-\pi, \pi]$ mit $F(-\pi) = 0$ und*

$$F(\mu) - F(\lambda) = \|Z_\mu - Z_\lambda\|^2_{L^2(P)}, \tag{12.7}$$

für $-\pi \leq \lambda \leq \mu \leq \pi$.

Beweis. Setzt man in (12.7) $\lambda = -\pi$, so wird klar, dass die Funktion F mit

$$F(\mu) = \|Z_\mu - Z_{-\pi}\|^2_{L^2(P)}, \tag{12.8}$$

für $-\pi \leq \mu \leq \pi$ die einzige ist, die die geforderten Eigenschaften erfüllen kann. Aus diesem Grund müssen wir nur noch nachrechnen, dass die in (12.8) definierte Funktion F maßerzeugend ist. Für $-\pi \leq \lambda \leq \mu \leq \pi$ sind aber $Z_\mu - Z_\lambda$ und $Z_\lambda - Z_{-\pi}$ nach Definition 12.7/3. im $L^2(P)$ zueinander orthogonal. Daher gilt die Monotonie wegen:

$$\begin{aligned} F(\mu) &= \|Z_\mu - Z_\lambda + Z_\lambda - Z_{-\pi}\|^2_{L^2(P)} \\ &= \|Z_\mu - Z_\lambda\|^2_{L^2(P)} + \|Z_\lambda - Z_{-\pi}\|^2_{L^2(P)} \\ &\geq F(\lambda). \end{aligned} \tag{12.9}$$

Genau die gleiche Rechnung zeigt mit Definition 12.7/4. die Rechtsstetigkeit von F:

$$F(\mu + \delta) - F(\mu) = \|Z_{\mu+\delta} - Z_\mu\|^2_{L^2(P)} \to 0$$

für $-\pi \leq \mu \leq \mu + \delta \leq \pi$ und $\delta \downarrow 0$. $\qquad\square$

Nach einer leichten Abänderung von Satz 6.5 in [1] erkennt man, dass die soeben gewonnene maßerzeugende Funktion genau ein endliches Maß μ_F auf der Spur-σ-Algebra $\mathbb{B} \cap [-\pi, \pi]$ durch

$$\mu_F([-\pi, \lambda]) := F(\lambda)$$

für $-\pi \leq \lambda \leq \pi$ bestimmt. Den zugehörigen L^2-Raum komplexwertiger Funktionen bezeichnen wir mit $L^2(F)$.

Beispiel 12.10.

1. *Sei $B = (B_t)_{t \in \mathbb{R}_+}$ eine 1-dimensionale Brownsche Bewegung und dazu der zeittranslatierte Prozess $Z = (Z_\lambda)_{\lambda \in [-\pi, \pi]}$, der gegeben ist durch*

$$Z_\lambda := B_{\lambda + \pi}$$

für $-\pi \leq \lambda \leq \pi$. Dieses Z ist ein Prozess mit orthogonalen Zuwächsen, denn die Eigenschaften 1. und 2. von Definition 12.7 folgen aus Definition 1.56/1. und 3. Punkt 3. von Definition 12.7 folgt aus der Unabhängigkeit der Zuwächse von B und 4. ergibt sich nach Bildung des Erwartungswerts in (4.13) aus Satz 4.16 mit Beispiel 4.22. Außerdem ist nach (12.8) die maßerzeugende Funktion von Z durch

$$F(\lambda) = \lambda + \pi$$

für $\lambda \in [-\pi, \pi]$ gegeben und daher ist $L^2(F)$ der bezüglich des Lebesgue-Maßes auf $[-\pi, \pi]$ gebildete L^2-Raum.

2. *Sei $N = (N_t)_{t \in \mathbb{R}_+}$ ein Poisson-Prozess mit Intensität $c > 0$, d.h. ein Prozess mit fast sicher monoton steigenden, rechtsstetigen Pfaden, mit $N_0 = 0$, sowie unabhängigen und stationären Zuwächsen gemäß $\mathcal{L}(N_t - N_s) = \text{Pois}(c(t - s))$ für $0 \leq s \leq t$. Dann definieren wir durch $Z = (Z_\lambda)_{\lambda \in [-\pi, \pi]}$ mit*

$$Z_\lambda := N_{\lambda + \pi} - \mathbb{E}(N_{\lambda + \pi})$$

für $-\pi \leq \lambda \leq \pi$ einen weiteren Prozess mit orthogonalen Zuwächsen. Denn 1. und 2. aus Definition 12.7 sind offensichtlich. 3. folgt wieder aus der Unabhängigkeit der Zuwächse und 4. ergibt sich aus der Poisson-Verteilung der Zuwächse. Nach (12.8) ist

$$F_\lambda = c(\lambda + \pi)$$

für $\lambda \in [-\pi, \pi]$ die maßerzeugende Funktion von Z. Insbesondere stimmt die maßerzeugende Funktion für $c = 1$ mit der aus dem ersten Beispiel überein.

Nun soll eine Art stochastisches Integral $\int f dZ$, das sogenannte
Wiener-Integral, für einen Prozess Z mit orthogonalen Zuwächsen und
f aus dem zugehörigen $L^2(F)$ definiert werden. Dafür sei der lineare
Unterraum

$$\mathfrak{D} := \left\{ \sum_{i=0}^{n} f_i \mathbf{1}_{]\lambda_i, \lambda_{i+1}]} \, \middle| \, n \in \mathbb{N}_0, f_0, \ldots, f_n \in \mathbb{C} \right.$$

$$\left. \text{und} \; -\pi = \lambda_0 < \lambda_1 < \ldots < \lambda_{n+1} = \pi \right\}$$

des $L^2(F)$ definiert. Auf ihm führen wir die lineare Abbildung $I: \mathfrak{D} \to$
$L^2(P)$ durch

$$I(f) := \sum_{i=0}^{n} f_i (Z_{\lambda_{i+1}} - Z_{\lambda_i})$$

für $f = \sum_{i=0}^{n} f_i \mathbf{1}_{]\lambda_i, \lambda_{i+1}]}$ ein. Die Linearität dieser Abbildung folgt,
da man je zwei Funktionen aus $\mathfrak{D}$ ohne Einschränkung die selbe λ_i-
Zerlegung zugrunde legen kann. Allein die Wohldefiniertheit von I
bedarf einer genaueren Betrachtung. Zu $f \in \mathfrak{D}$ gibt es aber genau
eine Darstellung

$$f = \sum_{i=0}^{m} r_i \mathbf{1}_{]\nu_i, \nu_{i+1}]} \tag{12.10}$$

mit $m \in \mathbb{N}_0$, $r_0, \ldots, r_m \in \mathbb{C}$ und $-\pi = \nu_0 < \nu_1 < \ldots < \nu_{m+1} = \pi$,
für die $r_i \neq r_{i+1}$ für jedes $0 \leq i < m$ gilt. Offensichtlich hat $I(f)$
bezüglich jeder Darstellung von f den Wert

$$\sum_{i=0}^{m} r_i (Z_{\nu_{i+1}} - Z_{\nu_i}), \tag{12.11}$$

denn in einer anderen Darstellung ergänzen sich alle aufeinander folgenden Summanden mit gleichem Wert r_i zu dem Summanden von
r_i in (12.11). Seien außerdem zwei Funktionen $f, g \in \mathfrak{D}$ mit unterschiedlichen Darstellungen wie in (12.10) F-fast sicher gleich. Dann

können sich f und g aber nur dann auf einem Intervall $]s,t]$ mit $s < t$ unterscheiden, wenn das zu F gehörige Maß dort keine Masse hinwirft. In diesem Fall gilt aber auch $F(t) = F(s)$ und mit der Rechnung in (12.9) sieht man, dass $Z_\mu = Z_\nu$ P-fast sicher für alle $s \leq \nu \leq \mu \leq t$ gilt. Damit heben sich auch hier überflüssige Summanden weg und es folgt $I(f) = I(g)$.

Weiterhin erhält I das Skalarprodukt, denn seien $f, g \in \mathfrak{D}$ mit den Darstellungen $f = \sum_{i=0}^{n} f_i \mathbf{1}_{]\lambda_i, \lambda_{i+1}]}$, $g = \sum_{i=0}^{n} g_i \mathbf{1}_{]\lambda_i, \lambda_{i+1}]}$, mit $n \in \mathbb{N}$, $-\pi = \lambda_0 < \lambda_1 < \ldots < \lambda_{n+1} = \pi$, so folgt aus Punkt 3. in Definition 12.7 und (12.9) im Beweis von Proposition 12.9:

$$\langle I(f), I(g) \rangle_{L^2(P)} = \Big\langle \sum_{i=0}^{n} f_i (Z_{\lambda_{i+1}} - Z_{\lambda_i}), \sum_{i=0}^{n} g_i (Z_{\lambda_{i+1}} - Z_{\lambda_i}) \Big\rangle_{L^2(P)}$$

$$= \sum_{i=0}^{n} f_i \overline{g}_i (F(\lambda_{i+1}) - F(\lambda_i))$$

$$= \int_{]-\pi, \pi]} f(\nu) \overline{g}(\nu) F(d\nu) = \langle f, g \rangle_{L^2(F)}.$$

Wir zeigen nun, dass $\mathfrak{D}$ bezüglich der $L^2(F)$-Norm dicht im $L^2(F)$ liegt. Eine bekannte Konsequenz aus dem Satz von Lusin besagt, dass die Menge der stetigen komplexwertigen Funktionen $\mathcal{C}([-\pi, \pi])$ auf $[-\pi, \pi]$ dicht im $L^2(F)$ liegt (siehe [16], Theorem 3.14. Dieses Theorem gilt nach Zerlegung einer Funktion in Real- und Imaginärteil auch im Komplexen.). Weil jede stetige komplexwertige Funktion auf dem kompakten Intervall $[-\pi, \pi]$ sogar gleichmäßig stetig ist, liegt $\mathfrak{D}$ bezüglich gleichmäßiger Konvergenz dicht in $\mathcal{C}([-\pi, \pi])$. Das durch F induzierte Maß auf $[-\pi, \pi]$ ist endlich, also liegt $\mathfrak{D}$ mit dem Satz von der dominierten Konvergenz bezüglich $L^2(F)$-Norm dicht in $\mathcal{C}([-\pi, \pi])$ und damit dicht in $L^2(F)$. Folglich gibt es nach Lemma 1.40 genau eine stetige lineare Fortsetzung $\overline{I}: L^2(F) \to L^2(P)$ von I, welche das Skalarprodukt erhält.

Definition 12.11. *Für einen Prozess mit orthogonalen Zuwächsen* $Z = (Z_\lambda)_{\lambda \in [-\pi,\pi]}$ *mit zugehöriger maßerzeugender Funktion* F *und* $f \in L^2(F)$ *sei das Wiener-Integral durch*

$$\int\limits_{]-\pi,\pi]} f(\nu)dZ_\nu := \int fdZ := \overline{I}(f)$$

mit der eben zu Z *hergeleiteten Abbildung* $\overline{I} \colon L^2(F) \to L^2(P)$ *gegeben.*

Sehr schnell sieht man folgende Eigenschaften des Wiener-Integrals.

Proposition 12.12. *Seien* $Z = (Z_\lambda)_{\lambda \in [-\pi,\pi]}$ *ein Prozess mit orthogonalen Zuwächsen, mit maßerzeugender Funktion* F *und dazu* $f, g \in L^2(F)$, *sowie* $a, b \in \mathbb{C}$. *Dann gilt:*

1. *Das Wiener-Integral ist linear, d.h.* $\overline{I}(af + bg) = a\overline{I}(f) + b\overline{I}(g)$,

2. $\mathbb{E}_P\left(\overline{I}(f)\overline{\overline{I}(g)}\right) = \int_{]-\pi,\pi]} f(\nu)\overline{g(\nu)}F(d\nu)$,

3. $\mathbb{E}_P\left(\overline{I}(f)\right) = 0$.

Beweis. 1. ist offensichtlich. 2. folgt aus der Erhaltung des Skalarprodukts. 3. ergibt sich zunächst für $f \in \mathfrak{D}$, weil nach Definition 12.7/2. jedes Z_λ Erwartungswert 0 besitzt. Dies überträgt sich auf ein allgemeines $f \in L^2(F)$ wegen der Stetigkeit von $\overline{I}$ und weil Erwartungswerte bei L^2-Konvergenz mitkonvergieren. $\square$

12.5 Spektraldarstellung schwach stationärer Prozesse

Die wohl wichtigste Anwendung des Wiener-Integrals ist die Spektraldarstellung schwach stationärer Prozesse. Diese soll im Folgenden skizziert werden, wobei der interessierte Leser die genauen Details in [3] nachlesen kann. Zunächst soll der Begriff eines schwach stationären Prozesses festgelegt werden.

Definition 12.13. *Im Folgenden sei eine Zeitreihe ein mit der Zeitmenge $\mathbb{Z}$ indizierter stochastischer Prozess. Eine komplexwertige Zeitreihe $X = (X_t)_{t \in \mathbb{Z}}$ heiße schwach stationär, falls*

1. $\mathbb{E}\,|X_t|^2 < \infty$ *für alle $t \in \mathbb{Z}$,*

2. $\mathbb{E}X_t = m \in \mathbb{C}$ *für alle $t \in \mathbb{Z}$, (d.h. der Erwartungswert ist unabhängig von $t \in \mathbb{Z}$)*

3. *Für $t, h \in \mathbb{Z}$ gilt*

$$Cov(X_{t+h}, X_t) = \mathbb{E}(X_{t+h} - \mathbb{E}X_{t+h})\overline{(X_t - \mathbb{E}X_t)}$$
$$= \mathbb{E}X_{t+h}\overline{X_t} - |m|^2 = \gamma_X(h),$$

d.h. dieser Ausdruck hängt nur von h ab. γ_X heißt die Autokovarianzfunktion von X.

Beispiel 12.14. *Eine (reelle) Zeitreihe X, deren Zufallsvariablen unabhängig und identisch nach $\mathcal{N}(0, \sigma^2)$ mit $\sigma > 0$ verteilt sind, ist schwach stationär mit Mittelwert $m = 0$ und Autokovarianzfunktion*

$$\gamma_X(h) = \begin{cases} \sigma^2, & \text{für } h = 0 \\ 0, & \text{für } h \neq 0. \end{cases}$$

Wir geben nun die wichtigsten Eigenschaften und Folgerungen zur Autokovarianzfunktion einer Zeitreihe ohne Beweis an.

Proposition 12.15. *Sei $X = (X_t)_{t \in \mathbb{Z}}$ eine komplexwertige schwach stationäre Zeitreihe mit Autokovarianzfunktion γ_X. Dann gilt*

$$\gamma_X(0) \geq 0 \quad \text{und} \quad |\gamma_X(h)| \leq \gamma_X(0)$$

für alle $h \in \mathbb{Z}$. Außerdem ist γ_X hermitesch, d.h.

$$\gamma_X(h) = \overline{\gamma_X(-h)}$$

gilt für alle $h \in \mathbb{Z}$ und positiv-semidefinit, d.h. für $n \in \mathbb{N}$, ganze Zahlen $t_1, \ldots, t_n \in \mathbb{Z}$, sowie komplexe Zahlen $a_1, \ldots, a_n \in \mathbb{C}$ gilt

$$\sum_{i=1}^{n} \sum_{j=1}^{n} a_i \gamma_X(t_i - t_j)\overline{a_j} \geq 0.$$

Diese Proposition zusammen mit dem nächsten Theorem gibt eine neue Sichtweise auf schwach stationäre Prozesse.

Theorem 12.16. *Eine komplexwertige Funktion* $\gamma\colon \mathbb{Z} \to \mathbb{C}$ *ist genau dann positiv-semidefinit, wenn eine maßerzeugende Funktion F auf* $[-\pi, \pi]$ *(d.h. rechtsstetig und monoton steigend) existiert mit* $F(-\pi) = 0$ *und*

$$\gamma(h) = \int\limits_{]-\pi,\pi]} e^{ih\nu} F(d\nu) \tag{12.12}$$

für alle $h \in \mathbb{Z}$, *wobei* dF *die Integration nach dem zu F gehörigen Maß* μ_F *bedeute.*

Bemerkung 12.17. *Mit Proposition 12.15 und Theorem 12.16 gibt es zu jeder schwach stationären komplexwertigen Zeitreihe X eine maßerzeugende Funktion* F_X, *die (12.12) für die Autokovarianzfunktion* γ_X *erfüllt.* F_X *heißt die spektrale maßerzeugende Funktion von X. Gibt es eine Lebesgue-Dichte* f_X *von* F_X, *d.h. gilt* $F_X(\lambda) = \int_{-\pi}^{\lambda} f_X(\nu)d\nu$ *für* $-\pi \le \lambda \le \pi$, *so heißt* f_X *eine Spektraldichte von X.*

Mit den Eigenschaften des Wiener-Integrals aus Proposition 12.12 sieht man folgenden Sachverhalt. Ist $Z = (Z_\lambda)_{\lambda\in[-\pi,\pi]}$ ein Prozess mit orthogonalen Zuwächsen und zugeordneter maßerzeugender Funktion F gemäß Proposition 12.9, so wird durch

$$X_t := \overline{I}(e^{it\cdot}) = \int\limits_{]-\pi,\pi]} e^{it\nu} dZ_\nu$$

für $t \in \mathbb{Z}$ eine schwach stationäre Zeitreihe mit Mittelwert 0 und Autokovarianzfunktion

$$\gamma_X(h) = \mathbb{E}(X_{t+h}\overline{X}_t) = \int\limits_{]-\pi,\pi]} e^{ih\nu} F(d\nu).$$

definiert. D.h. die spektrale maßerzeugende Funktion dieser Zeitreihe erfüllt $F_X = F$. Die Spektraldarstellung schwach stationärer Prozesse ist genau die Umkehrung dieser Tatsache.

Theorem 12.18. *Zu einer schwach stationären komplexwertigen Zeitreihe X mit Mittelwert 0 und spektraler maßerzeugender Funktion F_X gibt es einen Prozess $Z = (Z_\lambda)_{\lambda \in [-\pi, \pi]}$ mit orthogonalen Zuwächsen, der*

1. $\mathbb{E} |Z_\lambda - Z_{-\pi}|^2 = F_X(\lambda)$ *für jedes* $-\pi \leq \lambda \leq \pi$ *und*

2. $X_t = \int\limits_{]-\pi, \pi]} e^{it\nu} dZ_\nu$ *P-fast sicher*

erfüllt.

Beweisskizze. Man definiert eine lineare Abbildung T von $\mathfrak{H} := \operatorname{lin}\{X_t | t \in \mathbb{Z}\} \subset L^2(P)$ nach $\mathfrak{K} := \operatorname{lin}\{e^{it\cdot} | t \in \mathbb{Z}\} \subset L^2(F_X)$ durch

$$T\left(\sum_{j=1}^{n} a_j X_{t_j} \right) = \sum_{j=1}^{n} a_j e^{it_j \cdot}$$

für $n \in \mathbb{N}$, $t_1, \ldots, t_n \in \mathbb{Z}$, sowie $a_1, \ldots, a_n \in \mathbb{C}$ und man weist mit Theorem 12.16 nach, dass diese wohldefiniert ist. Außerdem erhält T das Skalarprodukt zwischen den beiden Räumen. T setzt man dann mithilfe von Lemma 1.40 zu einer linearen Abbildung $\overline{T}$ von $\overline{\mathfrak{H}}$ nach $L^2(F_X)$ fort. Auch $\overline{T}$ erhält das Skalarprodukt. Aus der Fourier-Analysis ist bekannt, dass $\mathfrak{K} \subset L^2(F_X)$ dicht liegt. Folglich erkennt man $\overline{T}$ als Vektorraumisomorphismus, welcher das Skalarprodukt erhält. Damit setzt man zuerst für $\lambda \in [-\pi, \pi]$

$$Z_\lambda := \overline{T}^{-1}(1_{]-\pi, \lambda]}(\cdot))$$

und rechnet für den so erhaltenen Prozess die geforderten Eigenschaften nach. Schließlich zeigt man, dass $I(f) = \overline{T}^{-1}(f)$ für die bezüglich diesem Z gebildete lineare Abbildung I und für alle $f \in \mathfrak{D}$ gilt. Dies überträgt sich wegen der Stetigkeit zu $\overline{I} = \overline{T}^{-1}$. Daraus folgt

$$X_t = \overline{I}(\overline{T}(X_t)) = \overline{I}(e^{it\cdot}) = \int\limits_{]-\pi, \pi]} e^{it\nu} dZ_\nu$$

für $t \in \mathbb{Z}$. $\square$

13 Allgemeine Finanzmarktmodelle vom Black-Scholes-Typ

In diesem Kapitel diskutieren wir eine Anwendung der bisher gewonnenen Theorie in der Finanzmathematik. Wir möchten dabei einen Finanzmarkt bestehend aus einer im Voraus festgelegten Anzahl an Finanzgütern g in kontinuierlicher Zeit möglichst gut beschreiben. Unter Finanzgütern kann man sich dabei auf einem Finanzmarkt gehandelte Waren, wie z.B. Aktien, Renten, Währungen oder Güter wie Gold oder Öl, vorstellen. Wir definieren als Erstes, was ein kontinuierliches Marktmodell sein soll.

13.1 Finanzmarktmodelle

Definition 13.1. *Ein kontinuierliches Finanzmarktmodell mit endlichem Horizont $T \geq 0$ und $g \in \mathbb{N}$ Finanzgütern besteht aus:*

1. einem letzten im Modell berücksichtigten Handelszeitpunkt $T \geq 0$,

2. einem Wahrscheinlichkeitsraum $(\Omega, \mathcal{F}, P)$,

3. einer Filtrierung $(\mathcal{F}_t)_{t \in [0,T]}$ auf $(\Omega, \mathcal{F}, P)$, welche den Informationsverlauf beschreibt,

4. stetigen, adaptierten, reellwertigen stochastischen Prozessen

$$(S^j) = (S^j_t)_{t \in [0,T]}$$

für $j = 1, \ldots, g$. Dabei beschreibt S^j die Preisentwicklung des j-ten Finanzguts.

Bemerkung 13.2. *Ein Marktmodell mit unendlichem Horizont kann analog definiert werden, indem man in der vorangegangenen Definition das Intervall $[0, T]$ durch $[0, \infty)$ ersetzt. Solche Modelle werden allerdings in dieser Arbeit keine Rolle spielen.*

Definition 13.1 lässt noch vieles unbestimmt. Je nachdem wie man die Realität modellieren möchte, legt man die auftretenden Größen entsprechend fest. Eine sehr gängige Variante eines kontinuierlichen Finanzmarktmodells bildet das allgemeine Finanzmarktmodell vom Black-Scholes-Typ.

Definition 13.3. *Seien $k, g \in \mathbb{N}$, $T \geq 0$ und $(s_0, s_1, \ldots, s_g) \in \mathbb{R}^{g+1}$ mit $s_0 = 1$, sowie $s_i > 0$ für $i = 1, \ldots g$. Darüber hinaus sei $(\Omega, \mathcal{F}, P)$ ein Wahrscheinlichkeitsraum und darauf $(B_t)_{t \in \mathbb{R}_+} = (B_t^1, \ldots, B_t^k)_{t \in \mathbb{R}_+}$ eine k-dimensionale Brownsche Bewegung mit Zeitbereich $\mathbb{R}_+$. Dazu sei $(\mathcal{F}_t)_{t \in \mathbb{R}_+} = (\tilde{\mathcal{F}}_t^B)_{t \in \mathbb{R}_+}$ die zur Brownschen Bewegung gehörige Standard-Filtrierung und es gelte $\mathcal{F}_\infty = \mathcal{F}$. Weiterhin seien $r, b_i, \sigma_{ij} : [0, T] \times \Omega \to \mathbb{R}$ beschränkte previsible stochastische Prozesse für $i = 1, \ldots, g$ und $j = 1, \ldots, k$.*

Das allgemeine Finanzmarktmodell vom Black-Scholes-Typ (kurz: AFBST) mit $g + 1$ Finanzgütern, endlichem Horizont T, risikofreier Rate r, mittlerer Renditenrate $b = (b_1, \ldots, b_g)$, Volatilitätsmatrix $\sigma = (\sigma_{ij})$, Anfangspreisen $(s_0, \ldots, s_g)$ und treibendem Prozess B ist das kontinuierliche Finanzmarktmodell, welches gegeben ist durch den Horizont T, dem Wahrscheinlichkeitsraum $(\Omega, \mathcal{F}, P)$, der Filtrierung $(\mathcal{F}_t)_{t \in [0, T]}$ und dem $g + 1$-dimensionalen stetigen adaptierten Preisprozess $(S_t)_{t \in [0, T]} = (S_t^0, S_t^1 \ldots, S_t^g)_{t \in [0, T]}$, welcher das stochastische Differentialgleichungssystem

$$dS_t^0 = r(t) S_t^0 dt,$$

$$dS_t^i = b_i(t) S_t^i dt + S_t^i \sum_{j=1}^{k} \sigma_{ij}(t) dB_t^j, \qquad (13.1)$$

für $i = 1, \ldots, g$, zur konstanten Anfangsbedingung $(S_0^0, \ldots, S_0^g) = (s_0, \ldots, s_g)$ löst.

Bemerkung 13.4. *Nach Bemerkung 1.60 ist die Vervollständigung der kanonischen Filtrierung der Brownschen Bewegung B aus Definition 13.3 bereits rechtsstetig. Da außerdem $B_0 = 0$ fast sicher gilt besteht $\mathcal{F}_0$ nur aus Mengen vom Maß $= 0$ oder $= 1$. Also ist jede $\mathcal{F}_0$-messbare Zufallsvariable P-f.s. konstant. Folglich stellt die Voraussetzung konstanter Anfangspreise keine Einschränkung an die beschriebene Situation dar.*

Proposition 13.5. *Das Modell in Definition 13.3 ist wohlgegeben in dem Sinne, dass es einen eindeutigen Preisprozess $(S_t)_{t\in[0,T]} = (S_t^0, S_t^1 \ldots, S_t^g)_{t\in[0,T]}$ gibt, der das System aus (13.1) zur gegebenen Anfangsbedingung löst.*

Beweis. Setzt man die Prozesse r, b_i, σ_{ij} wie in Abschnitt 12.2 zeitlich auf $[0,\infty)$ zu $\hat{r}, \hat{b}_i, \hat{\sigma}_{ij}$ fort, so sind letztere auch previsibel auf $[0,\infty)$ und beschränkt. Definiert man dann davon ausgehend die previsiblen Prozesse $\tilde{b}: [0,\infty) \times \Omega \to M(g+1,g+1)$ und $\tilde{\sigma}^{(l)}: [0,\infty) \times \Omega \to M(g+1,g+1)$ für $l = 1,\ldots,k$ durch:

$$\tilde{b}_{ij} := \begin{cases} \hat{r}, & \text{für } i = j = 0 \\ \hat{b}_i, & \text{für } i = j \geq 1 \\ 0, & \text{sonst} \end{cases}$$

und

$$\tilde{\sigma}_{ij}^{(l)} := \begin{cases} \hat{\sigma}_{il}, & \text{für } i = j \geq 1 \\ 0, & \text{sonst} \end{cases}$$

für $i,j = 0, 1, \ldots, g$, so genügen $\tilde{b}$ und $\tilde{\sigma}^{(l)}$ für $l = 1,\ldots,k$ der Beschränktheitsbedingung aus Satz 11.13. Weiterhin geht das stochastische Differentialgleichungssystem aus (13.1), welches durch $\hat{r}, \hat{b}_i, \hat{\sigma}_{ij}$ auf $[0,\infty)$ erweitert wurde, aus dem System der homogenen stochastischen Differentialgleichungen in (11.14) hervor. Damit existiert nach Satz 11.13 ein stetiger $\mathbb{R}^{(g+1)}$-wertiger stochastischer Prozess $(S_t)_{t\in\mathbb{R}_+} = (S_t^0,\ldots,S_t^g)_{t\in\mathbb{R}_+}$ mit Zeitbereich $\mathbb{R}_+$, der an $(\mathcal{F}_t)_{t\in\mathbb{R}_+}$ adaptiert ist und für ein beliebiges $t \in \mathbb{R}_+$

$$S_t^0 = s_0 + \int_0^t \hat{r}(u) S_u^0 du,$$

$$S_t^i = s_i + \int_0^t \hat{b}_i(u) S_u^i du + \sum_{j=1}^k \int_0^t S_u^i \hat{\sigma}_{ij}(u) dB_u^j, \qquad (13.2)$$

für $i = 1, \ldots, g$ erfüllt. Stoppt man die stochastischen Integrale in (13.2) mit der konstanten Stoppzeit $\tau = T$ und verwendet die Stoppregeln (Satz 3.5/3. bzw. Satz 6.2/1.), so sieht man, dass der auf $[0,T]$ eingeschränkte Prozess $(S_t)_{t \in [0,T]}$ das System (13.1) löst.

Sei $(U_t)_{t \in [0,T]}$ ein weiterer Prozess, welcher die in Definition 13.3 geforderten Eigenschaften erfüllt. Setzt man U nach $[0, \infty)$ zu $\hat{U}$ fort und verfährt genauso mit dem Prozess S, so sind die erhaltenen Prozesse $(\hat{S}_t)_{t \in \mathbb{R}_+}$ und $(\hat{U}_t)_{t \in \mathbb{R}_+}$ stetige adaptierte Prozesse mit Zeitbereich $\mathbb{R}_+$, welche $\hat{S}_0 = \hat{U}_0$ erfüllen. Außerdem gilt für beide Prozesse die Integralbedingung (11.10) aus Lemma 11.9 für $t \in [0,T]$ und für die Koeffizientenprozesse $\tilde{b}'$, $\tilde{\sigma}'$, die aus $\tilde{b}$ und den $\tilde{\sigma}^{(l)}$ gemäß (11.15) gebildet werden. Dafür hat man nur zu beachten, dass wegen der Stoppregeln, nach Stoppung zur Zeit T, nur die Werte der beteiligten Prozesse vor T eine Rolle spielen. Nun liefert Lemma 11.9 die Nicht-Unterscheidbarkeit von S^{τ_n} und U^{τ_n} für die Stoppzeitenfolge

$$\tau_n := \inf\{t| \, |S_t| \geq n\} \wedge \inf\{t| \, |U_t| \geq n\} \wedge T \uparrow T.$$

Der Grenzübergang $n \to \infty$ zeigt $(S_t)_{t \in [0,T]} = (U_t)_{t \in [0,T]}$ bis auf Nicht-Unterscheidbarkeit. $\square$

Haben wir ein allgemeines Finanzmarktmodell vom Black-Scholes-Typ mit risikofreier Rate r gegeben, so können wir den Prozess S^0 explizit angeben. Wegen der Beschränktheit von r ist nämlich $A_t := \int_0^t r(u) du$, $(t \leq T)$ ein stetiger Prozess mit pfadweise lokal beschränkter Variation.

Per Definition der Itô-Differentiale gilt $dA_u = r(u)du$. Damit ist der Prozess $(S_t^0)_{t \in [0,T]}$ gegeben durch

$$S_t^0 = \exp \left(\int_0^t r(u)du \right),$$

für $0 \le t \le T$ denn die Itô-Formel angewendet auf die Funktion $f(x) = s_0 e^x$ ergibt

$$dS_u^0 = d(f(A_u)) = f(A_u)dA_u = S_u^0 r(u)du.$$

Das 0-te Finanzgut in einem AFBST entspricht der risikofreien Anlage in einem diskreten n-Perioden-Modell. Man kann sich darunter z.B. ein verzinsliches Wertpapier vorstellen. Allerdings wird hier eine Zeit- und Zufallsabhängigkeit der Zinsrate, bzw. risikofreien Rate, zugelassen. Da r auch Werte < 0 annehmen kann, bedeutet diese Anlagemöglichkeit unter Umständen auch einen Verlust.

Im n-Perioden-Modell kann man den Diskontierungsprozess D_i zum Zeitpunkt $i = 0, \ldots, n$ dadurch charakterisieren, dass D_i der Betrag ist, den man zum Zeitpunkt $t = 0$ in die risikofreie Anlagemöglichkeit investieren muss, damit die erzielte Anlage zum Zeitpunkt $t = i$ den Wert 1 besitzt. Analog dazu definieren wir den Diskontierungsprozess in einem AFBST.

Definition 13.6. *Sei ein AFBST mit risikofreier Rate* $r \colon [0,T] \times \Omega \to \mathbb{R}$ *gegeben. Dann ist der Diskontierungsprozess* $(D_t)_{t \in [0,T]}$ *dieses Modells für* $\omega \in \Omega$ *und* $t \in [0,T]$ *gegeben durch:*

$$D_t(\omega) := \exp \left(- \int_0^t r(u, \omega)du \right).$$

$(D_t S_t)_{t \in [0,T]}$ *heißt der diskontierte Preisprozess.*

Bemerkung 13.7. *Als stochastisches Integral ist der Diskontierungsprozess adaptiert. Wie oben bereits beim Prozess A bemerkt, gilt für diesen auch pfadweise Stetigkeit.*

Auch die anderen Preisprozesse können durch stochastische Integrale ausgedrückt werden. Dies zeigt die nächste Proposition.

Proposition 13.8. *In einem AFBST mit mittlerer Renditerate b, Volatilitätsmatrix σ und Anfangspreisen $(s_0, \ldots, s_g)$ seien die Prozesse M^i und W^i für $i = 1, \ldots, g$ gegeben durch*

$$W_t^i := \int_0^t b_i(s)ds \quad und \quad M_t^i := \sum_{j=1}^k \int_0^t \sigma_{ij}dB^j$$

für $t \in [0, T]$. Dann kann der i-te Preisprozess S^i für $i = 1, \ldots, g$ geschrieben werden als

$$S_t^i = s_i \exp\left(M_t^i - \frac{1}{2}[M^i]_t + W_t^i\right)$$

für $t \in [0, T]$.

Beweis. Definiert man für ein festes $i = 1, \ldots, g$ die $\mathcal{C}^\infty$-Funktion $f \colon \mathbb{R}^3 \to \mathbb{R}$ durch $f(x, y, z) = s_i e^{x - \frac{1}{2}y + z}$, so gilt nach der Itô-Formel (Theorem 7.8) für den Prozess $f(M^i, [M^i], W^i)$:

$$df(M^i, [M^i], W^i) = f(M^i, [M^i], W^i)dM^i + f(M^i, [M^i], W^i)dW^i$$

$$= f(M^i, [M^i], W^i)b_i ds + f(M^i, [M^i], W^i)\sum_{j=1}^k \sigma_{ij}dB^j$$

und $f(M_0^i, [M^i]_0, W_0^i) = s_i$. Nach Proposition 13.5 ist der Preisprozess aber durch diese Bedingungen eindeutig bestimmt. $\square$

Bemerkung 13.9. *Aufgrund der vorangegangenen Proposition ist es sinnvoll die Anfangspreise in einem AFBST als größer 0 vorauszusetzen. Die Hinzunahme eines Finanzguts, welches zu jedem Zeitpunkt wertlos ist, ändert nichts am Modell. Außerdem machen negative Preise für Güter keinen praktischen Sinn.*

13.2 Handelsstrategien

Nun soll Handel innerhalb eines AFBST mittels folgender Definition modelliert werden.

Definition 13.10. *Sei ein AFBST gegeben. Eine Handelsstrategie ist ein previsibler $\mathbb{R}^{g+1}$-wertiger stochastischer Prozess $(H_t)_{t \in [0,T]} = (H_t^0, \ldots, H_t^g)_{t \in [0,T]}$ mit Zeitbereich $[0,T]$, für den*

$$P\left(\int_0^T |H_t^0| \, dt < \infty \right) = 1 \quad und \quad P\left(\int_0^T (H_t^i)^2 dt < \infty \right) = 1$$

für $i = 1, \ldots, g$ gilt.

Eine Handelsstrategie H ist dabei als eine Portfoliozusammenstellung eines Händlers zu interpretieren. Der Wert H_t^i zum Zeitpunkt $t \in [0,T]$ für $i = 0, \ldots, g$ stellt dabei den Anteil des i-ten Finanzguts im Portfolio dar. Ein negativer Wert $H_t^i < 0$ bedeutet dabei, dass dieser Anteil geschuldet wird. Man sagt auch der Händler befindet sich in einer short-position in diesem Finanzgut. Die Bedingungen in der Definition der Handelsstrategien sind gerade so gewählt, dass die stochastischen Integrale, die wir im Folgenden betrachten werden, existieren. Dies zeigt die nächste Proposition.

Proposition 13.11. *Sei ein AFBST mit Preisprozessen $(S_t^i)_{t \in [0,T]}$ für $i = 0, \ldots, g$ gegeben und darin sei H eine Handelsstrategie. Dann sind die Preisprozesse stetige Semimartingale aus $\mathfrak{S}_T$ mit der quadratischen Variation*

$$[S^i]_t = \sum_{j=1}^{k} \int_0^t (S_u^i)^2 (\sigma_{ij})_u^2 du$$

für $t \in [0,T]$, $i = 1, \ldots, g$ und die stochastischen Integralprozesse

$$\left(\int_0^t H^i dS^i \right)_{t \in [0,T]}$$

existieren für alle $i = 0, \ldots, g$.

Beweis. Es sei $(A_t^0)_{t\in[0,T]}$ definiert durch

$$A_t^0 := s_0 + \int_0^t r(t)S_t^0 dt.$$

Weiterhin seien $(A_t^i)_{t\in[0,T]}$ und $(M_t^i)_{t\in[0,T]}$ für $i=1,\dots,g$ gegeben durch

$$A_t^i := s_i + \int_0^t b_i(t)S_t^i dt \quad \text{und} \quad M_t^i := \sum_{j=1}^k \int_0^t S^i\sigma_{ij}dB^j.$$

Da die risikofreie Rate r, die mittlere Renditerate b und die stetigen Preisprozesse pfadweise beschränkt sind, sieht man mit dominierter Konvergenz und dem Mittelwertsatz der Differentialrechnung, dass die Prozesse A^i für $i=0,\dots,g$ pfadweise stetig und pfadweise lokal von beschränkter Variation sind. Natürlich sind die fortgesetzten Prozesse von $S^i\sigma_{ij}$ für $j=1,\dots,k$ lokal beschränkt. Daher sind die Prozesse M^i stetige lokale Martingale aus $\mathfrak{M}_{0,T}$. Es gilt weiterhin $S^0=A^0$, sowie $S^i=A^i+M^i$ für $i=1,\dots,g$ und damit sind diese Prozesse stetige Semimartingale aus $\mathfrak{S}_T$. Außerdem ist die quadratische Variation des Preisprozesses S^0 nach Satz 4.19 konstant 0. Hingegen gilt für $i=1,\dots,g$ und $0\le t\le T$:

$$[S^i]_t = [M^i,M^i]_t = \sum_{j=1}^k\sum_{l=1}^k[\int S^i\sigma_{ij}dB^j, \int S^i\sigma_{il}dB^l]_t$$

$$=\sum_{j=1}^k\sum_{l=1}^k\int_0^t (S^i)^2\sigma_{ij}\sigma_{il}d[B^j,B^l]$$

$$=\sum_{j=1}^k\int_0^t (S_u^i)^2(\sigma_{ij})_u^2 du.$$

Dabei folgen die erste und die zweite Gleichung aus Satz 4.19. Die Dritte ergibt sich aus Satz 6.6 und die Letzte ist eine Konsequenz aus Beispiel 4.22. Mit Satz 3.5, der pfadweisen Beschränktheit der S^i, sowie der σ_{ij} und der Definition der Handelsstrategie sieht man

$$\int_0^t (H^i)^2 d[M^i] = \sum_{j=1}^k \int_0^t (H_u^i)^2 (S_u^i)^2 (\sigma_{ij})_u^2 du < \infty,$$

für $t \leq T$, woraus mit Satz 6.6 die Zugehörigkeit von H^i zu $L^2_{loc,T}(M^i)$ für jedes $i = 1, \ldots, g$ folgt. (Man beachte dabei, dass der Klammerprozess $[\hat{M}^i]$ der Fortsetzung von M^i für $t \geq T$ konstant ist.) Außerdem gilt wieder mit Satz 3.5 für $t \in [0, T]$:

$$\int_0^t H^0 dA^0 = \int_0^t H_u^0 r(u) S_u^0 du$$

und

$$\int_0^t H^i dA^i = \int_0^t H_u^i b_i(u) S_u^i du$$

für $i = 1, \ldots, g$. Wegen der Definition der Handelsstrategien und der pfadweisen Beschränktheit der beteiligten Prozesse sind diese Integrale fast sicher endlich. Damit existiert das stochastische Integral

$$\int H^i dS^i = \int H^i dA^i + \int H^i dM^i$$

für $i = 0, \ldots, g$. □

13.3 Wertprozess, Gewinnprozess und Selbstfinanzierung

Die nächste Definition ist sehr intuitiv. Sie besagt, dass der Wert eines Portfolios bzw. einer Handelsstrategie den mit den jeweiligen Preisen gewichteten Beständen entspricht.

Definition 13.12. *Sei ein AFBST mit Preisprozessen* $(S_t^i)_{t\in[0,T]}$ *für* $i = 0,\ldots,g$ *gegeben und darin sei* $(H_t)_{t\in[0,T]} = (H_t^0,\ldots,H_t^g)_{t\in[0,T]}$ *eine Handelsstrategie. Dann ist der Wertprozess* $(V_t^H)_{t\in[0,T]}$ *der Handelsstrategie bzw. des dadurch beschriebenen Portfolios gegeben durch:*

$$V_t^H := H_t'S_t = \sum_{i=0}^{g} H_t^i S_t^i$$

für $t \in [0,T]$, *wobei hier und im Folgenden der transponierte Vektor mit* $'$ *gekennzeichnet wird.*

In einem AFBST mit Preisprozess $(S_t)_{t\in[0,T]} = (S_t^0,\ldots,S_t^g)_{t\in[0,T]}$ sei $\mathfrak{Z} = \{t_0 = 0, t_1,\ldots,t_M = T\}$ mit $M \in \mathbb{N}$ eine Zerlegung des Intervalls $[0,T]$ und dazu $H_{t_m}^i$ $\mathcal{F}_{t_m}$-messbare Zufallsvariablen für alle $i = 0,\ldots,g$, $m = 0,\ldots,M-1$. Dann heißt der Prozess $(H_t)_{t\in[0,T]} = (H_t^0,\ldots,H_t^g)_{t\in[0,T]}$ definiert durch

$$H^i(t,\omega) := H_0^i(\omega)\mathbf{1}_{\{0\}}(t) + \sum_{m=1}^{M} H_{t_{m-1}}^i(\omega)\mathbf{1}_{]t_{m-1},t_m]}(t)$$

für $i = 0,\ldots,g$ eine elementare Handelsstrategie. $H_{t_m}^i$ für $m = 0,\ldots,M-1$ ist also der Anteil des i-ten Finanzguts dieses Portfolios im Zeitraum $]t_m,t_{m+1}]$. Der durch solch eine Handelsstrategie erzielte Zugewinn G_t^H im Zeitbereich $[0,t]$ für $t \in [0,T]$ ergibt sich durch

$$G_t^H = \sum_{m=1}^{M} H_{t_{m-1}}'(S_{t_m\wedge t} - S_{t_{m-1}\wedge t})$$

$$= \sum_{i=0}^{g}\sum_{m=1}^{M} H_{t_{m-1}}^i(S_{t_m\wedge t}^i - S_{t_{m-1}\wedge t}^i)$$

$$= -H_{t_0}'S_{t_0\wedge t} + \sum_{m=1}^{M-1}(H_{t_{m-1}} - H_{t_m})'S_{t_m\wedge t} + H_{t_{M-1}}'S_{t_M\wedge t}. \quad (13.3)$$

Der letzte Ausdruck zeigt, dass G^H auch tatsächlich als Gewinn zu interpretieren ist. Der erste Term $-H'_{t_0} S_{t_0 \wedge t}$ ist der Preis der aufgewendet werden muss um das Anfangsportfolio H_{t_0} zu bilden. Der mittlere Term beschreibt für $m = 1, \ldots, M-1$ den Wertunterschied zum Zeitpunkt t_m der Portfolios, die im Zeitraum $]t_{m-1}, t_m]$ bzw. $]t_m, t_{m+1}]$ gehalten werden. Dieser Wertunterschied muss zusätzlich aufgewendet werden, bzw. kann entnommen werden. Der letzte Term $H'_{t_{M-1}} S_{t_M \wedge t}$ steht im Fall $t = T$ für den Endwert des Portfolios, der nach Auflösung dessen in Form von Geld aufgenommen werden kann, bzw. eventuell geschuldet wird.

Im Fall einer elementaren Handelsstrategie würde man diese als selbstfinanzierend bezeichnen, wenn der Zugewinn zu jedem Zeitpunkt der Wertänderung $V_t^H - V_0^H$ entspricht. Dann findet nämlich zu keiner Zeit ein Zufluß oder eine Entnahme aus der Anlage statt. Nach Beispiel 6.3 und (13.3) entspricht der Gewinn G^H bei Benutzung einer solchen Handelsstrategie dem Integral $\sum_{i=0}^g \int_0^t H^i dS^i$. Außerdem können wir eine beliebige Handelsstrategie $H \in \mathfrak{B}_T(\mathbb{R}^{g+1})$ durch eine Zerlegung $\mathfrak{Z} = \{t_0 = 0, \ldots, t_M = T\}$ mit der elementaren Strategie

$$H_{\mathfrak{Z}} = H_0 1_{\{0\}} + \sum_{m=1}^M H_{t_{m-1}} 1_{]t_{m-1}, t_m]}$$

approximieren. Wählt man nun für $\mathfrak{Z}$ eine Zerlegungsfolge $\mathfrak{Z}_n$ von $[0, T]$ mit $|\mathfrak{Z}_n| \to 0$, so sieht man, dass nach Satz 6.9, der Definition des pfadweisen Integrals und nach Fortsetzung der Zerlegungsfolge sowie der Prozesse auf $\mathbb{R}_+$ eine Teilfolge und eine Nullmenge existiert außerhalb derer der zu (13.3) entsprechende Ausdruck punktweise gegen das Integral $\sum_{i=0}^g \int_0^t H^i dS^i$ konvergiert. Aufgrund dieser Überlegungen ist folgende Definition sinnvoll.

Definition 13.13. *Gegeben sei ein AFBST mit zugehörigem Preispro-*
zess $(S_t)_{t\in[0,T]} = (S_t^0, \dots, S_t^g)_{t\in[0,T]}$ *und darin sei* $(H_t)_{t\in[0,T]}$ *eine Han-*
delsstrategie. Der Gewinnprozess $(G_t^H)_{t\in[0,T]}$ *ist dann definiert durch*

$$G_t^H = \sum_{i=0}^{g} \int_0^t H^i dS^i$$

für $t \in [0,T]$. *Die Handelsstrategie heißt selbstfinanzierend, wenn*

$$dV^H = \sum_{i=0}^{g} H^i dS^i,$$

das heißt

$$V_t^H - V_0^H = G_t^H = \sum_{i=0}^{g} \int_0^t H^i dS^i$$

für jedes $t \in [0,T]$ *gilt.*

13.4 Arbitrage

Ein risikoloser Profit wird als Arbitrage bezeichnet. Ein sehr einfaches Beispiel für eine Arbitrage ist eine Aktie in Frankfurt zu kaufen
und sie (im gleichen Moment) in New York mit Berücksichtigung
des Wechselkurses teurer zu verkaufen. Dies soll nun mathematisch
modelliert werden.

Bei allgemeinen selbstfinanzierenden Handelsstrategien können sich
viele Arbitragemöglichkeiten ergeben. So gibt es zum Beispiel ein
AFBST, so dass zu jedem $\alpha > 0$ eine selbstfinanzierende Handelsstrategie H existiert mit Gewinn $G_T^H = \alpha$ fast sicher (vgl. [12], Kapitel I,
Diskussion vor Definition 2.4). Solch ein Phänomen kann bei zahmen
Handelsstrategien, wie sie im Folgenden definiert werden, nicht mehr
auftreten.

Definition 13.14. *Eine Handelsstrategie in einem AFBST heißt zahm, wenn eine Konstante $K \in \mathbb{R}$ existiert, so dass der zugehörige Wertprozess fast sicher nach unten durch K beschränkt ist, d.h. es gilt $V_t^H \geq K$ P-fast sicher für jedes $t \in [0, T]$.*

Definition 13.15. *Eine Arbitragemöglichkeit in einem AFBST ist eine selbstfinanzierende zahme Handelsstrategie $(H_t)_{t \in [0,T]}$ mit $V_0^H = 0$, so dass für ein $0 < s \leq T$*

$$P(V_s^H \geq 0) = 1 \quad und \quad P(V_s^H > 0) > 0$$

gilt. Ein AFBST heißt arbitragefrei, wenn es darin keine Arbitragemöglichkeit gibt.

In diesem Sinne ist eine Arbitrage eine Möglichkeit ohne Kapital den Handel zu beginnen, nach einer gewissen Zeit mit Sicherheit kein Geld verloren zu haben und darüber hinaus mit positiver Wahrscheinlichkeit Profit zu schlagen. Die folgende Proposition zeigt eine äquivalente Möglichkeit der Arbitragedefinition. Sie heißt anschaulich gesprochen, dass es ein Portfolio gibt welches die risikofreie Anlage schlägt.

Proposition 13.16. *In einem AFBST mit Preisprozess $(S_t)_{t \in [0,T]} = (S_t^0, \ldots, S_t^g)_{t \in [0,T]}$ ist folgendes äquivalent:*

1. Es gibt eine Arbitragemöglichkeit.

2. Es existiert ein selbstfinanzierendes zahmes Portfolio $(H_t)_{t \in [0,T]}$ mit $V_0^H > 0$ und ein $0 < s \leq T$, so dass

$$P(V_s^H \geq V_0^H S_s^0) = 1 \quad und \quad P(V_s^H > V_0^H S_s^0) > 0$$

gilt.

Beweis. Direkt aus der Definition der Selbstfinanzierung und des Wertprozesses folgt, dass eine konstante Anlage in nur einem Finanzgut selbstfinanzieren ist, sowie dass Linearkombinationen selbstfinanzierender Handelsstrategien wieder selbstfinanzierend sind.

Sei nun das Portfolio $(H_t^{(1)})_{t\in[0,T]}$ eine Arbitragemöglichkeit. D.h. es gilt $V_0^{H^{(1)}} = 0$, $P(V_s^{H^{(1)}} \geq 0) = 1$ und $P(V_s^{H^{(1)}} > 0) > 0$ für ein $0 < s \leq T$. Außerdem ist $H^{(1)}$ selbstfinanzierend und zahm. Wir bilden nun ein neues Portfolio, indem wir zusätzlich zu $H^{(1)}$ eine Geldeinheit in die risikofreie Anlage investieren. Die Handelsstrategie $(H_t^{(2)})_{t\in[0,T]}$, die das beschreibt, ist definiert durch

$$H_t^{(2)} := (H_t^{(1)}) + e_0,$$

wobei e_0 den ersten Einheitsvektor im $\mathbb{R}^{g+1}$ bezeichne. Nach der eingehenden Bemerkung ist $H^{(2)}$ wieder selbstfinanzierend. $H^{(2)}$ ist auch zahm, da die risikofreie Anlage stets positiv ist. Für den Wertprozess gilt:

$$V_0^{H^{(2)}} = 1 > 0 \quad \text{und} \quad V_s^{H^{(2)}} = V_s^{H^{(1)}} + S_s^0 \geq S_s^0 = V_0^{H^{(2)}} S_s^0$$

mit Wahrscheinlichkeit 1. Außerdem gilt > 0 in der zweiten Ungleichung mit positiver Wahrscheinlichkeit und damit genügt $H^{(2)}$ der Bedingung 2.

Sei umgekehrt $(H_t^{(3)})_{t\in[0,T]}$ ein selbstfinanzierendes zahmes Portfolio, das die Anforderungen von 2. für ein $0 < s \leq T$ erfüllt. Dann investieren wir, indem wir uns den Startwert $V_0^{H^{(3)}}$ zu den Zinskonditionen der risikofreien Anlage leihen und davon das Portfolio $H^{(3)}$ kaufen. Dies wird beschrieben durch die Handelsstrategie $(H_t^{(4)})_{t\in[0,T]}$ mit

$$H_t^{(4)} = (H_t^{(3)}) - V_0^{H^{(3)}} e_0,$$

die nach der Bemerkung zu Beginn selbstfinanzierend ist. Wegen der Beschränktheit der risikofreien Anlage S^0 ist $H^{(4)}$ auch zahm. Weiterhin gilt für $H^{(4)}$:

$$V_0^{H^{(4)}} = 0 \quad \text{und} \quad V_s^{H^{(4)}} = V_s^{H^{(3)}} - V_0^{H^{(3)}} S_s^0 \geq 0$$

mit Wahrscheinlichkeit 1, sowie > 0 in der Ungleichung mit positiver Wahrscheinlichkeit. Also ist $H^{(4)}$ eine Arbitragemöglichkeit. $\qquad\Box$

Man sollte niemals die Preise aus einem AFBST, das Arbitragemöglichkeiten besitzt, für finanzstrategische Entscheidungen hernehmen. Ist nämlich H eine Arbitrage, so gilt dies auch für λH für jedes beliebige $\lambda \in \,]0, \infty[$. Folglich kann man den erwarteten Gewinn $\mathbb{E}G_s^{\lambda H} = \lambda \mathbb{E}G_s^H$ zum beschriebenen Zeitpunkt $0 < s \leq T$ nach Belieben in die Höhe treiben, ohne auch nur irgendein Startkapital einzubringen ($V_0^{\lambda H} = 0$) oder ein Verlustrisiko einzugehen ($P(V_s^{\lambda H} \geq 0) = 1$). Solch eine Investitionsmöglichkeit ist den meisten von uns nicht zugänglich und entspricht somit nicht der Realität. Außerdem wird mit einer Arbitrage jegliche Optimierung im Modell bedeutungslos.

13.5 Risikoneutrale Wahrscheinlichkeitsmaße

Für die weiteren Arbitrageüberlegungen brauchen wir den folgenden Begriff, der analog zum n-Perioden-Modell definiert wird.

Definition 13.17. *Ein Wahrscheinlichkeitsmaß Q auf dem Wahrscheinlichkeitsraum $(\Omega, \mathcal{F}, P)$ eines AFBST heißt äquivalentes Martingalmaß oder (äquivalentes) risikoneutrales Wahrscheinlichkeitsmaß, wenn:*

1. *P und Q äquivalent sind, in dem Sinne, dass sie die selben Nullmengen besitzen und*

2. *unter Q die diskontierten Preisprozesse $D_t S_t^i$ für $i = 1, \ldots, g$ Martingale sind.*

Um nun eine Bedingung herzuleiten, unter der ein äquivalentes Martingalmaß existiert, ist es zielführend den Wertprozess einer selbstfinanzierenden Handelsstrategie $(H_t)_{t \in [0,T]} = (H_t^0, \ldots, H_t^g)_{t \in [0,T]}$ zu betrachten. Nutzt man die Definition der Selbstfinanzierung und formt darin die dS^i entsprechend um, so liefert das:

$$dV^H = \sum_{i=0}^{g} H^i dS^i$$

$$= H^0 r S^0 dt + \sum_{i=1}^{g} H^i b_i S^i dt + \sum_{i=1}^{g} \sum_{j=1}^{k} H^i \sigma_{ij} S^i dB^j$$

$$= V^H r dt - r \sum_{i=1}^{g} H^i S^i dt + \sum_{i=1}^{g} H^i b_i S^i dt + \sum_{i=1}^{g} \sum_{j=1}^{k} H^i \sigma_{ij} S^i dB^j.$$

Daher gilt

$$dV^H = r V^H dt + \sum_{i=1}^{g} (b_i - r) \varphi^i dt + \sum_{i=1}^{g} \sum_{j=1}^{k} \varphi^i \sigma_{ij} dB^j$$

mit $\varphi^i = H^i S^i$ für $i = 1, \ldots, g$. Jetzt kann der Wertprozess durch stochastische Integrale dargestellt werden. Für $t \in [0, T]$ gilt

$$V_t^H = S_t^0 \Big(V_0^H + \int_0^t D_s \sum_{i=1}^{g} (b_i(s) - r(s)) \varphi_s^i ds +$$

$$+ \sum_{i=1}^{g} \sum_{j=1}^{k} \int_0^t D_s \varphi_s^i (\sigma_{ij})_s dB_s^j \Big). \quad (13.4)$$

Dies kann man mit der Produktregel für Itô-Differentiale (Proposition 7.5/7.) unter Beachtung von Proposition 7.5/1. und /5. nachprüfen:

$$dV^H = rS^0 dt \left(V_0^H + \int_0^t D_s \sum_{i=1}^g (b_i(s) - r(s)) \varphi_s^i ds + \right.$$

$$\left. + \sum_{i=1}^g \sum_{j=1}^k \int_0^t D_s \varphi_s^i (\sigma_{ij})_s dB_s^j \right)$$

$$+ S^0 \left(D \sum_{i=1}^g (b_i - r) \varphi^i dt + D \sum_{i=1}^g \sum_{j=1}^k \varphi^i \sigma_{ij} dB^j \right)$$

$$= rV^H dt + \sum_{i=1}^g (b_i - r) \varphi^i dt + \sum_{i=1}^g \sum_{j=1}^k \varphi^i \sigma_{ij} dB^j.$$

Ist $\beta = (\beta_t)_{t \in [0,T]}$ ein previsibler $\mathbb{R}^k$-wertiger Prozess, für den pfadweise das Lebesgue-Integral über kompakte Intervalle existiert, so sei für $t \in [0, T]$

$$\overline{B}_t := B_t + \int_0^t \beta_s ds.$$

Für den abdiskontierten Wertprozess einer selbstfinanzierenden Handelsstrategie H zum Zeitpunkt $t \in [0, T]$ gilt mit (13.4) und solch einem β in Vektornotation:

$$D_t V_t^H = V_0^H + \int_0^t D_s \varphi_s' (b(s) - r(s) \tilde{1}) ds + \int_0^t D_s \varphi_s' \sigma dB_s$$

$$= V_0^H + \int_0^t D_s \varphi_s' (b(s) - r(s) \tilde{1} - \sigma(s) \beta(s)) ds + \int_0^t D_s \varphi_s' \sigma_s d\overline{B}_s,$$

$$(13.5)$$

wobei $\tilde{1}$ denjenigen Vektor im $\mathbb{R}^g$ bezeichnet, für den sämtliche Komponenten gleich 1 sind. Der Integralterm nach ds in der letzten Gleichung von (13.5) verschwindet, wenn β für P fast alle ω die Gleichung

$$b(s) - r(s)\tilde{1} = \sigma(s)\beta(s) \qquad (13.6)$$

für Lebesgue fast alle $s \in [0, T]$ löst. Die Gleichungen (13.6) in β heißen die Marktpreis des Risikos Gleichungen (kurz: MRG).Entsprechend heißt ein previsibler $\mathbb{R}^k$-wertiger Prozess, der pfadweise Lebesgueintegrierbar auf Kompakta ist und die MRG fast sicher für Lebesgue fast alle $s \in [0, T]$ löst, ein Marktpreis des Risikos. Das nächste Theorem zeigt, dass die Lösungen der MRG in einem AFBST den äquivalenten Martingalmaßen entsprechen.

Theorem 13.18. *Ist* $(\beta_t)_{t \in [0,T]} \in L^2_{loc,T}(\underline{B})$ *ein Marktpreis des Risikos in einem AFBST mit*

$$\int\limits_0^T |\beta_s|^2\, ds \leq C < \infty \qquad (13.7)$$

fast sicher, so gibt es ein äquivalentes Martingalmaß in dem Modell. Ist umgekehrt Q ein äquivalentes Martingalmaß, so bestimmt dies einen bezüglich des Maßes $\lambda_{[0,T]} \otimes Q$ *auf* $[0, T] \times \Omega$ *fast überall eindeutigen Marktpreis des Risikos*

$$(\beta_t^Q)_{t \in [0,T]} \in L^2_{loc,T}(\underline{B}).$$

Bemerkung 13.19. *$\underline{B}$ bezeichnet dabei wie im Beweis von Proposition 12.4 den auf den Zeitbereich $[0, T]$ eingeschränkten Prozess von B. Außerdem ist unter $(\beta_t)_{t \in [0,T]} \in L^2_{loc,T}(\underline{B})$ die mehrdimensionale Verallgemeinerung analog zum Beginn von Kapitel 9 zu verstehen, bei der die Prozesse komponentenweise zum $L^2_{loc,T}$ gehören. $\lambda_{[0,T]}$ bezeichnet das Lebesgue-Maß auf $[0, T]$.*

Beweis. Sei zunächst $(\beta_t)_{t\in[0,T]} \in L^2_{loc,T}(\underline{B})$ ein Marktpreis des Risikos mit der Integralbedingung aus (13.7). Dazu sei der Prozess $(\overline{\beta}_t)_{t\in\mathbb{R}_+}$ gegeben durch

$$\overline{\beta}^l_t := \begin{cases} \beta^l_t & \text{für } t \le T \\ 0 & \text{für } t > T \end{cases},$$

für $t \in \mathbb{R}_+$ und $l = 1,\ldots,k$. Dieser Prozess ist offensichtlich previsibel auf $\mathbb{R}_+ \times \Omega$. Somit zeigen Satz 6.6 mit Beispiel 4.22 und der vorausgesetzten Integralbedingung, dass $\overline{\beta} \in L^2_{loc}(B)$ gilt. Weiterhin liefern Satz 6.6 und Beispiel 4.22 für jedes $t \in \mathbb{R}_+$:

$$[\int \overline{\beta}dB]_t = \int_0^t |\overline{\beta}_s|^2\, ds \le \int_0^T |\overline{\beta}_s|^2\, ds = \int_0^T |\beta_s|^2\, ds \le C < \infty. \quad (13.8)$$

Damit ist nach dem Satz 10.9 von Novikov $M_t := \mathcal{E}(-\int \overline{\beta}dB)_t$ ein gleichgradig integrierbares Martingal auf $\mathbb{R}_+$, welches zum Zeitpunkt $t = 0$ konstant gleich 1 ist. Dazu gibt es nach Satz 1.37 eine Zufallsvariable M_∞, für die $M_t \to M_\infty$ (für $t \to \infty$) im L^1 konvergiert. Die gleiche Rechnung wie in (13.8) zeigt, dass für $t > T$

$$[\int \overline{\beta}dB]_t = [\int \overline{\beta}dB]_T$$

gilt. Daher gibt es nach Satz 4.17 eine P-Nullmenge N, außerhalb derer

$$\int_0^t \overline{\beta}dB = \int_0^T \overline{\beta}dB$$

für jedes $t > T$ gilt. Folglich gilt, wegen fast sicherer Konvergenz auf einer Teilfolge, $M_T = M_\infty$ P-fast sicher. Aufgrund der Martingaleigenschaft haben wir

$$\mathbb{E}M_T = 1$$

und durch

$$\frac{dQ}{dP} := M_T = \exp\left\{ - \int_0^T \overline{\beta} dB - \frac{1}{2} \int_0^T |\overline{\beta}_s|^2 \, ds \right\}$$

erhält man ein zu P äquivalentes Wahrscheinlichkeitsmaß Q auf $\mathcal{F}$. Außerdem ist nach Satz 10.10

$$\overline{B}_t^l := B_t^l + \int_0^t \overline{\beta}_s^l ds$$

für $t \in \mathbb{R}_+, l = 1, \ldots, k$, eine k-dimensionale Brownsche Bewegung bezüglich Q auf $\mathbb{R}_+$. Nach (13.5) gilt für den abdiskontierten Wertprozess jeder selbstfinanzierenden Handelsstrategie H

$$D_t V_t^H = V_0^H + \int_0^t D\varphi' \sigma d\overline{B}, \tag{13.9}$$

für $0 \le t \le T$, wenn man beachtet, dass β ein Marktpreis des Risikos ist und φ der $\mathbb{R}^g$-wertige Zufallsvektor $\varphi^i = H^i S^i$ für $i = 1, \ldots, g$. Damit ist für jede selbstfinanzierende Handelsstrategie der diskontierte Wertprozess ein lokales Martingal bezüglich Q. Definiert man jetzt für $i = 1, \ldots, g$ die konstante Handelsstrategie $H = (H^0, \ldots, H^g)$ durch

$$H^j := \begin{cases} 1, & \text{falls } j = i \\ 0, & \text{falls } j \ne i \end{cases}$$

so ist diese wie im Beweis von Proposition 13.16 beschrieben selbstfinanzierend und es gilt $D_t V_t^H = D_t S_t^i$ für $t \in [0, T]$. Folglich sind auch die diskontierten Preisprozesse lokale Martingale bezüglich Q und wegen (13.9) erfüllen sie für jedes $i = 1, \ldots, g$

$$d(DS^i) = DS^i \sum_{j=1}^k \sigma_{ij} d\overline{B}^j.$$

$$W_t^i := \log(s_i) + \sum_{j=1}^{k} \int_0^t \hat{\sigma}_{ij} d\overline{B}^j$$

gilt für $i = 1, \ldots, g$ und $t \in \mathbb{R}_+$, wobei $\hat{\sigma}_{ij}$ die konstante Fortsetzung von σ_{ij} nach $\mathbb{R}_+$ bezeichnet. DS^i löst die stochastische Differentialgleichung $dY = Y dW^i$ in $Y \in \mathfrak{S}_T(Q)$ zur Anfangsbedingung $D_0 S_0^i = s_i = \exp(W_0^i)$. Ein analoger Eindeutigkeitsbeweis wie in Beispiel 7.12 zeigt, dass auf $[0, T]$

$$DS^i = \mathcal{E}(W^i)$$

gilt. Wegen Satz 6.6, Beispiel 4.22 und der Beschränktheit der Volatilitätsmatrix folgt für $t \in \mathbb{R}_+$, $i = 1, \ldots, g$

$$[W^i]_t = \sum_{j=1}^{k} \int_0^t (\hat{\sigma}_{ij}(s))^2 ds \leq \tilde{C}_t < \infty.$$

Eine erneute Anwendung des Satzes 10.9 von Novikov zeigt (nach Übergang zu $W^i - \log(s_i)$), dass $\mathcal{E}(W^i)$ und damit die abdiskontierten Preisprozesse DS^i für $i = 1, \ldots, g$ Martingale bezüglich Q sind. Also ist Q ein äquivalentes Martingalmaß im betrachteten AFBST.

Sei umgekehrt Q ein äquivalentes Martingalmaß in einem AFBST. Dann ist das zugehörige Dichtemartingal N eindeutig bestimmt durch

$$N_t := \mathbb{E}_P^{\mathcal{F}_t}\left(\frac{dQ}{dP}\right)$$

für $t \in \mathbb{R}_+$. Dieses besitzt eine rechtsstetige Modifikation nach Korollar 1.35, die wegen Theorem 9.4 bereits stetige Pfade hat. Nach Satz 10.4 und dem zugehörigen Beweis bestimmt N ein bis auf Nicht-Unterscheidbarkeit eindeutiges $Z \in \mathfrak{M}_P$, so dass $\mathcal{E}(Z)$ eine Modifikation von N ist. Da $\mathcal{F}_0$ nur Mengen vom Maß $= 0$ oder $= 1$ enthält, gilt sogar $Z_0 = 0$ fast sicher. Dieses Z bestimmt nun nach der stochastischen Integraldarstellung Theorem 9.4 ein bezüglich des Maßes $\lambda \otimes P$ fast überall eindeutiges $\beta \in L_{loc}^2(B)$ mit

$$Z_t = \int\limits_0^t (-\beta)dB$$

für $t \in \mathbb{R}_+$. Aufgrund der Tatsache $\mathcal{E}(\int(-\beta)dB) = N$ zeigt Satz 10.10, dass der Prozess, gegeben durch

$$\tilde{B}_t := B_t + \int\limits_0^t \beta_s ds$$

für $t \in \mathbb{R}_+$, eine Brownsche Bewegung bezüglich Q ist. Definiert man jetzt $(\beta_t^Q)_{t \in [0,T]}$ als die Einschränkung von β auf den Zeitbereich $[0,T]$ und setzt wie oben die konstante selbstfinanzierende Handelsstrategie H für $i = 1, \ldots, g$

$$H^j := \begin{cases} 1, & \text{falls } j = i \\ 0, & \text{falls } j \neq i, \end{cases}$$

so gilt nach (13.5) für den i-ten Preisprozess zur Zeit $t \in [0,T]$:

$$D_t S_t^i = s_i + \int\limits_0^t D_s S_s^i (b(s) - r(s)\tilde{1} - \sigma(s)\beta_s^Q)ds +$$

$$+ \sum_{j=1}^k \int\limits_0^t D_s S_s^i \sigma_{ij}(s)d\tilde{B}_s^j.$$

Weil der diskontierte Preisprozess ein Martingal unter Q ist, gibt es eine P-Nullmenge außerhalb derer für jedes t der rektifizierbare Teil dieser Doob-Meyer-Zerlegung fast sicher verschwindet. Nach Lemma 1.38 folgt, dass der Integrand nach ds außerhalb der P-Nullmenge Lebesgue fast überall verschwindet. Gemäß Proposition 13.8 und Definition 13.6 ist der Prozess $(D_t S_t^i)_{t \in [0,T]}$ stets verschieden von Null. Also gilt

$$b(s) - r(s)\tilde{1} - \sigma(s)\beta_s^Q = 0$$

für Lebesgue fast alle s außerhalb einer Nullmenge und β^Q ist als Marktpreis des Risikos erkannt. Wegen der $\lambda_{[0,T]} \otimes P$-fast überall eindeutigen Bestimmtheit von β^Q, ist dieser Prozess nach dem Satz von Fubini auch $\lambda_{[0,T]} \otimes Q$-fast überall eindeutig. $\quad\square$

Bemerkung 13.20. *Gelte in einem AFBST $g = k$, d.h. es existieren genauso viele zufallserzeugende Brownsche Bewegungen wie Finanzgüter vorhanden sind. Weiterhin sei σ für jedes (ω, t) invertierbar und der zugehörige Prozess σ^{-1} beschränkt. Dann existiert genau ein äquivalentes Martingalmaß. Dies folgt aus dem vorangegangenen Theorem und dessen Beweis, denn man kann in diesem Fall einfach die MRG durch*

$$\beta_s = \sigma^{-1}(s)(b(s) - r(s)\tilde{1})$$

auflösen und erhält ein eindeutiges β, welches den gewünschten Anforderungen entspricht.

Korollar 13.21. *Für Q, einem äquivalenten Martingalmaß in einem AFBST, bildet der diskontierte Wertprozess jeder selbstfinanzierenden Handelsstrategie ein lokales Martingal unter Q.*

Beweis. Nach dem zweiten Beweisteil von Theorem 13.18 ist das äquivalente Martingalmaß durch einen Marktpreis des Risikos gegeben. Wie in (13.9) im ersten Beweisteil von Theorem 13.18 sieht man, dass $(D_t V_t^H)_{t\in[0,T]}$ ein lokales Martingal unter Q ist. $\quad\square$

Das folgende Lemma brauchen wir um die Existenz eines Martingalmaßes bestmöglich auszunutzen.

Lemma 13.22. *Sei ein AFBST mit äquivalentem Martingalmaß Q gegeben. Dann gilt für den diskontierten Wertprozess jeder selbstfinanzierenden zahmen Handelsstrategie H*

$$D_s V_s^H \geq \mathbb{E}_Q^{\mathcal{F}_s}(D_t V_t^H)$$

für alle $s < t$.

Beweis. Sei H eine selbstfinanzierende zahme Handelsstrategie. Nach Korollar 13.21 ist der diskontierte Wertprozess von H ein lokales Martingal bezüglich Q. Sei daher $\tau_n \uparrow \infty$ eine die Martingaleigenschaft von $(D_t V_t^H)_{t \in [0,T]}$ bezüglich Q lokalisierende Folge von Stoppzeiten. Dann gilt wegen der Beschränktheit nach unten von $(D_t V_t^H)_{t \in [0,T]}$ mit dem Lemma von Fatou für bedingte Erwartungen:

$$D_s V_s^H = \lim_{n \to \infty} D_{\tau_n \wedge s} V_{\tau_n \wedge s}^H = \lim_{n \to \infty} \mathbb{E}_Q^{\mathcal{F}_s}(D_{\tau_n \wedge t} V_{\tau_n \wedge t}^H)$$
$$\geq \mathbb{E}_Q^{\mathcal{F}_s}(\liminf_{n \to \infty} D_{\tau_n \wedge t} V_{\tau_n \wedge t}^H) = \mathbb{E}_Q^{\mathcal{F}_s}(D_t V_t^H)$$

für $s < t$. $\square$

Im n-Perioden-Modell gilt die Äquivalenz der Existenz eines risikoneutralen Wahrscheinlichkeitsmaßes zur Arbitragefreiheit des betrachteten Modells. In einem AFBST kann die wichtige Richtung dieser Aussage noch gesichert werden.

Theorem 13.23. *Hat ein AFBST ein äquivalentes Martingalmaß, so ist es arbitragefrei.*

Beweis. Sei Q ein äquivalentes Martingalmaß in einem AFBST. Angenommen die Handelsstrategie H wäre eine Arbitragemöglichkeit. Da der diskontierte Wertprozess von H nach Lemma 13.22 die Supermartingaleigenschaft unter Q hat, gilt mit Definition 13.15 der Arbitrage zum beschriebenen Zeitpunkt $0 < s \leq T$:

$$\mathbb{E}_Q(D_s V_s^H) \leq V_0^H = 0. \tag{13.10}$$

Weil das dem AFBST zugrunde liegende Wahrscheinlichkeitsmaß P und Q die selben Nullmengen besitzen gilt auch unter Q:

$$Q(V_s^H \geq 0) = 1 \quad \text{und} \quad Q(V_s^H > 0) > 0.$$

Nach Definition 13.6 ist der Prozess D stets größer 0. Damit folgt aber

$$\mathbb{E}_Q(D_s V_s^H) > 0$$

im Widerspruch zu (13.10). $\square$

Bemerkung 13.24. *Mit Theorem 13.18 kann man den Sachverhalt auch wie folgt ausdrücken:*

Existiert in einem AFBST ein Marktpreis des Risikos $(\beta_t)_{t \in [0,T]}$, welcher der Integralbedingung aus (13.7) genügt, so ist das Modell arbitragefrei.

13.6 Bewertung von Claims

Sehr interessante Güter, bzw. Rechte, die auf den Finanzmärkten gehandelt werden, sind die sogenannten Finanzderivate. Um diese zu beschreiben, führen wir den Begriff eines Claims ein.

Definition 13.25. *Ein Claim C in einem AFBST ist eine integrierbare, reellwertige, $\mathcal{F}_T$-messbare Zufallsvariable.*

Ein Claim entspricht einem Recht auf eine zufällige Auszahlung zum Zeitpunkt T. Ein übliches Beispiel dafür ist ein europäischer Call auf das i-te Finanzgut $(i = 1, \ldots, g)$ in einem AFBST zum Ausübungspreis K, das heißt das Recht zum Zeitpunkt T das i-te Finanzgut zum Preis K kaufen zu dürfen. Dies würde der Claim $C = (S_T^i - K)_+$ modellieren. Der Herausgeber eines solchen Rechts wird sehr wohl daran interessiert sein sich gegenüber der vereinbarten Auszahlung abzusichern. Dies kann dadurch geschehen, dass dieser ein Portfolio findet, das zum Zeitpunkt T den Wert des Claims besitzt. Denn dann kann er sich mit dem Geld, das er für den Verkauf des Claims bekommt, im Gegenzug durch den Kauf des entsprechenden Portfolios absichern. Zu dieser Überlegung betrachten wir folgende Definition.

Definition 13.26. *Sei ein AFBST mit einem äquivalenten Martingalmaß Q und darin ein Claim C gegeben. Dieser Claim heißt absicherbar unter Q, falls es eine selbstfinanzierende Handelsstrategie H in dem Modell gibt, so dass der diskontierte Wertprozess von H ein Martingal unter Q ist und der Wert der Handelsstrategie zum Zeitpunkt T gerade dem Claim entspricht, d.h. dass*

$$V_T^H = C$$

fast sicher gilt. Eine solche absichernde Handelsstrategie heißt Hedge. Ein AFBST heißt vollständig, wenn jeder Claim absicherbar ist unter einem äquivalenten Martingalmaß.

Für einen absichernden Hedge H zu einem Claim C ist nach dem Prinzip der Arbitragefreiheit der faire Preis des Claims zum Zeitpunkt $t \in [0, T]$ gegeben durch

$$s(C)_t = V_t^H.$$

Denn der Besitz des Claims C und des selbstfinanzierenden Protfolios bringen zum Zeitpunkt T die selbe Auszahlung. Wäre also $s(C)_t \neq V_t^H$, so würde man folgende Arbitragemöglichkeiten erhalten. Im Fall $s(C)_t < V_t^H$ führt man einen Leerverkauf des Portfolios zum Zeitpunkt t durch und kauft davon den Claim. Die Differenz wird risikofrei, d.h. in das 0-te Finanzgut des AFBST, investiert. Im Fall $s(C)_t > V_t^H$ macht man umgekehrt zum Zeitpunkt t ein short selling im Claim und kauft von dem Ertrag das absichernde Portfolio. Die Differenz investiert man dann wieder risikofrei.

Wir geben nun eine Bewertungsformel für einen absicherbaren Claim an, die darüber hinaus zeigt, dass der Wert eines Claims zu keinem Zeitpunkt von dem absichernden Portfolio abhängt.

Theorem 13.27. *Sei ein AFBST gegeben und darin ein äquivalentes Martingalmaß Q. Weiterhin sei C ein unter Q absicherbarer Claim. Dann ist der faire Preis des Claims $s(C)_t$ zum Zeitpunkt $t \in [0, T]$ gegeben durch*

$$s(C)_t = S_t^0 \mathbb{E}_Q^{\mathcal{F}_t}(D_T C).$$

Insbesondere folgt mit Bemerkung 13.4:

$$s(C)_0 = \mathbb{E}_Q(D_T C).$$

Beweis. Nimmt man eine absichernde Handelsstrategie von C unter Q, so folgt die Formel aus folgender Rechnung, wenn man beachtet, dass per Definition der Absicherbarkeit der diskontierte Wertprozess ein Martingal unter Q ist.

$$s(C)_t = V_t^H = S_t^0 D_t V_t^H = S_t^0 \mathbb{E}_Q^{\mathcal{F}_t}(D_T V_T^H) = S_t^0 \mathbb{E}_Q^{\mathcal{F}_t}(D_T C)$$

für $t \leq T$. □

Bemerkung 13.28. *Der Einfachheit halber werden in dieser Arbeit nur europäische Claims genauer behandelt. Ein europäischer Claim zeichnet sich dadurch aus, dass der Inhaber dessen nur einen Auszahlungsanspruch zum letzten betrachteten Handelszeitpunkt T besitzt. Eine andere gängige Form sind die sogenannten amerikanischen Claims. Bei diesen kann der Besitzer bis zum Zeitpunkt T die Ausübungszeit frei bestimmen. Man könnte nun die amerikanischen Claims in einem AFBST, wie im n-Perioden-Modell, durch einen reellwertigen (progressiv messbaren) Prozess $(Z_t)_{t \in [0,T]}$ beschreiben. Eine Ausübungsstrategie wäre dann eine $[0,T]$-wertige Stoppzeit τ, die dann auf einen europäischen Auszahlungsclaim*

$$C(Z, \tau) := Z_\tau$$

führt.(Man beachte Satz 1.23 und $\mathcal{F}_\tau \subset \mathcal{F}_T$.) Damit liegt es nahe, dass man den fairen Preis dieses Claims als den größtmöglichen Preis, den man mit solch einer Ausübungsstrategie erzielen kann, definiert:

$$s(Z)_0 := \sup_\tau s(C(Z, \tau))_0,$$

beziehungsweise für einen beliebigen Zeitpunkt $t \in [0, T]$:

$$s(Z)_t := \sup_{\tau \geq t} s(C(Z, \tau))_t.$$

Dies setzt natürlich die Absicherbarkeit aller auftretenden europäischen Claims voraus. Die Suche nach dem fairen Preis führt somit auf ein Problem des optimalen Stoppens. Die allgemeine Theorie von amerikanischen Claims in einem AFBST mit unter anderem einer Lösung dieses Stoppproblems kann man zum Beispiel in [12] (Kapitel 2.5) nachlesen.

14 Das Black-Scholes-Modell

In diesem Kapitel diskutieren wir beispielhaft das Black-Scholes-Modell, welches den einfachsten Spezialfall eines AFBST darstellt. In einem Black-Scholes-Modell gibt es nur zwei Finanzgüter, nämlich eine risikofreie Anlage, der sogenannte Bond, und eine Aktie. Außerdem sind die Koeffizientenprozesse, die über die stochastischen Differentialgleichungen die Preisprozesse bestimmen, konstant. Formal lautet die Definition wie folgt.

Definition 14.1. *Ein Black-Scholes-Modell mit Zinsrate* $r \in \mathbb{R}$ *des Bonds, Trend* $\mu \in \mathbb{R}$ *und Volatilität* $\sigma > 0$ *der Aktie, Startpreisen* $s_0 = 1$, $s_1 > 0$ *und endlichem Horizont* $T \geq 0$ *ist ein AFBST mit* $g = k = 1$, *endlichem Horizont* T, *Startpreisvektor* (s_0, s_1), *risikofreier Rate konstant* r, *mittlerer Renditenrate konstant* μ *und der* 1×1-*Volatilitätsmatrix konstant* σ.

In einem Black-Scholes-Modell wird also die Preisentwicklung durch zwei reellwertige Prozesse $(S_t^0)_{t \in [0,T]}$ und $(S_t^1)_{t \in [0,T]}$ beschrieben, die den stochastischen Differentialgleichungen

$$dS_t^0 = rS_t^0 dt$$
$$dS_t^1 = \mu S_t^1 dt + S_t^1 \sigma dB_t$$

mit einer eindimensionalen Brownschen Bewegung $(B_t)_{t \in \mathbb{R}_+}$ genügen. Außerdem gehört zu dem Modell die Standard-Filtrierung der Brownschen Bewegung auf $[0, T]$. An diese sind die Preisprozesse adaptiert. Die Diskussion vor Definition 13.6 zeigt, dass in einem Black-Scholes-Modell der Preisprozess, der den Bond beschreibt, durch die deterministische Funktion

$$S_t^0 = e^{rt}$$

für $t \in [0, T]$ gegeben ist. Entsprechend gilt für den Diskontierungs-prozess

$$D_t = \frac{1}{S_t^0} = e^{-rt}$$

für $t \in [0, T]$. Mit Proposition 13.8 sieht man mit Beachtung von Satz 6.6, dass der Aktienpreisprozess explizit durch

$$S_t^1 = s_1 e^{\mu t} e^{\sigma B_t - \frac{1}{2}\sigma^2 t} = s_1 e^{\sigma B_t + (\mu - \frac{1}{2}\sigma^2)t}$$

für $t \in [0, T]$ beschrieben wird. Prozesse in der Form wie $(\frac{1}{s_1} S_t^1)_{t \in [0,T]}$ nennt man auch geometrische Brownsche Bewegungen. Nach Bemer-kung 13.20 und dem Beweis von Theorem 13.18 gibt es in einem Black-Scholes-Modell genau ein äquivalentes Martingalmaß Q, denn $\beta = \frac{\mu - r}{\sigma}$ ist die eindeutige Lösung der Marktpreis des Risikos Glei-chung. Weiterhin gilt nach dem Beweis von Theorem 13.18 für die Dichte von Q bezüglich P

$$\frac{dQ}{dP} = \exp\left\{ -\frac{\mu - r}{\sigma} B_T - \frac{1}{2}\left(\frac{\mu - r}{\sigma}\right)^2 T \right\}.$$

Folglich ist das Black-Scholes-Modell nach Theorem 13.23 arbitragefrei. Außerdem erkennt man den Prozess $\overline{B}_t := B_t + \frac{\mu - r}{\sigma} t$ (für $t \in \mathbb{R}_+$) mit dem Beweis von Theorem 13.18 als eine Brownsche Bewegung bezüglich Q. Dies bedeutet für den Aktienpreis:

$$S_t^1 = s_1 e^{\sigma \overline{B}_t + rt - \frac{1}{2}\sigma^2 t}$$

für $t \in [0, T]$ und entsprechend für den diskontierten Aktienpreispro-zess für $t \in [0, T]$

$$D_t S_t^1 = s_1 e^{\sigma \overline{B}_t - \frac{1}{2}\sigma^2 t}.$$

Satz 14.2. *Das Black-Scholes-Modell ist vollständig.*

Beweis. Sei C ein Claim in einem Black-Scholes-Modell und Q das äquivalente Martingalmaß. Dazu sei $(M_t)_{t\in[0,T]}$ das Martingal gegeben durch

$$M_t := \mathbb{E}_Q^{\mathcal{F}_t}(D_T C).$$

Nach Korollar 1.35 können wir ohne Einschränkung annehmen, dass $(M_t)_{t\in[0,T]}$ rechtsstetig ist, denn per Definition ist $(\mathcal{F}_t)_{t\in\mathbb{R}_+}$ eine Standard-Filtrierung. Diese Standard-Filtrierung wird auch von $\overline{B}$ erzeugt. Da wir ohne Weiteres M konstant nach $\mathbb{R}_+$ zu einem rechtsstetigen Martingal fortsetzen können, gilt nach Theorem 9.4 über die stochastische Integraldarstellung bereits die Stetigkeit von M und es gibt ein $(Y_t)_{t\in\mathbb{R}_+} \in L^2_{loc}(\overline{B})$, so dass

$$M_t = M_0 + \int\limits_0^t Y_s d\overline{B}_s = \mathbb{E}_Q(D_T C) + \int\limits_0^t Y_s d\overline{B}_s$$

für $t \in [0,T]$ gilt. Im Folgenden sei $Z_t := D_t S_t^1$ für $t \in [0,T]$. Dann gilt mit der Itô-Formel

$$dZ_t = \sigma Z_t d\overline{B}_t.$$

Dazu definieren wir nun $(H_t)_{t\in[0,T]} = (H_t^0, H_t^1)_{t\in[0,T]}$ durch

$$H_t^1 := \frac{Y_t}{\sigma Z_t} \quad \text{und} \quad H_t^0 := \mathbb{E}_Q(D_T C) + \int\limits_0^t Y_s d\overline{B}_s - H_t^1 Z_t.$$

Mit Satz 6.6 und der Stetigkeit von M sieht man, dass es sich bei diesem H um eine Handelsstrategie handelt, wenn man beachtet, dass die auftretenden stetigen Prozesse pfadweise auf $[0,T]$ beschränkt sind. Weiterhin folgt für den diskontierten Wertprozess zum Zeitpunkt $t \in [0,T]$:

$$D_t V_t^H = D_t(H_t^0 S_t^0 + H_t^1 S_t^1) = H_t^0 + H_t^1 Z_t$$

$$= \mathbb{E}_Q(D_T C) + \int_0^t Y_s d\overline{B}_s = M_t.$$

Also ist dieser ein Martingal unter Q und es gilt

$$D_T V_T^H = \mathbb{E}_Q(D_T C) + \int_0^T Y_s d\overline{B}_s = D_T C,$$

also $V_T^H = C$. Damit bleibt nur noch die Selbstfinanzierung von H nachzuweisen. Dafür sei zunächst bemerkt

$$Y_t d\overline{B}_t = H_t^1 \sigma Z_t d\overline{B}_t = H_t^1 dZ_t.$$

Daraus folgt mit obiger Rechnung:

$$d(D_t V_t^H) = Y_t d\overline{B}_t = H_t^1 dZ_t$$

und schließlich mit zweifacher Anwendung von Proposition 7.5/5. und Proposition 7.5/7.:

$$\begin{aligned}
dV_t^H &= d(S_t^0 D_t V_t^H) = S_t^0 d(D_t V_t^H) + D_t V_t^H dS_t^0 \\
&= S_t^0 H_t^1 dZ_t + (H_t^0 + H_t^1 Z_t) dS_t^0 \\
&= H_t^0 dS_t^0 + H_t^1 d(S_t^0 Z_t) \\
&= H_t^0 dS_t^0 + H_t^1 dS_t^1.
\end{aligned}$$

$\square$

Die Auswertung der Bewertungsformel aus Theorem 13.27 für absicherbare Claims für die europäische Call-Option $C = (S_T^1 - K)_+$ ergibt die berühmte Black-Scholes-Formel.

Satz 14.3. *Sei ein Black-Scholes-Modell mit Zinsrate r des Bonds, Anfangspreis $s_1 > 0$ und Volatilität σ der Aktie gegeben. Dann ist*

$$s_1 \Phi\left(\frac{\log(\frac{s_1}{K}) + (r + \frac{1}{2}\sigma^2)T}{\sigma\sqrt{T}}\right) - Ke^{-rT}\Phi\left(\frac{\log(\frac{s_1}{K}) + (r - \frac{1}{2}\sigma^2)T}{\sigma\sqrt{T}}\right)$$

der faire Preis eines europäischen Calls mit Ausübungspreis $K > 0$ und Laufzeit T auf die durch S^1 beschriebene Aktie. Φ bezeichnet dabei die Verteilungsfunktion der Standard-Normalverteilung $\mathcal{N}(0,1)$.

Beweis. Wie vor Satz 14.2 erörtert, ist der Aktienpreisprozess gegeben durch

$$S_t^1 = s_1 e^{\sigma\overline{B}_t + (r - \frac{1}{2}\sigma^2)t}$$

für $t \in [0,T]$ mit einer Brownschen Bewegung $\overline{B}$ bezüglich des äquivalenten Martingalmaßes Q des Modells. Nach Theorem 13.27 gilt es also

$$\mathbb{E}_Q(e^{-rT}(s_1 e^{\sigma\overline{B}_T + (r - \frac{1}{2}\sigma^2)T} - K)_+) = \mathbb{E}_Q(e^{-rT}(s_1 e^Z - K)_+),$$

mit einer bezüglich Q nach $\mathcal{N}((r - \frac{1}{2}\sigma^2)T, \sigma^2 T)$ verteilten Zufallsvariable Z zu bestimmen.

Seien dafür Konstanten $b > 0$, $c > 0$, $\gamma > 0$, $a \in \mathbb{R}$ und eine nach $\mathcal{N}(a, \gamma^2)$ verteilte Zufallsvariable Z gegeben. Dann ergibt eine Betrachtung mit der Dichte der Normalverteilung:

$$\mathbb{E}(be^Z - c)_+ = \int_{\{z:\, be^z > c\}} (be^x - c)\frac{1}{\sqrt{2\pi\gamma^2}}e^{-\frac{(x-a)^2}{2\gamma^2}}dx$$

$$= b\int_{\log(\frac{c}{b})}^{\infty} e^x \frac{1}{\sqrt{2\pi\gamma^2}}e^{-\frac{(x-a)^2}{2\gamma^2}}dx - cP\left(Z > \log\left(\frac{c}{b}\right)\right).$$

Weiter zeigt eine Rechnung:

$$
\mathbb{E}(be^Z - c)_+ = be^{a+\frac{1}{2}\gamma^2} \int\limits_{\log(\frac{c}{b})}^{\infty} \frac{1}{\sqrt{2\pi\gamma^2}} e^{-\frac{(x-a-\gamma^2)^2}{2\gamma^2}} \, dx -
$$

$$
- cP\Big(\frac{Z-a}{\gamma} > \frac{\log(\frac{c}{b})-a}{\gamma}\Big)
$$

$$
= be^{a+\frac{1}{2}\gamma^2} P\Big(Z + \gamma^2 > \log\Big(\frac{c}{b}\Big)\Big) - cP\Big(\frac{Z-a}{\gamma} \le \frac{a-\log(\frac{c}{b})}{\gamma}\Big)
$$

$$
= be^{a+\frac{1}{2}\gamma^2} P\Big(\frac{Z-a}{\gamma} > \frac{\log(\frac{c}{b})-\gamma^2-a}{\gamma}\Big) - c\Phi\Big(\frac{a-\log(\frac{c}{b})}{\gamma}\Big)
$$

$$
= be^{a+\frac{1}{2}\gamma^2} \Phi\Big(\frac{\log(\frac{b}{c})+a+\gamma^2}{\gamma}\Big) - c\Phi\Big(\frac{\log(\frac{b}{c})+a}{\gamma}\Big).
$$

Setzt man darin $b = s_1$, $a = (r - \frac{1}{2}\sigma^2)T$, $\gamma = \sigma\sqrt{T}$ und $c = K$ ein und multipliziert mit e^{-rT}, so erhält man die Black-Scholes-Formel. $\square$

Literaturverzeichnis

[1] Bauer H., *Maß- und Integrationstheorie*, 2. ed., De Gruyter, 1992, ISBN: 3-11-013626-0.

[2] ———, *Wahrscheinlichkeitstheorie*, 5. ed., De Gruyter, 2002, ISBN: 3-11-017236-4.

[3] Brockwell P.J. und Davis R.A., *Time Series: Theory and Methods*, 2. ed., Springer Series in Statistics, Springer-Verlag New York, 1998, ISBN: 978-0-387-97429-3.

[4] Chung K.L. und Williams R.J., *Introduction to Stochastic Integration*, Probability and Its Applications, Birkhäuser Boston, 1983, ISBN: 0-8176-3386-3.

[5] Dellacherie C. und Meyer P.A., *Probabilities and Potential*, Mathematics Studies, Vol.29, Amsterdam North-Holland Publ. Comp., 1978.

[6] Dunford N. und Schwartz J.T., *Linear Operators, Part I.: General Theory*, John Wiley & Sons, 1988, ISBN: 0-470-22605-6.

[7] Elstrodt J., *Maß- und Integrationstheorie*, 7. ed., Grundwissen Mathematik, Springer, 2011, ISBN: 978-3-642-17904-4.

[8] Föllmer H. und Schied A., *Stochastic Finance*, 3. ed., De Gruyter Studies in Mathematics, De Gruyter, 2011, ISBN: 978-3-11-021804-6.

[9] Hackenbroch W. und Thalmaier A., *Stochastische Analysis: Eine Einführung in die Theorie der stetigen Semimartingale*, B.G.Teubner Stuttgart, 1994, ISBN: 978-3-519-02229-9.

[10] Irle A., *Finanzmathematik*, 3. ed., Studienbücher Wirtschaftsmathematik, Vieweg+Teubner Verlag, 2012, ISBN: 978-3-8348-1574-3.

[11] Jacod J. und Shiryaev A., *Limit Theorems for Stochastic Processes*, 2. ed., Springer, 2002, ISBN: 3-540-43932-3.

[12] Karatzas I. und Shreve S., *Methods of Mathematical Finance*, Stochastic Modelling and Applied Probability, Springer-Verlag New York, 1998, ISBN: 978-0-387-94839-3.

[13] Klenke A., *Probability Theory*, Universitext, Springer, 2008, ISBN: 978-1-4471-5360-3.

[14] Meintrup D. und Schäffler S., *Stochastik: Theorie und Anwendungen*, Statistik und ihre Anwendungen, Springer, 2005, ISBN: 3-540-21676-6.

[15] Protter P. E., *Stochastic Integration and Differential Equations*, 2. ed., Stochastic Modelling and Applied Probability, Springer, 2003, ISBN: 978-3-642-05560-7.

[16] Rudin W., *Real and Complex Analysis*, Series in Higher Mathematics, McGraw-Hill, 1974, ISBN: 0-07-054233-3.

[17] Shreve S., *Stochastic Calculus for Finance II: Continuous-Time Models*, Springer Finance Textbooks, Springer-Verlag New York, 2004, ISBN: 978-0-387-40101-0.

[18] Wengenroth J., *Wahrscheinlichkeitstheorie*, De Gruyter, 2008, ISBN: 978-3-11-020358-5.

[19] Werner D., *Funktionalanalysis*, 6. ed., Springer, 2007, ISBN: 978-3-540-72533-6.